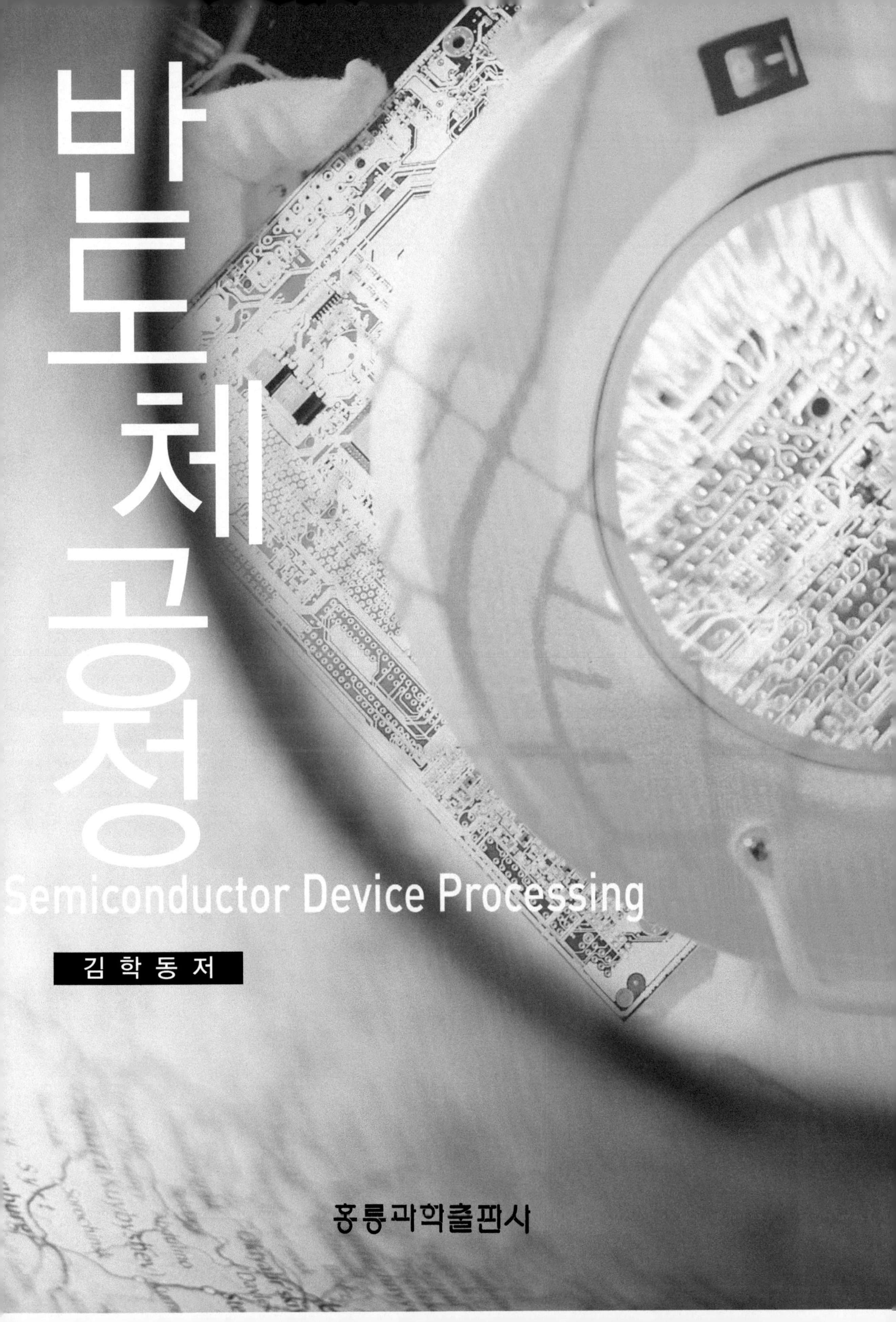

반도체 공정

Semiconductor Device Processing

김학동 저

홍릉과학출판사

머리말

2002년도의 세계 반도체 시장 규모는 약 1,400억 달러로 그 중에서 메모리 반도체가 약 300억 달러, 비메모리 반도체가 약 1,100억 달러를 차지하고 있는데, 국내 반도체 산업은 메모리 분야에서 세계 시장의 42%를 점유하는 세계적인 수준에 있다. 또, 반도체 산업은 우리 나라 산업 생산의 26.2%, 총 수출액의 10%를 담당하고 있을 정도로 통신, 컴퓨터, 가전, 자동차 산업 등 거의 모든 산업 분야에서 핵심적으로 요구되는 고부가가치의 중요한 기반 기술이다. 이와 같이 현대 산업 사회는 반도체에 의해 주도되고 있으며, 우리 생활 전반에 걸쳐 폭넓게 적용되고 있다. 반도체 산업은 연간 6천여 명의 체계적으로 양성된 인력이 확보되어야 하는 노하우 중심의 산업이므로 학제적 능력을 갖춘 고급 인력뿐만 아니라 전문 기능 인력의 양성이 요청되고 있다.

일반적으로 반도체는 어려운 학문으로 인식되고 있으나, 실제로는 재료 공학에 그 바탕을 둔 기초 물리, 화학적 이론에 바탕을 두고 있어, 고등 학교 학생들을 대상으로 교육하는 데에도 큰 어려움이 없을 것으로 생각한다. 이에 본 반도체 공정 교과서는 기초 물리의 원자 배열 및 최외각 전자 이론과 재료 공학의 기초인 결정 구조 및 단결정 성장, 화학의 기초인 산화 및 확산에 그 기본을 두고 있다.

따라서, 제1장에서는 반도체의 기초 개념으로 기초 물질, 반도체 물리, 결정 구조에 대한 내용을 정리하고, 제2장에서는 반도체의 발달 과정과 반도체 소자의 핵심인 다이오드와 트랜지스터, 반도체 소자의 작용에 대해서 학습한다. 또, 제3장에서는 결정 성장법에 대한 이론과 실습을 병행하여 웨이퍼와 같은 반도체 재료에 대하여 학습하며, 제4장에서는 반도체 제조 공정에 대한 개요와 반도체 공정별 세부 내용과 함께 제조 라인을 그림과 함께 설명하였다. 제5장에서는 반도체 제조 공정별 작업 내용을 실습을 통하여 습득하며, 마지막으로 제6장에서는 메모리 제품의 종류와 동작 원리, 비메모리 반도체 제품의 특징과 시장 동향에 관하여 학습한다.

이 책이 각급 학교의 반도체 재료, 정보 재료, 전기 및 전자 분야를 전공하는 학생들이 선택하여 이수할 수 있는 과목으로 채택되어 반도체의 기초 이론과 반도체 소자 및 제조 공정에 대한 이론과 작업 내용을 쉽게 이해하고 터득할 수 있게 되어 우리 나라 반도체 산업의 유능한 인재를 양성하는 데에 조금이라도 도움이 되기를 기대한다.

차 례

I 반도체 기초

II 반도체 소자

III
반도체 재료

IV 반도체 공정

V
반도체 공정 실습

VI 반도체 응용

I

반도체 기초

1. 반도체의 개념 2. 기초 물질 3. 반도체 물리 4. 재료의 결정 구조

본 반도체 기초편에서는 반도체의 기본 개념을 정립하기 위하여 주기율표를 중심으로 기초 물질과 재료의 결정 구조 및 도너와 억셉터에 따른 N형과 P형 반도체에 대해서 학습한다.

1. 반도체의 개념

학|습|목|표

- 반도체의 기본 개념을 설명할 수 있다.

용어 해설

상(phase)

물질이 존재하고 있는 상태(기체, 액체, 고체)

물질은 기체, 액체, 고체의 세 가지 상(phase)으로 구성되어 있고, 고체는 도체와 반도체, 절연체로 구분된다. 우리는 평소 '전기가 통한다.', '전기가 안 통한다.' 라는 말을 자주 쓰는데, 보다 정확한 표현은 '전류가 흐른다.', '전류가 흐르지 않는다.' 라고 할 수 있다. 초등 학교 과학 시간에 학습했던 전류 흐름 실험을 누구나 기억할 수 있을 것이다. 전류 흐름을 실험하는 장치를 그려 보면 그림 I-1, I-2, I-3과 같다.

- 스위치를 켜면 전구가 켜진다.

전기가 통한다. ➡ 전류가 흐른다. ➡ 철사는 도체(導體)

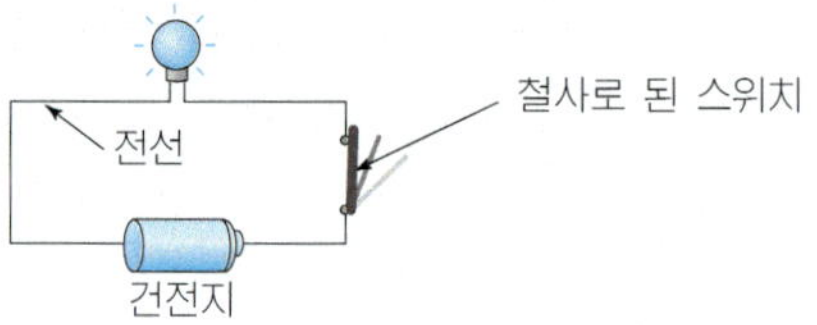

그림 I-1 도체의 전류 흐름 실험

- 스위치를 켜도 전구가 켜지지 않는다.

전기가 안 통한다. ➡ 전류가 흐르지 않는다. ➡ 유리는 절연체

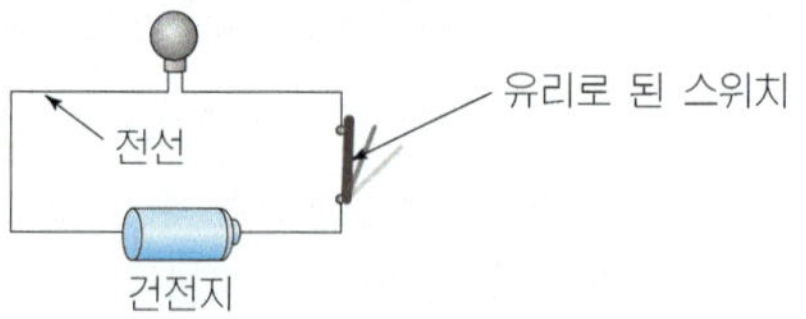

그림 I-2 절연체의 전류 흐름 실험

그림 I -1의 실험에서처럼 철사로 된 스위치는 전기가 잘 통하기 때문에 끊어진 전선을 연결해 줄 수 있다. 그러나 그림 I -2의 실험에서처럼 유리로 된 스위치는 전기가 거의 통하지 않기 때문에 끊어진 전선을 연결해 줄 수 없다. 이렇게 철사처럼 전류가 잘 흐르는 물질을 **도체**라고 하고, 유리처럼 전류가 잘 흐르지 않는 물질을 **절연체**라고 한다.

전기 공학에서는 물체를 통하여 전류가 흐르는 정도를 나타내는 기준으로 **전기 전도율**(electrical conductivity)을 사용한다. 따라서, 도체는 전기 전도율이 아주 크고, 절연체는 상대적인 전기 전도율이 거의 0(제로)이라고 할 수 있다. 그럼 반도체는 도대체 무엇일까? 일반적으로, 전기 전도율이 도체와 절연체의 중간 정도 되는 물질을 **반도체**라고 한다. 그래서 반도체를

半導體 또는 SEMI + CONDUCTOR

라고 하는 것이다. 사실 순수한 반도체는 절연체나 마찬가지이다. 즉, 전기가 거의 통하지 않는다. 하지만 절연체와는 달리, 빛을 비춰 준다거나 열을 가한다거나 특정 불순물을 넣어 주면 도체처럼 전기가 흐른다. 또, 도체는 전기가 잘 통하고 사람이 인위적으로 조절하기 어렵다는 특징이 있지만, 반도체는 사람이 어떻게 조작하느냐에 따라 특성의 조절이 용이하다. 이처럼 도체와 절연체의 장점을 모두 가지고 있어 전기 전도율을 쉽게 조절할 수 있는 것이 반도체의 독특한 물리적 성질이다. 그림 I -3은 반도체의 조작 상태에 따라 전류가 흐르거나 흐르지 않는 상태가 된다. 왜 물질들은 서로 다른 전도성을 가지게 되는가? 그것을 이해하려면 고체 재료를 이루고 있는 물질의 기본 단위인 원자의 특성에 대한 이해가 필요하다.

조건에 따라 전류의 흐름을 제어할 수 있다. ➡ 반도체

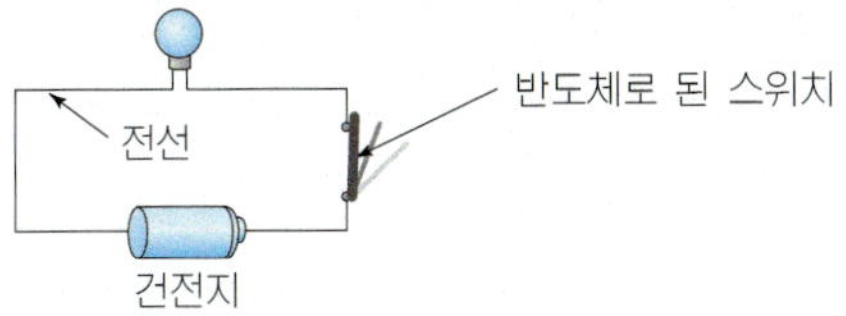

그림 I -3 반도체의 전류 흐름 실험

2. 기초 물질

학|습|목|표

- 원자의 구성 요소와 의미를 기술할 수 있다.
- 원소 주기율표의 개념을 설명할 수 있다.
- 전자의 에너지 준위와 에너지대를 설명할 수 있다.
- 분포 함수와 페르미 준위의 정의를 말할 수 있다.

01. 원자

물질을 계속해서 세분화하면, **원자**(atom)라는 아주 작은 입자가 되는데, 이 원자는 양성자, 중성자, 전자로 구성되어 있다. 그림 Ⅰ-4와 같이 1808년 **돌턴**을 시작으로 1911년 **러더퍼드**(Rutherford)는 알파(alpha) 입자 산란 실험으로 원자 안에서 원자 질량의 대부분을 차지하며, 크기가 10^{-15}m 정도인 **원자핵**이 존재함을 알았다. 이와 같은 원자핵은 핵자라고 하는 더 작은 입자들의 모임인데, 핵자들 중의 한 가지는 **양성자**이다.

양성자는 양전하를 띠고 있으며, 전하량은 전자와 같으나 질량은 전자의 약 1,836 배이다. 어떤 원소에서 양성자의 수는 그 원자의 원자 번호이다. 또, 다른 종류의 핵자는 중성자이다. 1932년 **제임스 채드윅**(James Chadwick, 1891~1974, 영국)은 알파 입자를 베릴륨(Be)에 충돌시킬 때에 양성자와 질량이 거의 같으면서 전하를 띠지 않는 입자가 방출되는 것을 발견하고, 이를 **중성자**라고 하였다.

중성자는 원자핵 밖에서는 불안정하여 곧 다른 소립자로 붕괴한다. 원자핵 속에는 전자가 존재할 수 없다. 전기적으로 중성인 원자는 양성자의 수와 전자의 수가 같다. 원자는 전자의 수에 따라 물리·화학적 특성이 결정된다.

원자핵에 들어 있는 양성자 수와 중성자 수의 합을 **원자의 질량수**라고 한다. 양성자 수(원자 번호)를 Z, 중성자 수를 N, 질량수를 A로 나타내면 $A=Z+N$이다. 원자 번호와 질량수는 원자의 성질을 나타내기 때문에 원자를 나타낼 때는 원소 기호 ${}^{A}_{Z}X$와 같이 나타낸다. 예를 들어, 원자 번호 Z가 6이고 질량수 A

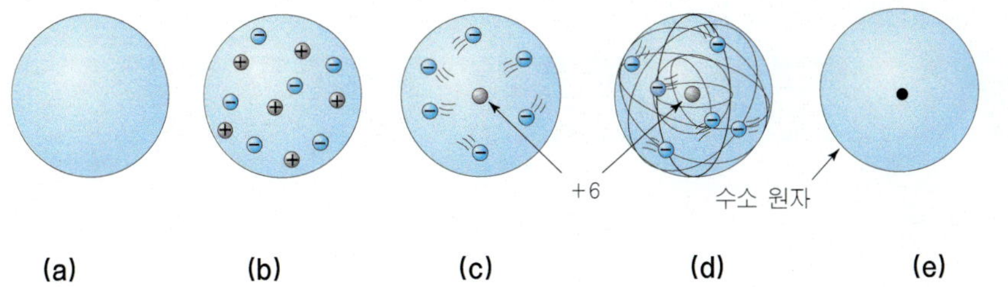

그림 Ⅰ-4 원자 모형의 변천

(a) 1808년 돌턴(쪼개지지 않음.)
(b) 1903년 톰슨(양전하와 음전하가 고루 퍼져 있음.)
(c) 1911년 러더퍼드(원자핵이 있음.)
(d) 1913년 보어(전자가 일정한 궤도를 따라 운동함.)
(e) 현재(전자 구름)

가 12인 탄소 원자는 $^{12}_{6}\mathrm{C}$로, 원자 번호가 8이고 질량수가 16인 산소는 $^{16}_{8}\mathrm{O}$로 표시한다. 원자핵의 모양은 공과 비슷하고, 그 부피는 질량수에 비례한다. 원자핵의 반지름은 대략 $R = R_0 A^{1/3}$ 정도이며, 여기서 $R_0 = 1.1\times10^{-15}$ m이다(원자 반지름 : $R\times10^{5}$). 원자핵의 크기를 나타내는 단위로 **펨토 미터**(fm)를 사용하면 편리하다. 원자핵에 대한 정보를 얻기 위해서는 물질파의 파장이 원자핵의 반지름보다 작은 입자를 충돌시킨다.

1 fm = 10^{-15} m

원자의 질량은 너무 작기 때문에, 우리가 일상 생활에서 사용하는 질량 단위로 이들의 질량을 나타내기에는 매우 불편하다. 그래서 정한 것이 **원자 질량 단위**이다. 원자 질량 단위는 자연계에 존재하는 탄소 원자의 약 99 %를 차지하는 $^{12}_{6}\mathrm{C}$를 기준으로 하여 이 원자 질량의 $\frac{1}{12}$을 1 **amu**(atomic mass unit, 원자 질량 단위)로 정했다.

탄소 원자 1 몰(mol)의 질량은 12 g이고, 그 속에 6.022×10^{23}개(아보가드로 수)의 원자들이 존재하므로, 1 amu는

$$1\ \mathrm{amu} = \frac{12\times10^{-3}\ \mathrm{kg}}{6.022\times10^{23}}\times\frac{1}{12} = 1.661\times10^{-27}\ \mathrm{kg}$$

이 된다.

어떤 원소의 원자들은 원자핵 속에 양성자 수는 같으면서 중성자 수가 다른 변종을 포함하기 때문에 중성자의 수는 항상 같은 것은 아니다. 예를 들어, 리튬(Li)은 두 가지 형태로 존재한다. 한 가지 형태는 원자핵 속에 3 개의 중성자가 있어서 질량수가 6인 것이 있고, 더 흔한 또다른 형태는 4 개의 중성자를 가지고 있어서 질량수가 7인 것이 있다. 이 원자핵들의 표현식은 $^{6}_{3}\mathrm{Li}$과 $^{7}_{3}\mathrm{Li}$이다. 원소의 각 형태를 **핵종**이라고 부르고 보통 질량수로 구분한다. 예를 들면, 리튬-6, 리튬-7이라고 부른다. 자연의 대부분의 원소는 핵종들이 혼

표 Ⅰ-1 원소의 구성과 질량

입 자	질 량	
	kg	amu
전 자	9.109×10^{-31}	0.0005
양성자	1.673×10^{-27}	1.0073
중성자	1.675×10^{-27}	1.0087

합되어 있다. 원자 번호는 같고 질량수가 다른 이러한 핵종들을 그 원소의 **동위 원소**(isotope)라고 부른다.

02. 최외각 전자

양 전하를 띠는 원자핵과 음 전하를 띠는 전자 사이에는 전자기력이 존재하여 서로 강하게 끌어당기고 있음에도 불구하고 어떻게 중성 상태의 안정한 구조체로 유지될 수 있을까? 원자핵 주위의 전자들이 안정된 상태를 유지하려면, 태양과 그 위성의 거리가 대체로 일정하듯이, 원자핵에서 일정한 거리로 떨어진 특별한 위치에 존재해야 하며, 이러한 위치를 **전자 궤도**(electron orbital)라 부른다(보어 원자 모형). 그 모양을 보면 그림 Ⅰ-5와 같이 양성자와 중성자로 된 원자핵을 중심으로 전자(electron)들이 일정한 궤도를 돌고 있는 모양이 된다. 이는 마치 지구나 화성이 태양의 주위를 돌고 있는 태양계와 비슷한 형태이다.

원자핵 주변을 돌고 있는 전자들 중에서 가장 바깥쪽 궤도를 돌고 있는 전자를 **최외각 전자**라고 한다. 이러한 최외각 전자들은 8 개를 채우려는 성질이 있

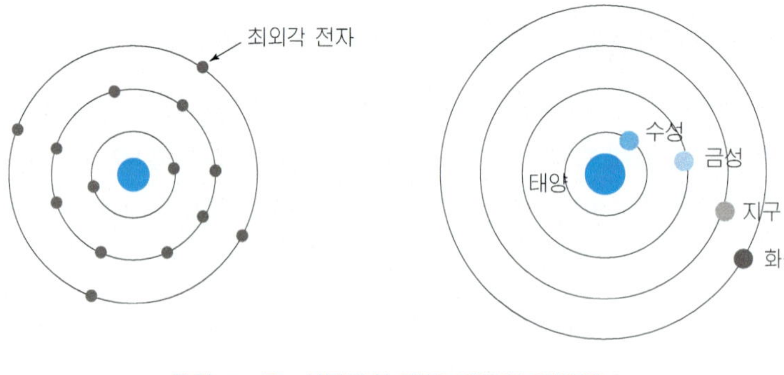

그림 Ⅰ-5 실리콘의 전자 궤도와 태양계

는데, 이것이 원자와 원자를 서로 결합시키는 원동력이 되고, 이렇게 해서 분자도 되고, 또 분자들이 모여서 물질이 되는 것이다. 또, 최외각 전자는 1 개에서부터 8 개까지로 존재할 수 있으며, 최외각 전자의 개수가 같은 원자들끼리는 유사한 성질을 가지게 된다. 이처럼 원자들을 최외각 전자의 개수에 따라 분류해 놓은 도표를 **주기율표**라고 한다.

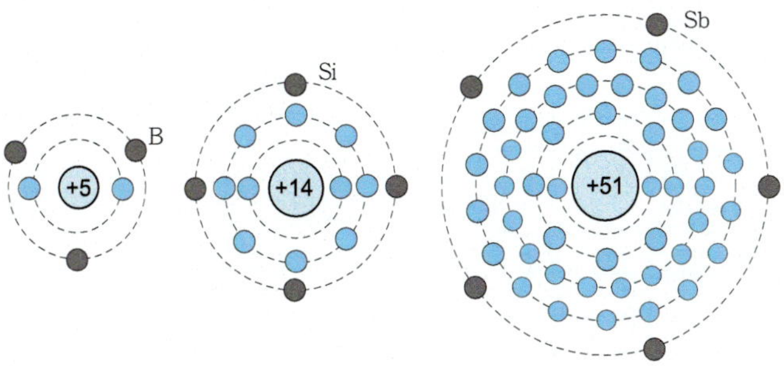

그림 Ⅰ-6 주요 원소의 원자 모델

03. 주기율표

주기율표는 원소들을 원자 번호순으로 나열하면서 물리적, 화학적 성질이 비슷한 원소들이 같은 세로줄에 오게 만들어 놓은 분류표인데, 처음에는 멘델레예프 주기율과 모즐리(Henry G. J. Moseley, 1887~1915) 주기율이 있었다. **멘델레예프 주기율**은 러시아의 화학자 멘델레예프(Dmitri Ivanovich Mendeleev, 1834~1907)가 원소를 원자량 순서로 나열하였더니, 주기적으로 원소의 화학적 성질이 비슷하게 나타나고, 물리적 성질이 대체로 유사한 것을 알게 되면서부터 시작되었다. **모즐리 주기율**은 원자량 순서로 나열할 때, 몇 군데는 주기성에서 벗어나는 원소들이 생긴다. 이것을 수정하여 원자 번호 순서로 나열한 것이 표 Ⅰ-2와 같은 현재 주기율표의 기본이 되었다.

주기율표는 원자들이 1 족에서부터 8 족(또는 0 족)으로 구분된다. 표 Ⅰ-2에 제시된 바와 같이 실리콘의 경우 최외각 전자가 4 개이므로 4 족 원소임을 알 수 있고, 또 붕소(B) 원자는 주기율표상에서 보면 3 족 원소이므로 최외각 전자가 3 개임을 알 수 있다. 마찬가지로 인(P)이나 비소(As)는 5 족 원소이므로 최외각 전자의 개수는 5 개가 된다. 반도체에 많이 사용되는 원소를 표 Ⅰ-3에 나타내었다.

표 I-2 원소 주기율표

	1족	2족	3B족	4B족	5B족	6B족	7B족	8B족	8B족	8B족	1B족	2B족	3족	4족	5족	6족	7족	8족
1주기 (K)	1 H 수소 1.00794																	2 He 헬륨 4.00260
2주기 (L)	3 Li 리튬 6.941	4 Be 베릴륨 9.01218											5 B 붕소 10.811	6 C 탄소 12.011	7 N 질소 14.0067	8 O 산소 15.9994	9 F 플루오르 18.99840	10 Ne 네온 20.1797
3주기 (M)	11 Na 나트륨 22.98977	12 Mg 마그네슘 24.305											13 Al 알루미늄 26.98154	14 Si 규소 28.0855	15 P 인 30.97376	16 S 황 32.066	17 Cl 염소 35.4527	18 Ar 아르곤 39.948
4주기 (N)	19 K 칼륨 39.0983	20 Ca 칼슘 20.078	21 Sc 스칸듐 44.9559	22 Ti 티탄 47.88	23 V 바나듐 50.9415	24 Cr 크롬 51.996	25 Mn 망간 54.9380	26 Fe 철 55.847	27 Co 코발트 58.9332	28 Ni 니켈 58.6934	29 Cu 구리 63.546	30 Zn 아연 65.39	31 Ga 갈륨 69.723	32 Ge 게르마늄 72.61	33 As 비소 74.9216	34 Se 셀렌 78.96	35 Br 브롬 79.904	36 Kr 크립톤 83.80
5주기 (O)	37 Rb 루비듐 85.4678	38 Sr 스트론튬 87.62	39 Y 이트륨 89.9059	40 Zr 지르코늄 91.224	41 Nb 니오브 92.9064	42 Mo 몰리브덴 95.94	43 Tc 테트네튬 (98)	44 Ru 루테늄 101.07	45 Rh 로듐 102.9055	46 Pd 팔라듐 106.42	47 Ag 은 107.868	48 Cd 카드뮴 112.41	49 In 인듐 114.82	50 Sn 주석 118.710	51 Sb 안티몬 121.757	52 Te 텔루르 127.60	53 I 요오드 126.9045	54 Xe 크세논 131.29
6주기 (P)	55 Cs 세슘 132.9054	56 Ba 바륨 137.33		72 Hf 하프늄 178.49	73 Ta 탄탈 180.9479	74 W 텅스텐 183.85	75 Re 레늄 186.207	76 Os 오스뮴 190.2	77 Ir 이리듐 192.22	78 Pt 백금 195.08	79 Au 금 196.9665	80 Hg 수은 200.59	81 Tl 탈륨 204.383	82 Pb 납 207.2	83 Bi 비스무트 208.9804	84 Po 폴로늄 (209)	85 At 아스타틴 (210)	86 Rn 라돈 (222)
7주기 (Q)	87 Fr 프란슘 (223)	88 Ra 라듐 226.0254		104 Rf 러더포듐 (261)	105 Db 더브늄 (262)	106 Sg 시보금 (263)	107 Bh 보륨 (262)	108 Hs 하슘 (265)	109 Mt 마이트너륨 (266)									

1 H / 수소 / 1.00794 — 원자 번호, 기호 / 원소 이름 / 원자량

57 La 란탄 138.9055	58 Ce 세륨 140.12	59 Pr 프라세오디뮴 140.9077	60 Nd 네오디뮴 144.24	61 Pm 프로메륨 (145)	62 Sm 사마륨 150.36	63 Eu 유로퓸 151.965	64 Gd 가돌리늄 1.00794	65 Tb 테르븀 158.9253	66 Dy 디스프로슘 162.50	67 Ho 홀뮴 164.9303	68 Er 에르븀 167.26	69 Tm 툴륨 168.9342	70 Yb 이테르븀 173.04	71 Lu 루테튬 174.967
89 Ac 악티늄 (227)	90 Th 토륨 232.0381	91 Pa 프라세악티늄 231.0359	92 U 우라늄 238.029	93 Np 넵튜늄 237.0482	94 Pu 플루토늄 (244)	95 Am 아메리슘 (243)	96 Cm 퀴륨 (247)	97 Bk 버클륨 (247)	98 Cf 칼리포르늄 (251)	99 Es 아이시타이늄 (252)	100 Fm 페르뮴 (257)	101 Md 멘델레븀 (258)	102 No 노벨륨 (259)	103 Lr 로렌슘 (260)

- 금속
- 비금속
- 준금속
- 양쪽성 원소

표 I-3 반도체에서 많이 사용되는 원소

원자 번호 기호 원 소 명 원 자 량		비금속 원소			
		3 족	4 족	5 족	6 족
		5 B 붕소 10.811			8 O 산소 15.999
금속 원소		13 Al 알루미늄 26.98154	14 Si 실리콘 28.0855	15 P 인 30.97376	16 S 유황 32.066
1B 족	2B 족				
29 Cu 구리 63.546	30 Zn 아연 65.39	31 Ga 갈륨 69.73	32 Ge 게르마늄 72.61	33 As 비소 74.9216	34 Se 셀렌 78.96
	48 Cd 카드뮴 112.41	49 In 인듐 114.82		51 Sb 안티몬 121.757	
도 체		P형 도핑제	반도체	N형 도핑제	

(1) 주 기

- 주기율표의 가로줄을 **주기**라고 하며, 7 주기까지 존재한다.
- 같은 주기에 있는 원소는 같은 전자 껍질(electronic shell)을 가진다.
- 주기는 전자 껍질 수와 같다.
- 3 주기까지를 **단주기**, 4 주기 이후를 **장주기**라고 한다.
- 6 주기와 7 주기의 원소 중에 f 궤도(orbital)를 가지는 원소들은 한 줄에 배열하면 너무 길어 15 개씩 따로 떼어 놓았다. 이들은 각각 **란탄(La)족**, **악티늄(Ac)족**이라고 한다.

표 Ⅰ-4 원소 주기와 전자수

주 기	1	2	3	4	5
전자 껍질(주양자 수, n)	K(1)	L(2)	M(3)	N(4)	O(5)
부전자 껍질(부양자 수) 수용 전자수	$1s$ 2	$2s$ $2p$ 2 6	$3s$ $3p$ $3d$ 2 6 10	$4s$ $4p$ $4d$ $4f$ 2 6 10 14	$5s$ $5p$ $5d$ $5f$ $5g$ 2 6 10 14 18
궤도의 총수(n^2)	1	1,3(4 개)	1,3,5(9 개)	1,3,5,7(16 개)	1,3,5,7,9(25 개)
전자 껍질의 전자수($2n^2$)	2	8	18	32	50

(2) 족

- 주기율표의 세로줄을 **족**이라고 하며, 같은 족 원소를 **동족 원소**라고 부른다.
- 동족 원소는 원자의 가전자 수가 같아 화학적 성질이 비슷하다.
- 동족 원소 이름은 다음과 같다.

표 Ⅰ-5 원소의 족과 이름

족	1	2	3B,4B,5B,6B 7B,8B,1B,2B	3	4	5	6	7	8
이름	알칼리 금속	알칼리토 금속	……	알루미늄족	탄소족	질소족	산소족	할로겐 족	불활성 기체

(3) 양쪽성 원소

금속 원소와 비금속 원소의 경계(2B, 3, 4)에 위치한 원소는 금속과 비금속의 성질을 모두 가진다(Al, Zn, Sn, Pb).

(4) 전이 원소

3B~1B족 원소들로 전자가 d 또는 f 궤도(orbital)에 부분적으로 채워진 원소

들이다.

(5) 전형 원소

1족, 2족, 2B~8족의 원소가 대부분으로 전자 배치를 할 때 마지막 전자가 s 또는 p 궤도에 채워지는 원소를 **전형 원소**라 하며, 이들은 같은 족에서는 성질이 비슷하여 주기율표의 규칙성이 잘 나타난다.

04. 원자의 전자 배치

(1) 파울리의 배타 원리(Pauli's exclusion principle)

'각 궤도 함수에 있는 2 개의 전자는 어떠한 순간에도 동일한 상태로 있을 수 없다는 것으로, 하나의 양자 궤도에는 반대의 스핀을 가지는 2 개의 전자만 들어갈 수 있다.' s, p, d, f의 궤도 수는 1, 3, 5, 7 이므로 s, p, d, f의 궤도에 채워질 수 있는 전자의 수는 각각 2, 6, 10, 14 개이다.

(2) 훈트(Hund, F)의 법칙

'전자가 같은 에너지 준위의 원자 궤도에 들어가야 할 때는 가능한 한 많은 전자가 쌍을 이루지 않는 상태를 취한다.' 또는 '같은 에너지 준위의 궤도에 전자가 채워질 때에는 가능한 홀전자수가 많은 전자 배치를 한다.'는 법칙이다.

(3) 궤도의 에너지 준위

① 전자 껍질의 에너지 상태는 원자핵으로부터 멀리 떨어져 있을수록 높다.

② 전자 껍질의 에너지 상태(에너지 준위) : K<L<M<N<… 순

☞ 전자 껍질의 안정성 : K>L>M>N>… 순

③ 전자가 원자핵 주위에 분포된 공간 영역이 클수록 원자핵에 약하게 끌리므로 전자의 에너지 상태는 높아서 불안정하다.

☞ 주양자수 n의 값이 같을 경우, 원자 궤도의 에너지 준위는 s<p<d<f<… 순

④ 다 전자 원자의 에너지 준위

1s<2s<2p<3s<3p<4s<3d<4p<…

표 Ⅰ-6 원자의 전자 배치

원소 분류	주기	족	원자 번호	원소 기호	원소명	원자의 전자 배치 (바닥 상태에서)
전형 원소	1	1	1	H	수소	$1s^1$
		18	2	He	헬륨	$1s^2$
	2	1	3	Li	리튬	$1s^2\ 2s^1$
		2	4	Be	베릴륨	$1s^2\ 2s^2$
		13	5	B	붕소	$1s^2\ 2s^2\ 2p^1$
		14	6	C	탄소	$1s^2\ 2s^2\ 2p^2$
		15	7	N	질소	$1s^2\ 2s^2\ 2p^3$
		16	8	O	산소	$1s^2\ 2s^2\ 2p^4$
		17	9	F	플루오르	$1s^2\ 2s^2\ 2p^5$
		18	10	Ne	네온	$1s^2\ 2s^2\ 2p^6$
	3	1	11	Na	나트륨	$1s^2\ 2s^2\ 2p^6\ 3s^1$
		2	12	Mg	마그네슘	$1s^2\ 2s^2\ 2p^6\ 3s^2$
		13	13	Al	알루미늄	$1s^2\ 2s^2\ 2p^6\ 3s^2\ 3p^1$
		14	14	Si	규소	$1s^2\ 2s^2\ 2p^6\ 3s^2\ 3p^2$
		15	15	P	인	$1s^2\ 2s^2\ 2p^6\ 3s^2\ 3p^3$
		16	16	S	황	$1s^2\ 2s^2\ 2p^6\ 3s^2\ 3p^4$
		17	17	Cl	염소	$1s^2\ 2s^2\ 2p^6\ 3s^2\ 3p^5$
		18	18	Ar	아르곤	$1s^2\ 2s^2\ 2p^6\ 3s^2\ 3p^6$
	4	1	19	K	칼륨	$1s^2\ 2s^2\ 2p^6\ 3s^2\ 3p^6\ 4s^1$
		2	20	Ca	칼슘	$1s^2\ 2s^2\ 2p^6\ 3s^2\ 3p^6\ 4s^2$
전이 원소		3	21	Sc	스칸듐	$1s^2\ 2s^2\ 2p^6\ 3s^2\ 3p^6\ 4s^2\ 3d^1$
		4	22	Ti	티탄	$1s^2\ 2s^2\ 2p^6\ 3s^2\ 3p^6\ 4s^2\ 3d^2$
		5	23	V	바나듐	$1s^2\ 2s^2\ 2p^6\ 3s^2\ 3p^6\ 4s^2\ 3d^3$
		6	24	Cr	크롬	$1s^2\ 2s^2\ 2p^6\ 3s^2\ 3p^6\ 4s^1\ 3d^5$
		7	25	Mn	망간	$1s^2\ 2s^2\ 2p^6\ 3s^2\ 3p^6\ 4s^2\ 3d^5$
		8	26	Fe	철	$1s^2\ 2s^2\ 2p^6\ 3s^2\ 3p^6\ 4s^2\ 3d^6$
		9	27	Co	코발트	$1s^2\ 2s^2\ 2p^6\ 3s^2\ 3p^6\ 4s^2\ 3d^7$
		10	28	Ni	니켈	$1s^2\ 2s^2\ 2p^6\ 3s^2\ 3p^6\ 4s^2\ 3d^8$
		11	29	Cu	구리	$1s^2\ 2s^2\ 2p^6\ 3s^2\ 3p^6\ 4s^1\ 3d^{10}$
전형		12	30	Zn	아연	$1s^2\ 2s^2\ 2p^6\ 3s^2\ 3p^6\ 4s^2\ 3d^{10}$

참고) 홀전자(unpaired electron; 짝짓지 않은 전자) : 최외각 전자 중에서 쌍을 이루지 않는 전자

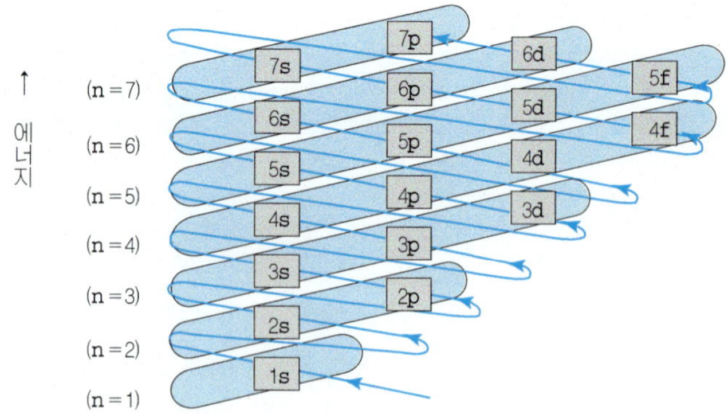

그림 Ⅰ-7 전자의 에너지 준위 순서

(4) 전자 배치 표시

궤도를 상자(box)로 표시하고, 같은 에너지 준위의 궤도는 상자를 붙여 그리며, 전자는 상자 안에 점(·) 또는 화살표(↑, ↓)로 표시한다.

예) $_{26}Fe$ 원자의 전자 배치 :

3d⁶					4s²
··	·	·	·	·	··
↑↓	↑	↑	↑	↑	↑↓

(또는: 화살표 표시)

$_{26}Fe^{2+}$ 이온의 전자 배치 :

3d⁶					4s⁰
··	·	·	·	·	
↑↓	↑	↑	↑	↑	

(또는: 화살표 표시)

$_{26}Fe^{3+}$ 이온의 전자 배치 :

3d⁵					4s⁰
·	·	·	·	·	
↑	↑	↑	↑	↑	

(또는: 화살표 표시)

그림 Ⅰ-8 전자 배치 표시 방법

(5) 전자의 에너지대

원자는 원자핵과 그것을 둘러싼 전자로 이루어진다. 이 때, 전자는 정해진 에너지(에너지 준위)를 취하게 된다. 원자가 모여 고체(또는 액체)를 이루면 이들 전자의 에너지 준위는 주변 원자의 영향을 받아 조금씩 에너지 값이 다른 다수의 전자 준위의 집합이 된다. 고체(액체)의 크기가 매우 작지 않는 한, 전자들의 에너지 준위는 매우 작은 에너지 차로 분포해, 연속적인 에너지 분포를 가지는 것으로 취급할 수 있다. 이처럼 결정 내 전자의 양자 역학적인 에너지 준위가 연속적인 구조를 이룰 때 **에너지대**라고 정의한다.

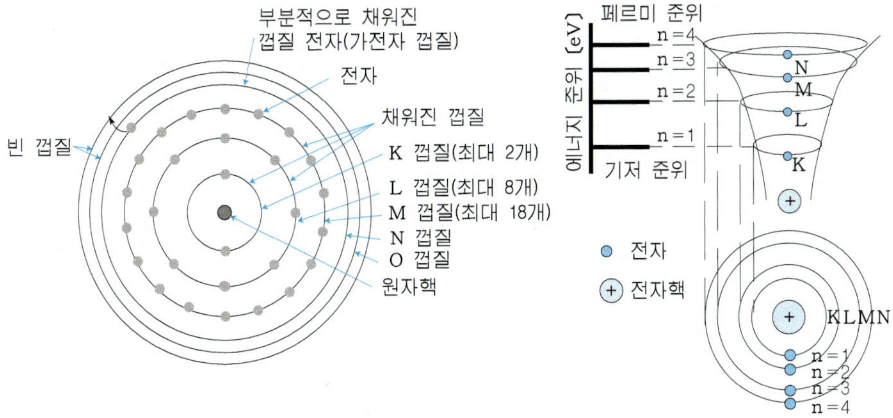

그림 Ⅰ-9 전자의 에너지대

에너지대의 폭이나 에너지대 상호 관계를 통틀어 **대구조**라고 한다. 결정(結晶)이 도체가 되느냐 절연체가 되느냐는 전자 에너지대의 세부적인 구조와 전자 에너지 상태에 의해 설명된다. 그림 Ⅰ-10은 절연체, 반도체, 도체의 에너지대 구조를 나타낸 것이다. 가전자대와 전도대 사이의 에너지대는 양자역학적인 이유로 전자가 존재할 수 없는 에너지대로 이 영역을 **금지대**라고 하고, 금지대의 에너지 폭을 **에너지 갭**(energy gap)이라고 한다. 금속의 경우 어떤 온도에서도 전도대에 전자가 존재하므로 전기장을 걸면 전자가 이동하여 전류가 흐르지만, 절연체에서는 가전자대와 전도대와의 에너지 갭이 크므로 큰 에너

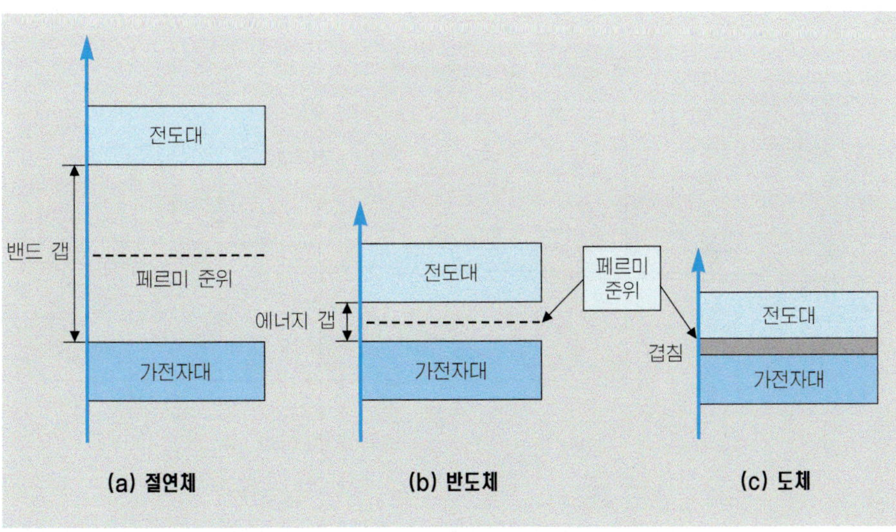

그림 Ⅰ-10 재료의 종류와 에너지 밴드

용어 해설

에너지 갭 (energy gap)
가전자대(valence band)와 전도대(conduction band) 사이의 에너지 차. band gap의 크기에 따라 도체(Eg≒0eV), 반도체(Eg≒1 eV), 부도체(Eg≧5 eV)로 나눈다.(=밴드 갭)

결정
원자가 규칙적으로 배열한 상태의 물질

가전자대 (valence band)
전자가 가득 차 있는 에너지대

전도대 (conduction band)
전자가 에너지 핵의 속박에서 벗어나 자유롭게 이동할 수 있는 에너지대

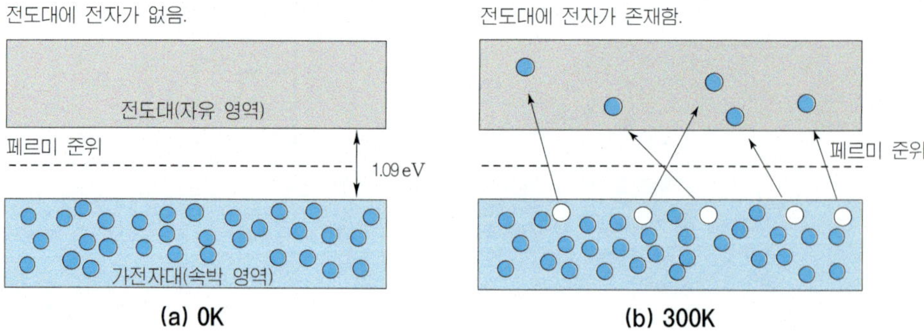

그림 Ⅰ-11 실리콘 반도체의 에너지 준위와 온도

지를 가해 주지 않으면 전자가 전도대로 이동할 수 없다. 가전자대 안의 각 에너지 상태는 빈틈없이 전자로 채워져 있으므로 매우 큰 에너지를 인가하여 가전자대에 잡혀 있는 전자를 전도대로 이동시켜야 전류가 흐를 수 있다.

반도체는 그림 Ⅰ-11에 나타낸 바와 같이 에너지대 구조 측면에서 보면 절연체와 함께 분류될 수 있지만, 금지대의 에너지 폭이 상대적으로 좁기 때문에 아주 저온인 경우를 제외하면 얼마간의 전자가 가전자대로부터 전도대로 열적으로 여기되어 전압을 가하면 전류가 흐르게 된다. 가전자대에서 전자가 전도대로 이동하게 되면 가전자대에는 양전하를 띤 정공이 생기게 되며, 이것도 전기를 운반하는 캐리어 역할을 한다. 그림 Ⅰ-12는 여러 원소의 종류와 밴드 갭(band gap)을 나타내었다.

용어 해설

금지대 (forbidden band)
전자가 존재할 수 없는 에너지대

여기(excitation)
가전자를 더 높은 전자 껍질 또는 전도대로 이동시키는 것.

정공 (hole)
전자의 여기에 의해 생긴 빈 자리로, 전기를 운반하는 캐리어 역할을 한다.

캐리어 (carrier)
전기를 운반하는 역할을 하는 정공이나 전자

B	C $2p^2$	N
Al	Si $3p^2$	P
Ga	Ge $4p^2$	As
In	Sn $5p^2$	Sb
Tl	Pb $6p^2$	Bi

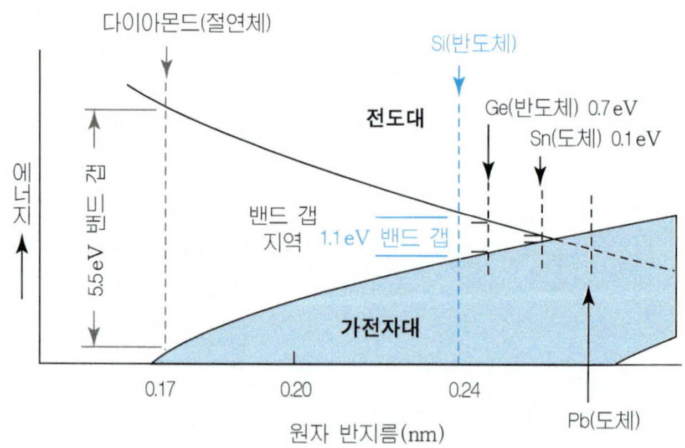

그림 Ⅰ-12 원소의 종류와 밴드 갭(band gap)

05. 페르미 준위와 분포 함수

'어떤 특정한 에너지대에는 전자가 얼마나 존재할 수 있는가?'

'특정한 에너지 준위에는 전자가 채워질 확률이 얼마인가?'

물은 100℃에서 기화하여 수증기가 된다. 그런데 물의 온도가 90℃이면 이 물은 전혀 증발하지 않을까? 물론 아니다. 물의 온도가 90℃일지라도 물은 조금씩 증발한다. 그 이유는 무엇일까? 우리가 물의 온도가 90℃라고 하는 것은 물의 평균 온도가 90℃라는 것을 의미하는 것이지 모든 물의 분자가 90℃라는 뜻은 아니다. 평균 온도 90℃인 물에서도 어떤 물 분자는 순간적으로 100℃에 해당하는 충분한 운동 에너지를 가지고 있고, 어떤 물분자는 80℃밖에 안 되는 에너지를 가질 수 있는 것이다. **분포 함수**란, 어떤 주어진 에너지 구간에 대해 한 개의 입자가 각 에너지를 차지할 수 있는 확률을 의미한다. 이러한 물의 경우에 대해서는 다음 그림 Ⅰ-13과 같은 분포 함수를 가지게 될 것이다.

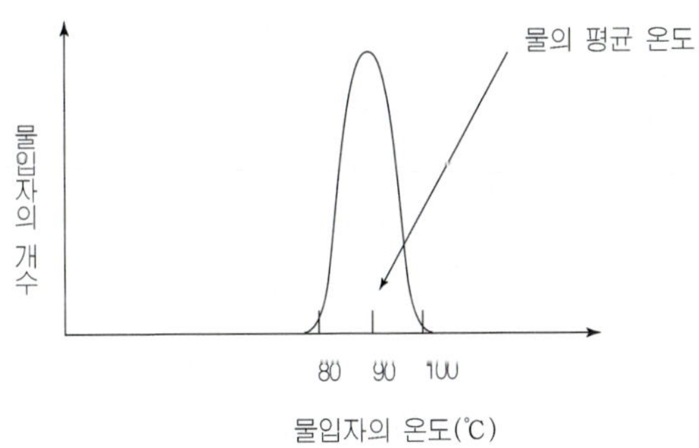

그림 Ⅰ-13 물의 평균 온도와 물분자의 온도 분포

위에서 말한 분포 함수란 하나의 상태가 입자로 채워질 확률을 의미한다. 분포 함수가 1이라 함은 그 준위는 어떤 경우라도 입자로 채워진다는 뜻이고, 0이라 함은 입자가 그 에너지 준위를 가질 가능성이 0이라는 뜻이며, ½이라 함은 입자가 채워질 확률이 반이라는 뜻이다.

만약에 전자들이 차지할 수 있는 에너지 준위의 개수가 100 개가 있고, 전자가 50 개가 있다면 어떻게 될까? 전자는 높은 에너지 준위를 차지할 확률이 상대적으로 적고 더 안정된 낮은 에너지 준위(energy level)부터 차곡차곡 채우게 된다. 만약에 절대 온도가 0 K이라면 전자는 에너지가 가장 낮은 값을 가

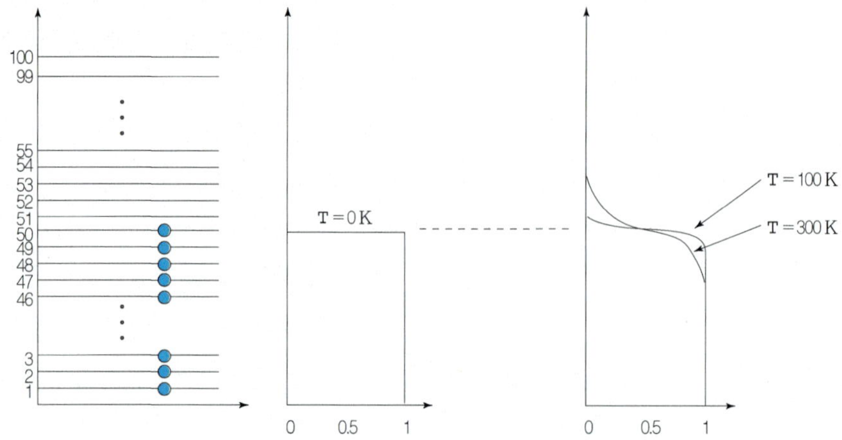

(a) 절대 온도 0 K일 때 **(b) 절대 온도 0 K보다 높을 때**

그림 Ⅰ-14 분포 함수의 형태

지게 되고, 전자는 아래에서부터 채워져 50째 번 준위까지 채우게 된다. 이것을 분포 함수의 정의를 적용해서 그래프로 그리면 그림 Ⅰ-14 (a)처럼 50째 번까지 분포 함수값은 1, 그 이상은 0이 될 것이다. 만약에 온도가 높아지면 맨 아래층에 있는 에너지 준위는 온도가 올라가도 여전히 전자로 채워져 있을 것이지만(분포 함수 값이 1) 50째 번 준위 부근에서는 맨 위에 있는 전자들이 일정 크기 이상의 에너지를 얻어 그 위 준위로 올라가기도 하고 내려오기도 하는 일이 일어날 것이다. 따라서, 절대 온도 0 K에서는 차 있던 50째 번의 준위(분포 함수값이 1)는 온도가 증가하면 1 보다 작은 값을 가지게 된다. 49, 48, … 째 번 준위는 온도가 올라감에 따라 전자로 채워질 확률이 점점 작아질 것이고, 반대로 51, 52, …, n 째 번 준위는 전자로 채워질 확률이 점점 커질 것이다. 따라서, 분포 함수는 그림 Ⅰ-14 (b)와 같이 될 것이다.

페르미 에너지는 0 K에 있을 때 최외각 궤도의 '전자로 채울 수 있는 가장 높은 에너지 준위' 로 정의할 수 있다. 위에서 살펴본 경우와 같이 $T \neq 0$이면 가장 높은 에너지를 정의할 수 없으므로 전자가 채울 확률이 $\frac{1}{2}$인 에너지로 정의한다. 따라서, 페르미 준위는 50째 번과 51째 번의 중간 부분에 위치하게 된다. 반도체는 가전자대(valence band)의 에너지 준위 개수만큼 전자가 존재하고, 그 사이에 에너지 갭이 있고 나서 비로소 전도대(conduction band)가 있다. 따라서, 페르미 준위는 그림 Ⅰ-15와 같이 에너지 갭의 중간 정도에 위치하게 된다.

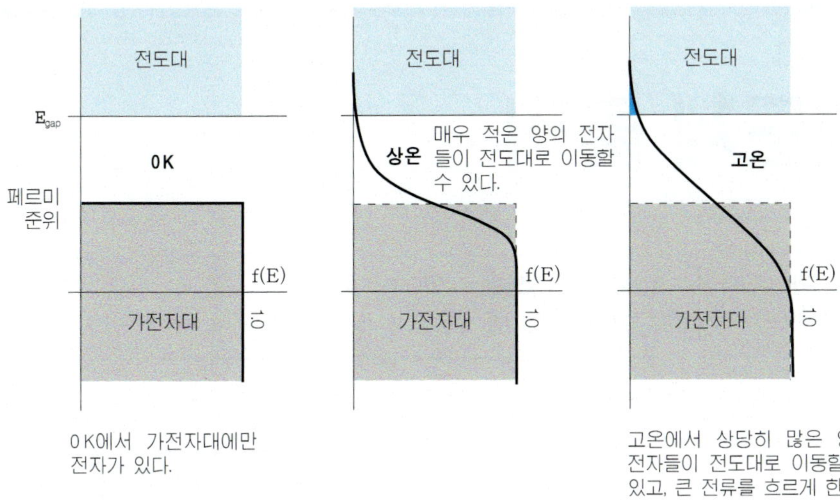

그림 Ⅰ-15 온도와 전자의 에너지 분포

용어 해설

페르미 준위 (Fermi level)

고체 내의 전자들은 모두 같은 에너지를 가지는 것이 아니라 여러 가지 에너지를 가지고 있는데, 이 전자들이 가지는 에너지 분포를 Fermi-Dirac 확률 분포라고 한다. 이 분포는 물질과 온도에 따라서 정해지는데, 가장 높은 에너지를 가지는 전자의 점유 확률이 정확히 $\frac{1}{2}$로 되는 에너지 준위를 페르미 준위라고 한다.

자유 공간

원자핵으로부터 전자가 완전히 자유로운 상태

06. 전자의 일함수

일함수는 최외각 전자(가전자)가 자유 공간(금속 외부)으로 탈출하는 데에 필요한 에너지로 다음 식과 같다.

일함수 $\Phi = W_o$(탈출 준위) − W_f(페르미 준위)

금속 내부에 존재하는 가전자가 금속 표면에서 진공 중의 자유 공간으로 멀리 떨어져 나가기 위해서는 에너지가 필요하다. 이 필요한 에너지를 일함수라 한다. 또한 접촉한 두 재료의 일함수 차이를 접촉 전위라고 한다. 그림 Ⅰ-16에서 기저 준위는 원자핵에서 가장 가까운 궤도의 전자가 가지는 에너지이고, 페르미 준위는 이미 설명한 바와 같이 최외각 전자가 0 K에 있을 때의 에너지의 크기이다.

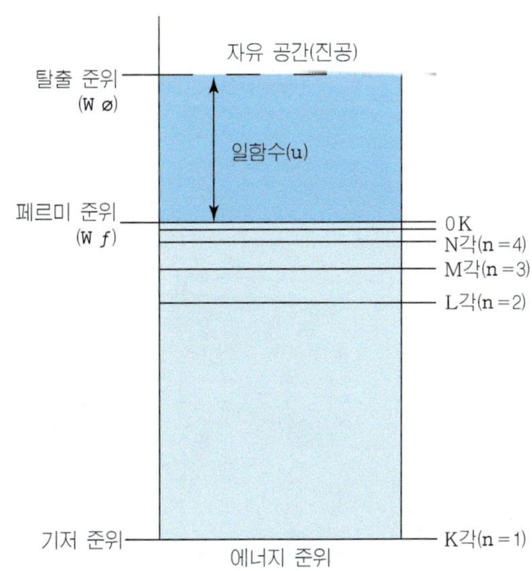

그림 Ⅰ-16 일함수(금속의 경우)

3. 반도체 물리

학|습|목|표

- 도너와 억셉터 준위를 비교하여 설명할 수 있다.
- 진성 반도체와 불순물 반도체의 차이를 설명할 수 있다.

01. 도너와 억셉터 준위

순수한 실리콘 결정은 그림 Ⅰ-17과 같이 실리콘 원자 간에 서로 공유 결합을 하고 있으며, **진성 반도체**(intrinsic semiconductor)라고 부른다. 여기에 불순물을 첨가한 것을 **불순물 반도체**(extrinsic semiconductor)라고 한다. 순수한 실리콘 결정은 대체로 99.999999999 %의 순도인데 9가 11 개, 그래서 흔히 'eleven nine'의 순도를 지니고 있다고 한다. 그런데 실제 이런 순도를 가진 진성 반도체 실리콘(intrinsic silicon)은 구할 수가 없다. 생산을 하지 않기 때문이다. 이것은 마치 자동차를 구입하면서 색을 칠하지 않은 차를 팔라고 하는 것과 같다.

대부분의 반도체는 구입할 때부터 불순물이 첨가되어 있다. 뒤에 차차 살펴

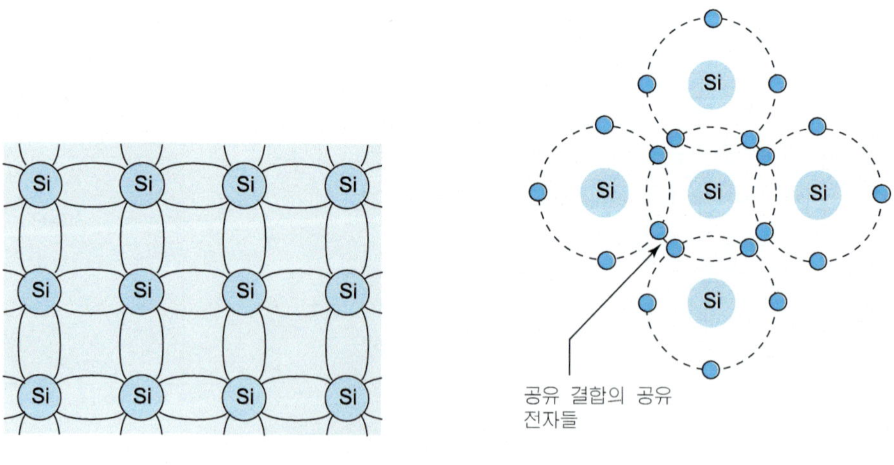

그림 Ⅰ-17 실리콘의 결합 형태

보겠지만 불순물은 반도체를 유용하게 만드는 주역이다. 그리고 그야말로 필요 없는 불순물, 예를 들어 탄소 이온, 나트륨 이온, 구리 이온 등과 같은 반도체 관점에서 전혀 쓸모 없는 불순물과는 구별된다. 그래서 우연히 유입된 불순물이라는 뜻인 임퓨리티(impurity)라는 말 대신 '의도적으로 주입한 불순물'이라는 뜻을 가진 도펀트(dopant)라는 말을 많이 쓴다.

진성 반도체는 절대 온도, 0 K에서는 모든 전자는 가전자대(valence band)를 채우고 있고, 모든 전도대(conduction band)는 비어 있다. 그런데 절대 온도가 올라가면 전도대에도 전자가 채워질 확률이 생기고, 전자가 찬 양만큼 정확하게 같은 양으로 가전자대에 정공(hole)이 생긴다. 그리고 전자가 채워질 확률이 $1/2$이 되는 페르미 준위는 진성 반도체에서는 에너지 갭의 중간 정도에 위치하고 있는데, 불순물 반도체에서는 잉여 정공을 제공하면 페르미 준위는 내려가고, 전자를 제공하면 페르미 준위는 올라간다. 이처럼 진성 반도체에 잉여의 정공을 제공하는 물질을 **억셉터**(acceptor)라 하고, 잉여의 전자를 제공하는 물질을 **도너**(donor)라고 한다. 전자와 정공은 모두 전하를 운반할 수 있는 캐리어(carrier)이다.

이것을 맨 처음 드루데(Drude, 1863~1906, 독일)라는 사람이 고체의 현상을 설명할 때에 사용한 방법이었기 때문에 **드루데 모델**(Drude model)이라고 부른다. 도너(donor)란 4 족의 실리콘 반도체에 첨가된 5 족의 불순물을 말한다.

예를 들어, 원자 번호 14 번으로 4 족 원소인 실리콘(Si)에 원자 번호 15 번으로 5 족 원소인 인(P, phosphorous)을 첨가하자. 4 족 원소인 실리콘은 최외각 전자가 4 개이며, 이것은 그림 I -17에서처럼 서로 공유 결합을 하고 있다. 그런데 최외각 전자가 5 개인 인(P)이 실리콘(Si) 자리에 치환하여 들어 가면, 그림 I -18에서보는 바와 같이 4 개의 최외각 전자가 공유 결합에 사용되고 하나의 잉여 전자가 남게 된다. 그런데 여기서 주의할 점은 잉여 전자라고 해서 없어도 된다는 뜻은 아니다.

인은 원자 번호가 15 번인 5 족 원소이므로 최외각 전자가 5개 있어야만 중성이 되는 것이다. 즉, 잉여 전자란 결합에 사용되지 않는 전자이지만, 이것이 있어야 중성이 되는 것이다. 만약에 이 잉여 전자가 없으면 이 부분은 양(+)의 전기를 띠게 될 것이다(전자는 14 개가 되는데 양성자는 15 개이므로).

여기서, 이 잉여 전자가 에너지를 받아서 이 원자로부터 독립된 자유 전자가

용어 해설

도너(Donor)

반도체 게르미늄(Ge)이나 실리콘(Si)에 적은 분량의 P과 같은 5가 이온을 섞은 것. Si는 가전자가 4개, P은 가전자가 5개이므로 공유결합시 전자 하나가 남게 되는데 이 전자가 자유 전자가 되어 전류를 운반할 수 있으며, 이와 같은 반도체를 N형 반도체라 한다. 이러한 N형 반도체를 만드는 미량의 원소를 '전자를 준다'는 뜻으로 도너라 하고, 원소 주기율표에서 5족인 P 등이 이에 해당된다.

드루데

라이프치히 대학(1894), 기센 대학(1901), 베를린 대학(1905)에서 교수를 역임하고, 광학 및 전자기학 분야의 연구에 공을 세웠으며, 특히 금속 전자론에 관한 공헌이 크다. 1900년경 금속 내에서는 많은 자유 전자가 불규칙한 운동을 한다는 전자론의 입장에서 전기 전도·열전도를 설명하였다.

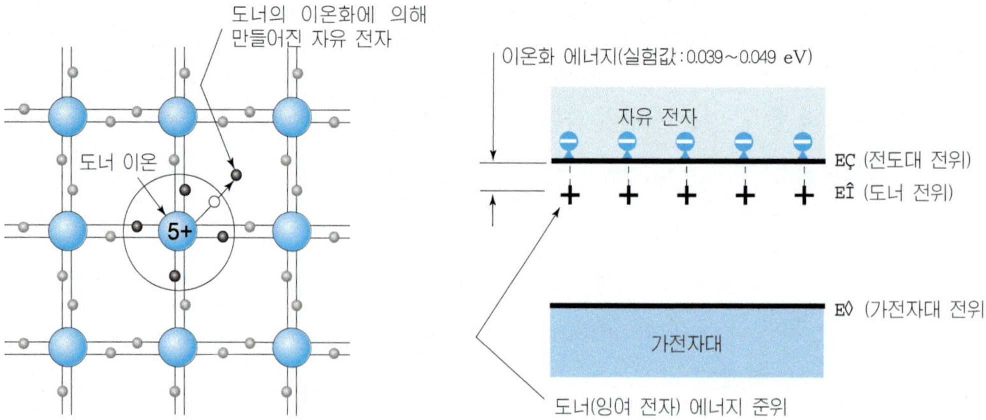

그림 Ⅰ-18 도너의 모델

되는 에너지를 계산해 보자. 이것은 수소 원자 모델과 비교할 수 있는데 수소 원자는 양성자 하나와 전자 하나로 구성되어 있다. 위의 경우는 15 개 양성자 중에 14 개는 이 원자 주위에 있어 서로 중화되고 하나의 양성자와 하나의 전자가 남아 있는 구조가 되는 것이다. 에너지 계산은 수소 원자 모델에서 수소 원자핵에 속박된 전자가 자유 전자가 되는 전자 에너지는 식 Ⅰ-1과 같고, 전자볼트(eV) 단위로 나타내면 식 Ⅰ-2와 같다.

$$E=-\frac{mq^4}{8\varepsilon_0^2h^2}\cdot\frac{1}{n^2} \quad \text{(식 Ⅰ-1)}$$

여기서, m 은 전자 질량(9.1×10^{-23}g), q는 전하량(1.6×10^{-19}C), h는 플랭크 상수(6.6262×10^{-27}), ε_0는 진공 유전율(8.854×10^{-14}), n은 주양자수이다.

$$E=-13.6\times\frac{1}{n^2}\text{eV} \quad \text{(식 Ⅰ-2)}$$

1) K각 궤도의 전자 에너지 $E_K=-13.6\times\frac{1}{n^2}$ (eV) 에서

$$E_K=-13.6\times\frac{1}{1^2}=-13.6 \text{ (eV)}$$

2) L각 궤도의 전자 에너지 준위 $E_L=-13.6\times\frac{1}{2^2}=-3.4$ (eV)

이것이 수소 원자의 에너지이다. 가장 낮은 에너지 상태는 n=1일 때이면 그 값은 -13.6 (eV) 이다. 위 계산식에 n값을 변화시켜 넣어 보면, n=무한대에서 n=2로 떨어지는 에너지라 할지라도 n=2에서 n=1로 떨어지는 에너지보다도 작

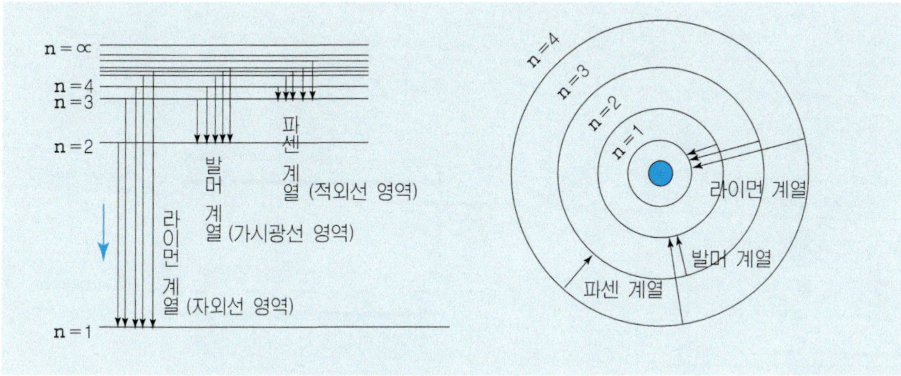

그림 I-19 수소 원자의 에너지 스펙트럼

다. 따라서, n=2, 3, 4, … 에서 n=1로 떨어져 생기는 에너지 스펙트럼은 같이 모여 있게 되고, 이것을 그림 I-19와 같이 **라이먼**(Lyman) **계열**, n=3, 4, 5, … 에서 n=2로 떨어져 생기는 스펙트럼을 **발머**(Balmer) **계열**, n=4, 5, 6, …에서 n=3으로 떨어지는 스펙트럼을 **파센**(Paschen) **계열**이라고 구별해서 부른다.

그러면 이러한 잉여 전자만을 놓고 볼 때, 불순물의 이온화 에너지도 위의 수소 원자 모델에 대응시킬 수 있지 않을까? 즉, 인(P)의 경우 전자는 15 개이고 14 개의 전자는 결합에 사용되어 원자핵에 속박되어 있고, 하나는 원자 결합에 사용되지 않았다면 결국 원자핵이 1 개이고 전자가 1 개인 수소 원자 모델과 다를 것이 없지 않을까? 따라서, 이러한 관계도 위의 수소 원자 모델 설명과 유사하게 풀 수 있고, 식 I-1에서 ε_0를 실리콘(Si)의 유전율($11.8\varepsilon_0$)로, m 을 전자의 유효 질량 m_e^*(0.26m)으로 대입하면 전자가 자유 전자가 되는 데에 필요한 에너지는 0.025 〔eV〕가 된다.

여기서, 주목할 것은 전자의 궤도 운동 반경이 아주 커지면 자유 전자가 되는 데에 필요한 에너지가 아주 작다는 것이다. 도핑을 하는 것은 바로 이 부분 '자유 전자가 되는 데 필요한 에너지가 아주 작아진다.'는 부분 때문이다. 도너인 인(Phosphorous)일 경우, 이 에너지는 위의 계산에서는 약 0.025 〔eV〕가 되고, 이것이 도핑제(dopant)의 이온화 에너지가 된다.

*실험값(실리콘에서의 이온화 에너지)
P : 0.044 eV
B : 0.045 eV
*열 에너지
$E=k_1T$
k_1: 볼츠만 상수
T : 절대 온도(K)

실리콘(Si)의 경우, 가전자대에 존재하는 전자가 전도대로 가려면 에너지 갭=1.12 〔eV〕가 필요한 데에 비하여, 도핑제에 의해 자유 전자가 유리되는 에너지는 0.025 〔eV〕(이론값)에 불과하다. 전자가 상온에서 열에 의해 받게 되는 에너지(E=0.026 〔eV〕)만 해도 자유 전자가 생성될 수 있다. 따라서, 상온에서

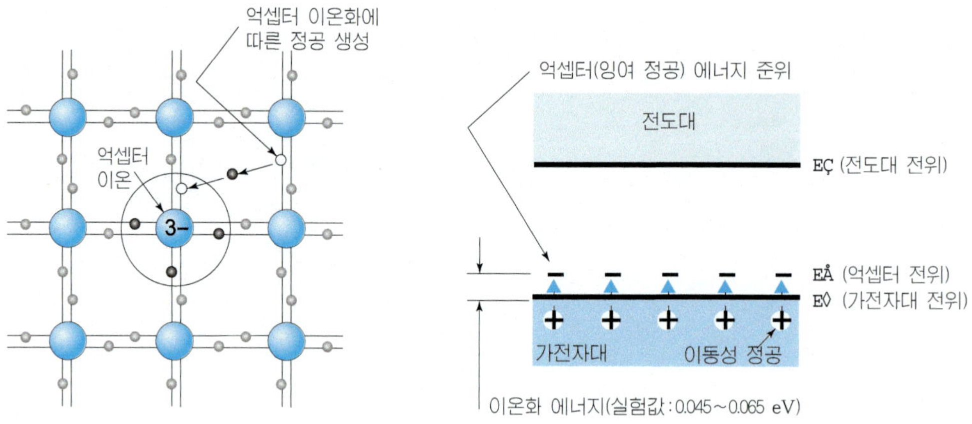

그림 Ⅰ-20 억셉터의 모델

도핑(doping)에 의해 불순물을 주입한 양 만큼의 자유 전자의 수가 발생되는 것이다.

그림 Ⅰ-20은 억셉터의 모델을 나타낸 것이다. 위의 논리와 마찬가지로 설명할 수 있다.

5족 원소가 도핑된 반도체를 **N형 반도체**, 3족 원소가 도핑된 반도체를 **P형 반도체**라고 한다. N형은 음 전하를 띠는 전자가 많으므로 Negative라는 단어에서 왔고, P형은 정공이 양 전하를 띠므로 Positive의 머리 글자에서 비롯되었다. 그렇다고 N형 반도체가 전체적으로 (−) 전하를 띤다고 생각하면 안 된다. 중성인 반도체에 중성인 도핑제를 넣었으므로 자유 전자가 많아도 재료 전체는 여전히 중성이다. P형 반도체도 마찬가지이다. N형 도핑제는 인(P), 비소(As)가 주로 쓰인다. 과거에 양극성 트랜지스터의 매립층(buried layer)을 만들 때 안티몬(Sb)도 사용하였으나, 지금은 고농도에 한해서 사용되고 있다. P형 도핑제(dopant)로는 붕소(B)가 있다.

용어 해설

N형 반도체

반도체에서는 전기 전도에 기여하는 캐리어가 전자, 정공 및 그 양쪽 중 어느 것이 주체가 되는가에 따라서 세 가지 전도형으로 나뉘는데, 그 중 전자가 캐리어의 주체가 되는 반도체를 N형 반도체라고 하며, 도핑제는 5족 원소이다.

P형 반도체

반도체에서는 전기 전도에 기여하는 캐리어가 전자, 정공 및 그 양쪽 중 어느 것이 주체가 되는가에 따라서 세 가지 전도형으로 나뉘는데, 그 중 정공이 캐리어의 주체가 되는 반도체를 P형 반도체라고 하며, 도핑제는 3족 원소이다.

02. P형과 N형 도핑제

반도체 소자를 개발할 때, 가장 문제가 되는 것이 P형 MOS FET(metal oxide semiconductor field effect transistor)이다. PMOS를 만들기가 어렵다고 하면서 왜 만들기가 어려울 수밖에 없는가에 대해서는 별로 사람들이 생각하지 않는 것 같다. 정답을 말하면 P형 도핑제는 붕소(B)밖에 없기 때문이다. 이것이 모든 문제의 근원이다.

원소 주기율표를 살펴보면, 3 족 원소는 붕소(Boron)말고도 알루미늄(Aluminum), 인듐(Indium) 등이 있다. 그런데 이것은 왜 도핑제로 사용하지 않을까? N형 도핑제는 인, 비소, 안티몬 모두 불순물로 사용할 수 있는데 말이다. 불행히도 알루미늄(Al)과 인듐(In)은 **고용도**(solid solubility)가 낮다. 물에 소금을 녹일 때, 소금이 계속 녹지 않고 어느 정도 녹으면 더 이상 녹지 않게 되는데, 그것을 **용해도**(solubility)라고 부른다. 그런데 이런 용해도가 액체에만 존재하는 것이 아니고 고체에도 존재하는데, 그것을 고용도라고 한다. 알루미늄(Al)은 이온 주입을 하면, 이것이 실리콘과 잘 섞이지 않고, 고온의 반도체 공정을 거치면 서로 자기들 끼리 뭉치게 되어 많은 도핑을 할 수가 없다.

또, 알루미늄(Al)은 불행히도 실리콘 산화막에 작용하면, 실리콘 산화막의 절연 파괴(breakdown) 전압을 떨어뜨리기 때문에 MOS FET에서는 알루미늄(Al)이 덮이고 나면, 절대로 온도를 상승시키면 안 된다. 따라서, 도핑제로서는 부적절하다. 그리고 인듐(In)은 고용도뿐만 아니라 이온화 에너지가 높아 100 개를 도핑하면, 그 중에 10 개 정도만이 정공(hole)을 발생시켜 활성화율이 낮다. 그래서 역시 도핑제로서는 부적당하다.

그러면 왜 붕소가 문제인가? 붕소는 고용도나 이온화율은 좋으나 원자 번호 5 번으로, 입자의 크기가 작고 가볍다는 것이 문제이다. 이것은 불순물을 주입할 때 표면에 살짝 주입하고 싶어도 이온 주입기로 도핑을 하면 반도체 깊숙한 곳까지 들어가 버리고, 열을 조금만 가해도 확산성(diffusibility)이 커 깊이 확산해 들어가 버린다. 또는 N형 도핑제인 인(P)이나 비소(As)는 실리콘 산화막을 만나면, 더 이상 확산하지 않는데 붕소(B)는 그냥 통과해 버린다. 오히려 실리콘보다 더 잘 확산해 들어간다.

MOS FET에서의 N형 MOS의 게이트(gate) 물질은 N형 다결정 실리콘으로, P형 MOS는 P형 다결정 실리콘으로 만들어지면 가장 이상적인데, 붕소(B)의 이런 성질로 인하여 P형 다결정으로 게이트를 만들기가 어렵다. P형 도핑제(dopant)가 붕소뿐인 것은 조물주가 만든 한계이므로 인간은 이런 단점을 극복하기 위해 저압 이온 주입기, 붕소 대신 BF_2로 주입하기, RTP(rapid thermal process) 등의 개발로 이런 문제를 극복하려고 노력하고 있다.

용어 해설

고용도 (solid solubility)
한 고체 물질에 다른 고체 물질이 균일하게 혼합되는 정도

용해도 (solubility)
포화 용액 속의 용질의 농도

RTP (rapid thermal process)
도핑제를 도포하고 확산시킬 때 사용하는 확산도로, 원적외선 램프를 사용한 급속한 가열로 기판의 열 영향을 최소화한 것

4. 재료의 결정 구조

학|습|목|표

- 단결정과 다결정의 차이를 말할 수 있다.
- 결정 구조의 종류와 특성을 설명할 수 있다.
- 결정의 면과 방향을 표시할 수 있다.

01. 고체의 구조

고체는 그 내부 원자들의 배열 구조에 따라 그림 Ⅰ-21과 같이 단결정, 다결정, 비정질 등 세 가지로 나눌 수 있다. 이 세 가지가 모두 반도체에 쓰이므로 잘 구별할 필요가 있다. **결정**이란 '원자의 배열이 규칙적인 고체' 라고 정의할 수 있다. 따라서, 비결정질 또는 비정질은 원자가 불규칙적으로 배열된 고체이다. 이 결정 중에서 규칙적인 배열이 고체 전체에 걸쳐서 이루어져 있으면 **단결정**이라 한다. 그런데 부분적으로는 결정을 이루지만 전체적으로는 규칙성이 무너지는 결정을 **다결정**이라 부른다.

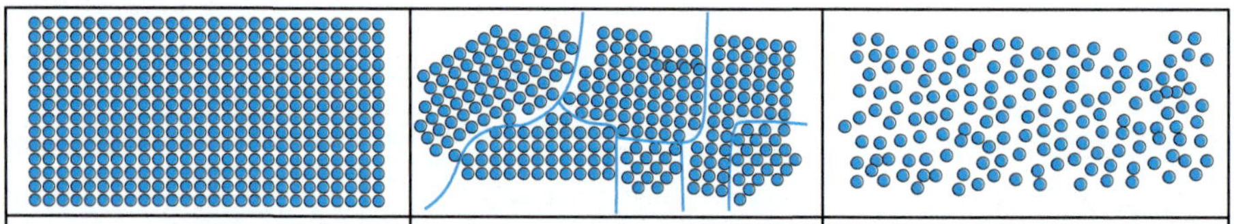

단결정	다결정	비정질

그림 Ⅰ-21 고체 내에서 원자 배열의 종류

그리고 규칙성이 유지되는 부분을 **결정립**이라 하고, 결정립과 결정립 사이에 규칙성이 무너지는 경계를 **결정립계**라고 한다.

다이아몬드는 단결정이고 대부분의 금속은 다결정이다. 이 다결정과 단결정을 구분하는 경계는 결정립계의 유무이다. 웨이퍼처럼 전체가 하나의 결정인 것을 단결정으로 본다. 비정질 구조를 가진 것으로 우리 주위에 흔히 볼 수 있는 것은 유리이다. 유리는 비정질이기 때문에 여러 가지 모양으로 가공하기

용어 해설

다이아몬드 (diamond)
등축 정계에 속하는 탄소의 결정체

쉽다고 한다.

때로는 액체 중에서도 결정 구조를 가진 경우가 있다. 자연 상태에서 저절로 결정을 이루는 것이 아니라 외부에서 전압을 걸어 주었을 때, 결정과 같이 규칙적인 배열을 하는 것을 **액정**(liquid crystal), 즉 **액체 결정**이라고 부른다. 이것은 LCD(liquid crystal display)에 사용되는데, 컴퓨터 모니터, 전자시계, 전자 계산기, 평면 TV에 쓰이는 물질이다. 반도체에서 대부분의 칩(chip)은 단결정 웨이퍼를 기판으로 해서 제작한다. 그러나 MOS FET의 트랜지스터에서 게이트 전극은 다결정 실리콘(poly silicon)으로 만든다. 그리고 DRAM의 저장용 커패시터 C(capacitor)는 비정질 실리콘 산화막으로 만들고, 앞에서 말한 LCD를 구동하는 트랜지스터도 보통 비정질 실리콘으로 제작

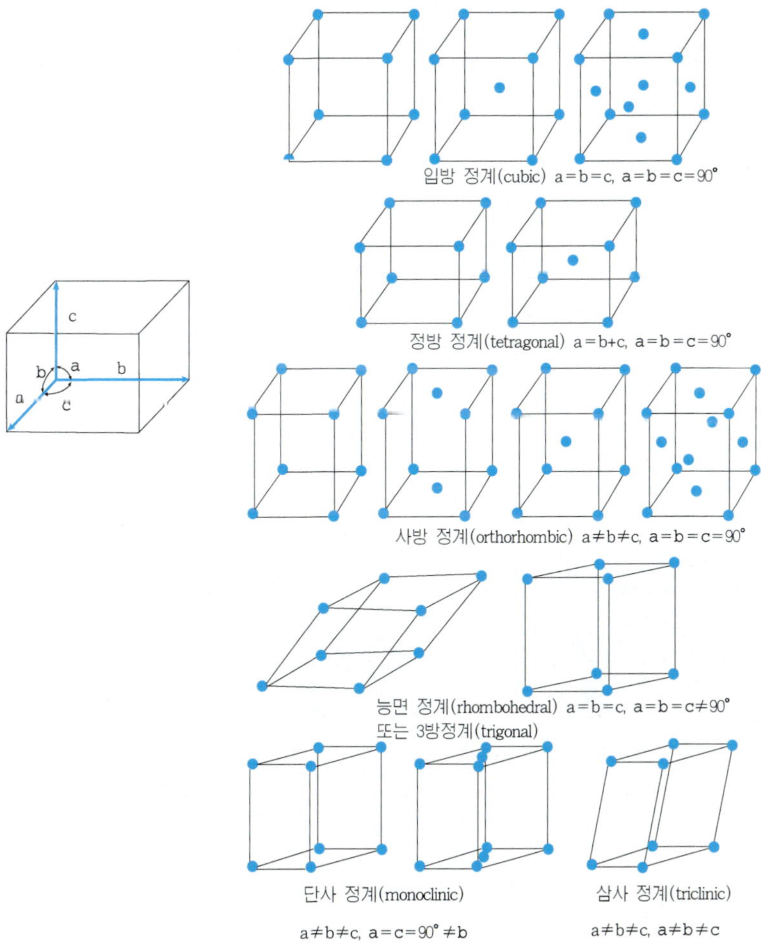

그림 Ⅰ-22 고체 결정 구조의 종류(Bravais 격자)

용어 해설

LCD (액정 디스플레이)
인가 전압에 따른 액정의 투과도의 변화를 이용하여 각종 장치에서 발생되는 여러 가지 전기적인 정보를 시각 정보로 변화시켜 전달하는 전기 소자

Bravais 격자 (lattice)
격자점은 동등한 주위를 가진다는 조건을 만족시키는 방법으로 격자를 만든 14종의 공간 격자

되며, 이렇게 트랜지스터로 구동되는 LCD를 TFT-LCD(thin film transistor-liquid crystal display)라 부른다.

02. 결정 구조

자연 상태에서 결정의 종류는 원자들이 이루는 기본 구조(축의 기울어짐과 축의 길이)에 따라 그림 I-22와 같이 14가지 형태로 크게 구분된다. 그 중에서 우리가 다루는 반도체 물질인 실리콘(Si), 게르마늄(Ge), 갈륨비소(GaAs) 등의 결정은 입방(cubic) 구조(x, y, z 축이 모두 직각이며, 길이가 같은 구조)이므로 이것만 설명하기로 한다.

입방 구조는 단순 입방 격자인 SC(simple cubic), 체심 입방 격자인 BCC(body centered cubic), 면심 입방 격자인 FCC(face centered cubic), 다이아몬드(diamond) 구조, 섬아연광(zinc-blende) 구조 등으로 나눌 수 있다.

(1) 단순 입방 격자

그림 I-23은 단순 입방 결정(SC)의 단위 격자를 나타낸 것이다. 구슬을 정사각형으로 배열하고, 그 구슬 바로 위에 다시 구슬을 똑같은 형태로 쌓은 정육면체 구조이다. 이를 단위 격자들이 연속적인 배열에 의해 그림 I-24와 같은 공간 격자가 만들어진다. 단위 격자는 8군데 모서리에 ;8!; 개 원자가 있으므로 ;8!; ×8=1 개의 원자를 포함한다.

> **용어 해설**
>
> **단위 격자**
>
> 결정 격자 중에서 하나의 격자점으로부터 같은 평면상에 없는 3방향으로 향하는 기본 단위 백터가 만드는 평행육면체.

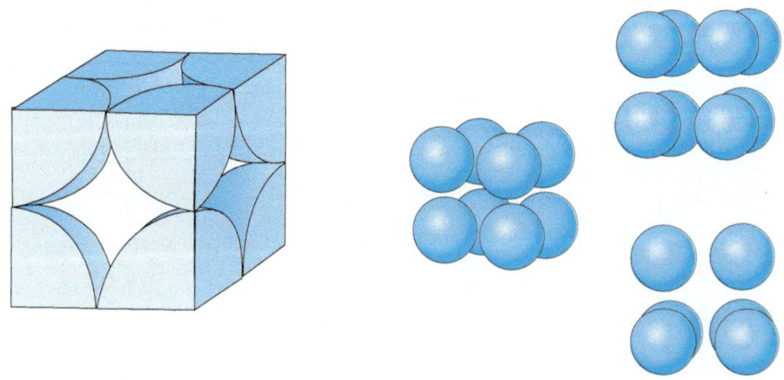

그림 I-23 단순 입방 격자의 단위포(unit cell)

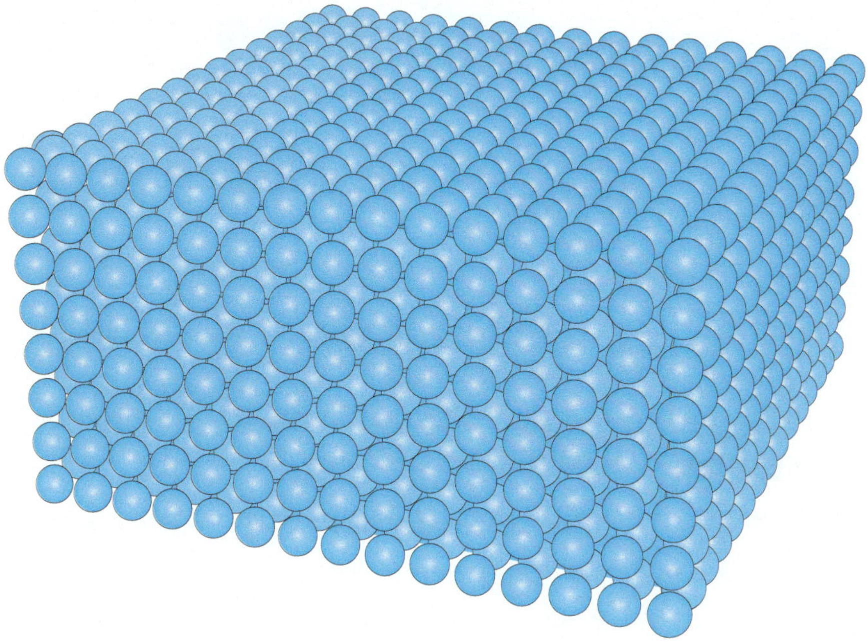

그림 Ⅰ-24 단순 입방 격자의 적층 구조

(2) 체심 입방 격자

그림 Ⅰ-25는 체심 입방 격자(BCC)의 구조를 나타낸 것이다. **체심 입방 격자**(BCC)는 가운데에 한 개의 구슬이 있고, 정육면체의 여덟 개의 모서리에 각각 8; 개짜리 구슬이 있는 구조이다. 가운데 1개가 더 있으므로 단위 격자는 8; ×8+1=2개의 원자를 포함한다. 그림 Ⅰ-26은 체심 입방 격자의 단위포를 적층해서 만든 공간 격자를 나타낸 것이다.

그림 Ⅰ-25 체심 입방 격자의 단위포(unit cell)

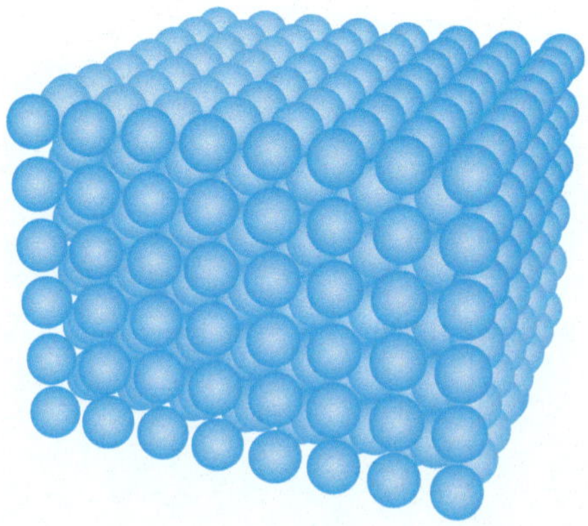

그림 Ⅰ-26 체심 입방 격자의 적층 구조

(3) 면심 입방 격자

면심 입방 격자(FCC : face centered cubic)는 그림 Ⅰ-27에 나타낸 바와 같이 정육면체의 여덟 개 모서리에 각각 $\frac{1}{8}$개짜리 구슬이 있고, 여섯 개의 면에 $\frac{1}{2}$개짜리의 구슬이 존재하는 형태로 볼 수 있다. 즉, 한 개의 정육면체 내에는 ($\frac{1}{8}$ ×8)+($\frac{1}{2}$ ×6)=1+3=4 개에 해당하는 구슬이 존재한다고 생각할 수 있다. 그림 Ⅰ-28은 면심 입방 격자의 단위포를 적층해서 만든 공간 격자를 나타낸 것이다.

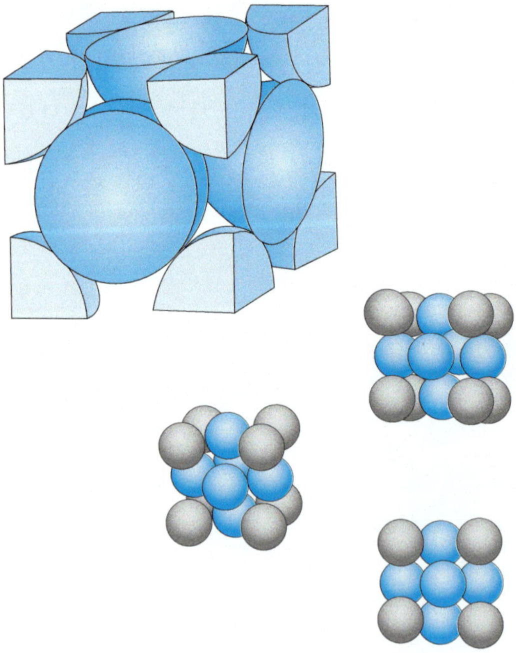

그림 Ⅰ-27 면심 입방 격자의 단위포(unit cell)

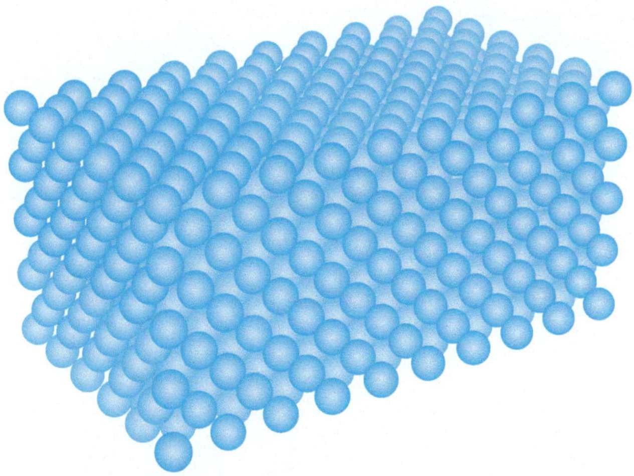

그림 Ⅰ-28 면심 입방 격자의 적층 구조

일반적으로, 아래층 구슬 바로 위에 위층 구슬을 쌓기란 아주 힘들 것이다. 아래층 구슬 바로 위에 위층 구슬을 쌓는 것이 **단순 입방 구조**이며, 따라서 자연계에서 이런 불안정한 단순 입방 구조는 거의 존재하지 않는다. 그러면 맨 아래층은 그림 Ⅰ-29 (a)와 같이 쌓고 4 개의 구슬 사이의 골 속에 그 윗층의 구슬을 쌓고, 그 위에 다시 맨 아래층과 같이 쌓는 것은 단순 입방 구조보다는 훨씬 안정적일 것이다. 이러한 구조가 바로 **체심 입방**(BCC : body centered cubic) **구조**이다 (실은 이 체심 입방 구조는 그림 Ⅰ-29 (a)처럼 원자가 서로 딱 붙어 있는 것은 아니고 사이가 벌어져 있다.).

그런데 맨 아래층을 그림 Ⅰ-29 (a)와 같이 쌓는 것보다 그림 Ⅰ-29 (b)와 같이 쌓는 것이 보다 쉬운 것을 알 수 있다. 맨 아래층은 그림 Ⅰ-29 (b)와 같이 쌓고 구슬 3 개가 만나는 경계점(가장 깊이 파여 있으므로)에 다시 구슬을 쌓아 아래층과 같은 배열을 가진 형태로 쌓을 수 있을 것이다. 그 윗층 셋째 번 층도 마찬가지로 쌓을 수 있다. 이러한 구조가 바로 **면심 입방**(FCC) **구조**이다. 이 때, 그림 Ⅰ-30 (a)와 같은 셋째 번 층은 첫째 번 층과 똑같은 위치에 가지 않고 둘째 번 층의 골 속에 배열하되 첫째 번 층과 다른 위치에 있는 것이 면심 입방(FCC) 구조이다. 특히, 그림 Ⅰ-30 (b)와 같이 셋째 번 층이 첫째 번 층과 같은 위치에 있는 구조를 **조밀 육방 구조**(HCP : hexagonal closed packed lattice)라고 한다.

이제 보다 안정적인 면심 입방(FCC) 구조나 조밀 육방 구조(HCP)가 훨씬

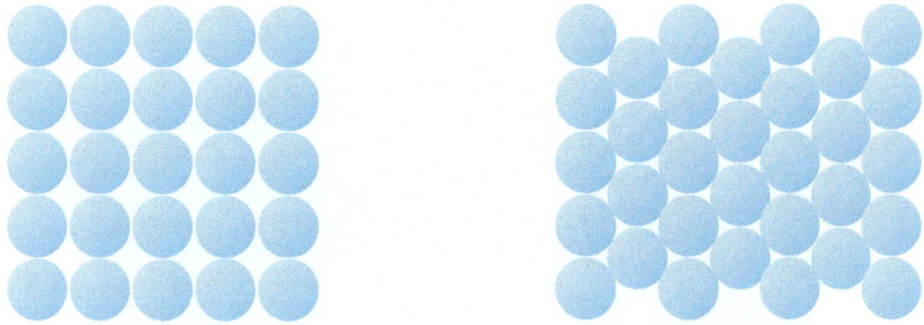

(a) (b)

그림 Ⅰ-29 원자의 적층 방식

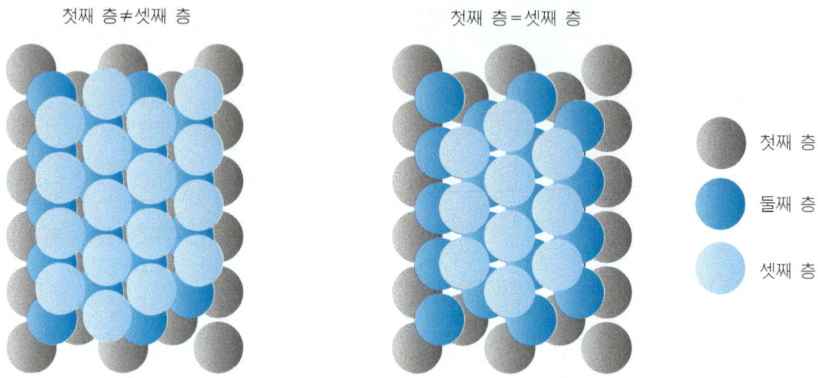

(a) 면심 입방 적층 구조 **(b) 조밀 육방 적층 구조**

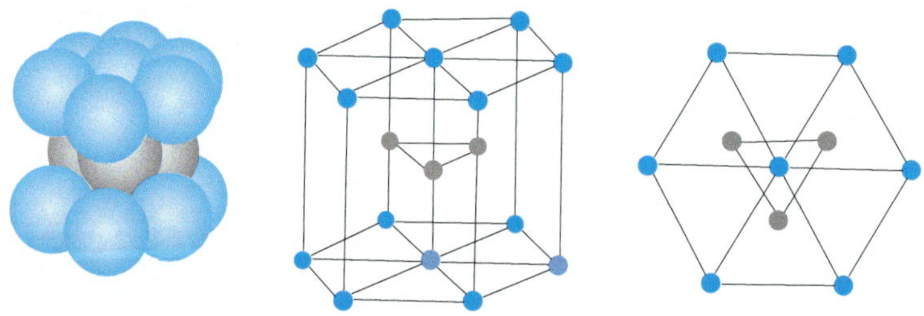

(c) 조밀 육방 격자(HCP)

그림 Ⅰ-30 조밀 육방 격자의 적층 구조

쌓기가 쉽다는 것을 알 수 있을 것이다. 자연계에서도 마찬가지로 면심 입방(FCC) 구조를 가진 원자가 압도적으로 많다. 그림 Ⅰ-30 (c)에 나타낸 격자의 한 변의 크기를 격자 상수(lattice parameter)라 한다. 그러면 단결정 실리콘은 어떤 구조일까? 앞에서 말한 세 가지 어느 것도 아닌 다이아몬드(diamond) 구조를 지니고 있다.

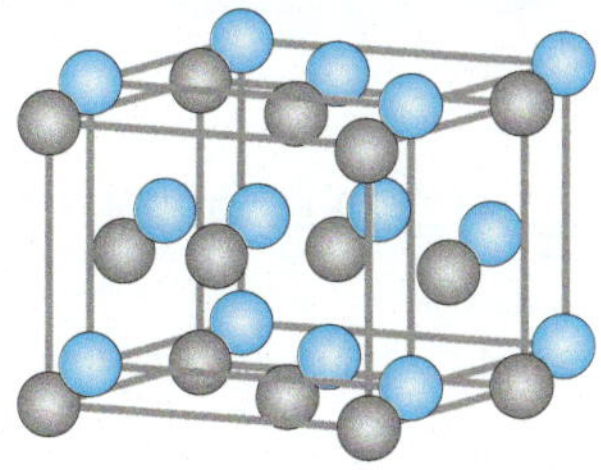

(a) 섬아연광 구조(FCC중첩)

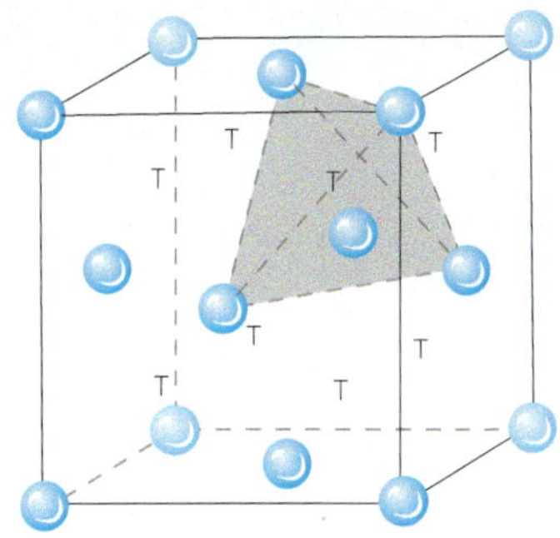

(b) 섬아연광 구조(4면체 자리)

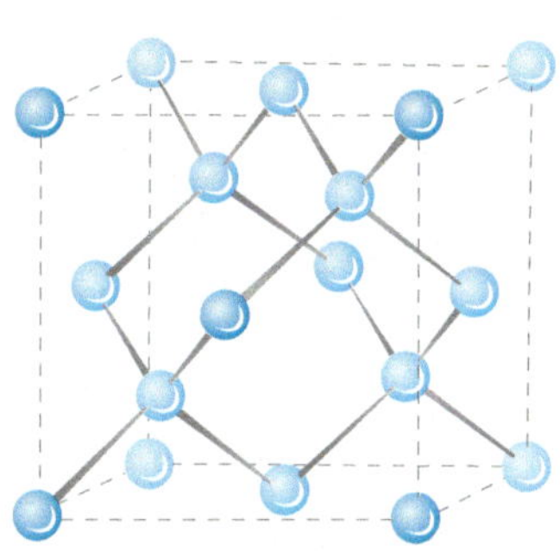

(c) 다이아몬드 구조

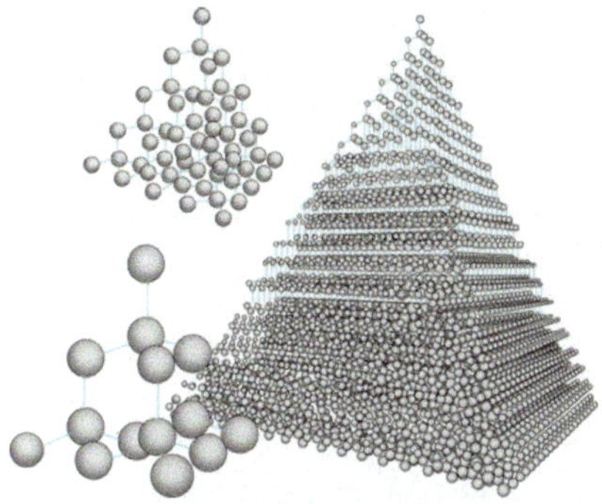

(d) 다이아몬드 입체 구조

그림 I-31 다이아몬드를 이루는 탄소 원자의 배열

(4) 다이아몬드 구조

다이아몬드(diamond) 구조를 설명하기 전에 섬아연광(zinc-blende) 구조를 먼저 설명하기로 한다. 그림 I-31 (a)는 섬아연광 구조를 나타낸 것이다. **섬아연광 구조**는 다른 두 종류의 원자가 서로 면심 입방(FCC) 구조를 하고 있는 격자 구조로 서로 4면체 자릿수의 ½ 을 점유하게 된다. 이 4면체 자리의 원자는 그림 1-31(b)에서와 같이 4면체 꼭지점의 원자를 공유하게 된다..

그림 I-31 (a)를 다시 보면 분홍색 원자는 분홍색 원자끼리 면심 입방(FCC) 구조이고, 녹색 원자는 녹색 원자끼리 면심 입방(FCC) 구조인데, 하나의 면심 입방(FCC) 구조는 다른 것과 x 축, y 축, z 축으로 각각 ¼ 씩 이동하여 겹치게 한 구조이다. 그림 I-31 (c)의 **다이아몬드**(diamond) **구조**는 섬아연광 구조와 동일한데, 다만 모두 같은 원자로 이루어져 있다. 실리콘(Si)과 게르마늄(Ge)은 모두 다이아몬드(diamond) 구조를 이루고 있으며, 갈륨비소(GaAs)

> **용어 해설**
>
> **사면체 자리 (tetrahedral site)**
> 결정 내에서 네 개의 최근접 원자들로 이루어진 공간

읽을거리

단결정을 사용하는 이유는?

많은 연구와 비용을 들여 단결정을 만든다. 그러나 왜 단결정을 꼭 사용해야 하는지는 잘 모를 것이다. 그것은 단결정의 전기적 성질이 우수하기 때문이다. 특히, 우수한 특성의 트랜지스터나 다이오드를 제작하기 위해서는 단결정이 꼭 필요하다. 왜냐 하면, 전자가 단결정 내부에서 움직이기 쉽기 때문이다. 만일, 단결정이 아니라면 결정의 내부의 격자 구조는 불규칙하고 전자들의 이동을 방해하는 결함(defect)들이 많이 존재하게 된다. 따라서, 전자는 결정 내부에서 쉽게 이동하지 못하고, 곧 충돌해 버릴 것이다. 즉, 우수한 결정에서는 전자의 이동이 빠를 것이며, 외부 신호에 대한 전자들의 반응 속도도 빨라지므로 우수한 성질의 반도체 소자를 대량으로 집적시키므로 그 부가가치를 증대시킬 수 있을 것이다.

단결정 상태의 실리콘 기판은 원자들이 규칙적으로 배열되어 있기 때문에 자유 전자들의 이동이 상대적으로 빠르다.

반도체 산업이 오늘날처럼 거대한 규모의 시장으로 발전할 수 있었던 요인은 다양하게 논의될 수 있지만, 기술적인 측면에서 볼 때 단결정 상태의 실리콘 기판이 제작된 것이 그 핵심이라 할 수 있다. 이 단결정 상태의 반도체 기판은 일괄 공정으로 제작된 소자의 동작 특성이 모두 동일하여 현재와 같은 대량 생산이 가능하게 되었다.

화합물 반도체는 섬아연광 구조를 이루고 있다.

03. 결정의 면과 방향

결정 구조에서 주목해야 할 점은 어떠한 결정을 특정한 면으로 자를 때, 그 자르는 방향에 따라서 단면 원자 배열이 다르게 나타난다는 것이다. 체심 입방(BCC) 구조를 예로 들면, 만약 체심 입방 구조를 x 축에 직각인 방향에서 보면 그림 Ⅰ-32 (a)와 같이 될 것이고, x 축과 y 축에 45° 방향에서 보면, 그림 Ⅰ-32 (b)와 같은 원자 배치 구조로 보일 것이다. 또, 대각선 방향으로 보면, 그림 Ⅰ-32 (c)와 같은 구조가 된다.

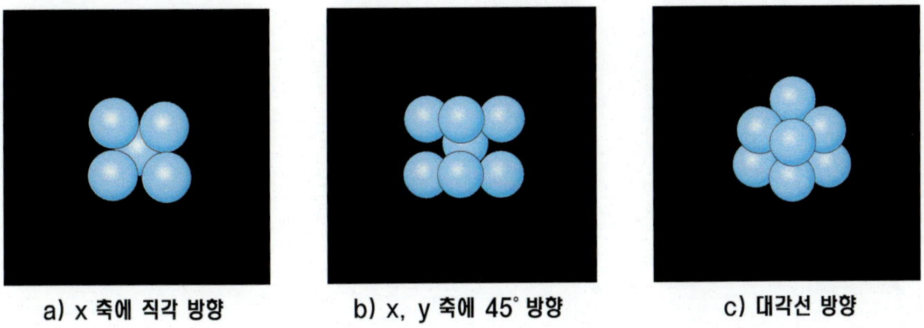

그림 Ⅰ-32 체심 입방 격자의 결정 구조

전자는 실리콘에서 어떤 결정 방향으로 이동하는가에 따라서 그 이동 특성이 달라지며, 반도체 제조 공정에서도 어떤 방향으로 실리콘 산화막을 성장시키는가에 따라서 성장 속도가 달라진다. 따라서, 결정의 특정한 방향과 면을 표시하는 표현 방법이 필요하다. 이제 결정의 단면 방향과 결정면을 표시하는 표현 방법에 대해서 알아보자. 그림 Ⅰ-33에서 보는 바와 같이 결정에 대해 x, y, z 축을 설정한다. 입방(cubic) 구조의 결정에서는 x, y, z 축을 서로 바꿔도 동일하다. 먼저 방향을 표시할 때에는 결정 격자의 크기를 1로 잡고, 진행 방향의 x, y, z 축의 좌표를 표시한다. 예를 들어, 그림 Ⅰ-33 (a)에서 a 방향은 [100], b는 [010]이다. 마찬가지로 c는 [001]이 된다.

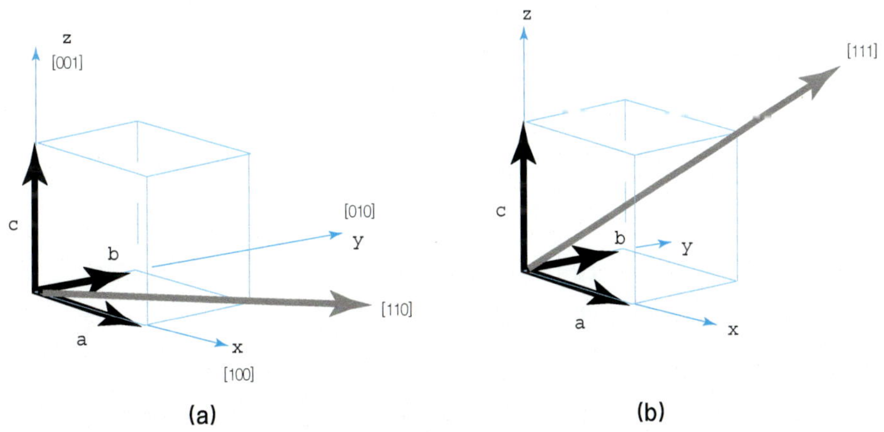

그림 Ⅰ-33 입방(cubic) 구조의 방향 표시

면을 표시하는 건 좀더 복잡하다. 먼저, 면이 x, y, z 축과 만나는 점을 표시하고 그것의 역수를 취하여 간단한 정수 꼴이 되도록 만드는데, 이러한 표시법을 **밀러 지수**(Miller index)라고 한다. 예를 들어, 그림 Ⅰ-34 (a)는 x, y, z 축과 만나는 점이 (1 ∞ ∞)이고, 그것의 역수는 (100)이므로 이것은 (100)면이

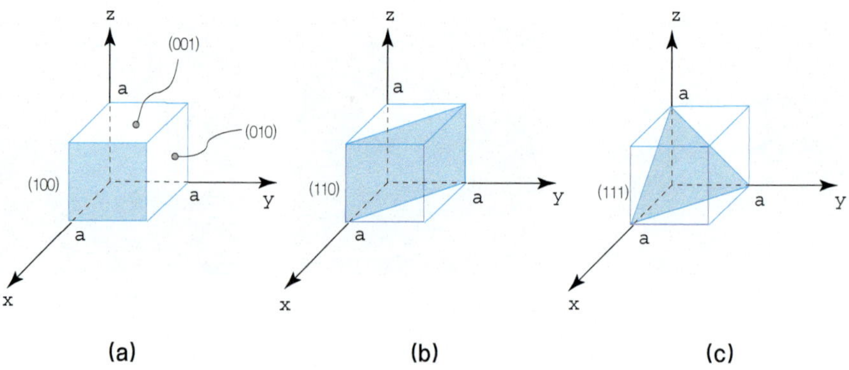

그림 Ⅰ-34 입방(cubic) 구조의 면 표시

된다.

만약, 그림 Ⅰ-34 (b)는 x, y, z 축과의 교점이 (11∞)이고 그 역수가 (110)이므로 이것은 (110)면이 된다. 그림 Ⅰ-34 (c)는 교점이 (111)이고 그 역수도 (111)이므로 (111)면이 되는 것이다. 이렇게 교점의 역수를 취하는 이유는 수학에서 어떤 면을 표현할 때, 그 면과 직각이 되는 선의 값으로 표현하는 것이 여러 가지로 편리하기 때문이다. 그림 Ⅰ-33 (b)와 그림 Ⅰ-34 (c)를 비교해 보면 (111)면은 [111] 방향과 서로 직각이 된다. 또, 그림 Ⅰ-33 (a)와 그림 Ⅰ-34 (b)는 서로 직각으로 만나는 것이 있는데, 그 방향은 [110]이고 그 면은 (110)이 된다. 여기서 방향을 표시할 때에는 [ ]를 사용하고, 면을 표시할 때에는 ( )를 사용했는데, 각각 방향과 면을 표시하는 기호로 약속한 것이다.

여기서, [100]과 [010] 방향을 비교해 보자. 체심 입방(BCC)이든, 면심 입방(FCC)이든, 단순 입방(SC)이든 간에 실제적으로는 이 두 방향은 동일한 배치를 보여 준다. [100]과 [010], [001]은 모두 같은 방향을 의미하므로 이것들을 통칭하는 대표값이 필요하게 된다. 그래서 이것을 〈100〉이라고 한다. 물론 〈010〉이라고 쓰고 대표값이라고 해도 상관은 없다. 그러므로 여기서 〈 〉라는 기호를 사용하는 것은 결정에서 이 기호로 표시되는 방향이 나머지 동일한 의미가 되는 방향들을 통칭한다는 의미라고 이해하면 된다.

마찬가지로 면에 대해서도 (100)면과 (010), (001)면은 동일한 면을 의미하며, 이것을 통칭하여 {100}면이라고 표시한다. (110), (101), (011) 또한 {110}으로 통칭할 수 있다. 여기서, { } 기호를 사용하여 대표면을 표시함을 잘 알아두어야 한다. 뒤에서 실리콘 웨이퍼의 결정 방향이 어떠한 웨이퍼라는 것을 표시할 때, 이러한 방법을 사용한다.

단원 종합 문제

1. 물질을 전기적인 특성에 따라 구분하는 도체, 절연체, 반도체의 의미는 무엇이고, 어떻게 다른가?

2. 물질을 원자 번호순으로 나열한 원소 주기율표에서 족과 주기의 의미는 무엇인가?

3. 전자의 에너지대를 나타날 때 표시하는 페르미 준위란 무엇인가?

4. 반도체 물리에서 도너와 억셉터는 무엇이고, P형 반도체와 N형 반도체와는 어떠한 관계가 있는가?

5. 단결정, 다결정, 비정질의 의미는 무엇이고 어떠한 특징이 있는가?

6. 결정 구조란 무엇이고, 어떠한 종류가 있는가?

7. 결정 격자의 표현에서 단위 격자(unit cell)란 무엇인가?

8. 결적의 표시법에서 밀러 지수란 무엇이고 결정의 면과 방향은 어떻게 표시하는가?

9. 섬아연광과 다이아몬드의 결정 구조는 어떻게 다른가?

10. 실리콘의 결정 구조는 무엇이고 섬아연광과 다아아몬드의 결정 구조와는 어떠한 관계가 있는가?

Ⅱ

반도체 소자

1. 반도체의 발전　2. 다이오드　3. 트랜지스터　4. 반도체 소자의 작용

진공관과 트랜지스터, 집적 회로 등으로 이어지는 반도체의 발달 과정과 반도체의 기본 요소인 다이오드와 트랜지스터에 대한 기초 이론을 학습한다. 특히, 다이오드와 트랜지스터의 종류와 용도 및 동작 특성과 바이어스에 대하여 학습한다.

1. 반도체의 발전

학|습|목|표

- 반도체의 개발과 발달 과정을 말할 수 있다.
- 반도체의 종류와 기능을 설명할 수 있다.

요즈음 나오는 전자 제품의 내부를 뜯어 보면 처럼 생긴 것들이 꼭 들어 있다. 보통 이것을 **반도체 집적 회로(IC)**라고 하며, 수천 또는 수만 개의 트랜지스터, 다이오드, 저항, 커패시터가 집적되어 기계를 제어하거나 정보를 기억하는 일을 수행한다. 이러한 반도체 집적 회로, 즉 반도체 IC(integrated circuit)는 그림 Ⅱ-1에서 나타낸 바와 같이 처음에는 진공관에서 출발하여 트랜지스터를 거쳐 IC로의 과정으로 발달하였으며, 이에 따라 컴퓨터 부품도 점점 소형화되어 가고 있다.

진공관 ➡ 트랜지스터 ➡ 집적 회로

진공관 → 트랜지스터(Tr) → 집적 회로(IC)

그림 Ⅱ-1 반도체의 발달 과정

그러면 반도체를 왜 사용하게 되었을까? 이는 통신 기술과 계산 능력의 발달과 밀접한 관련이 있다. 멀리 떨어져 있는 사람과 대화를 주고받을 수는 없을까 하는 생각이 통신 기술을 발전시키는 동기가 되었으며, 그 발전 과정에서 전기 신호를 사용하게 되었다. 그런데 장거리를 이동하는 도중에 전기 신호가 약해지는 현상이 나타났고, 따라서 중간중간에 이를 증폭시켜 주어야만 하였다. 바로 이 증폭 기능을 위해 개발된 것이 **진공관**이다.

용어해설

트랜지스터(transister)
PNP 또는 NPN 접합으로 만들어진 3단자 소자로 증폭 작용을 한다.

다이오드(diode)
PN 접합에 의해 만들어지는 2단자 소자로 정류 작용을 한다.

저항기(resistor)
전류의 흐름을 방해하는 소자

커패시터(capacitor)
전기 용량을 얻기 위한 소자

진공관(vacuum tube)
진공 내에서 전자의 운동을 이용하는 전자관

증폭
약한 신호를 강한 신호로 만드는 것

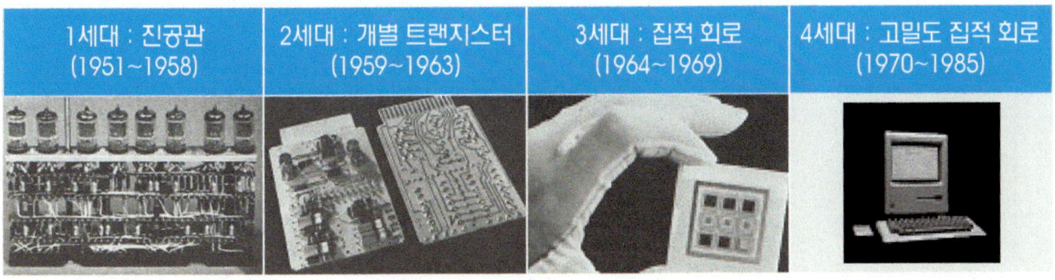

그림 Ⅱ-2 각 세대별로 사용된 컴퓨터 부품들의 발달 과정

제1세대는 진공관을 중심으로 회로가 설계되었고, 제2세대는 트랜지스터와 다이오드 같은 개별 소자들이 기판 위에 설계되었으며, 제3세대부터 집적 회로가 사용되었다. 4세대는 고밀도 직접 회로(LSI), 5세대는 초고밀도 직접 회로(VLSI)를 기억 소자로 사용한다.

01. 진공관

진공관의 시작은 1884년 에디슨이 발견한 **에디슨 효과**를 그 출발점으로 한다. 에디슨은 자신이 발명한 백열 전구의 필라멘트에 또 하나의 전극을 넣으면 여기에도 전류가 흐른다는 사실을 발견하였다.

그림 Ⅱ-3 진공관의 모양

진공관은 가열된 필라멘트(filament)에서 생긴 열전자가 전극에서 전극으로 전류를 운반하는 구조로 되어 있는데, 최초로 나온 것은 1904년 영국의 과학자 존 앰브로우즈 플레밍(John Ambrose Flemming)이 발명한 **2극 진공관**이다.

그림 Ⅱ-4와 같이 백열 전구에 양극을 추가한다면, 전자는 양극으로 끌려갈 것이다. 즉, 진공 속에서 전류가 흐른다는 것이고, 만약에 이 전극이 음의 전위를 띤다면 전자는 반발에 의해 끌려가지 않을 것이다. 이것은 결국 한 방향으로 전류가 흐르는 소자가 된다. 이 때, 필라멘트는 전자를 방출하므로 **캐소드**(음극)라고 하고, 다른 전극을 **플레이트** 또는 **애노드**(양극)라고 한다.

2극 진공관에 이어서 1906년 미국의 리 드 포레스트(Lee de Forest,

용어해설

필라멘트(filament)

전구나 전자관 속에서 전류를 흘려 빛이나 열전자를 방출하는 가는 금속선

캐소드(cathode)

양이온이 모이는 음극

애노드(anode)

음이온이 모이는 양극

게이트

통신, 연산 회로 등에서 입력 부분에 있는 전극으로 인가된 전압에 의하여 전류를 제어한다.

전극(electrode)

전지, 콘덴서, 진공관 등에서 전기장을 만들거나 전류를 빼내거나 하는 막대 모양 또는 판 모양의 도체

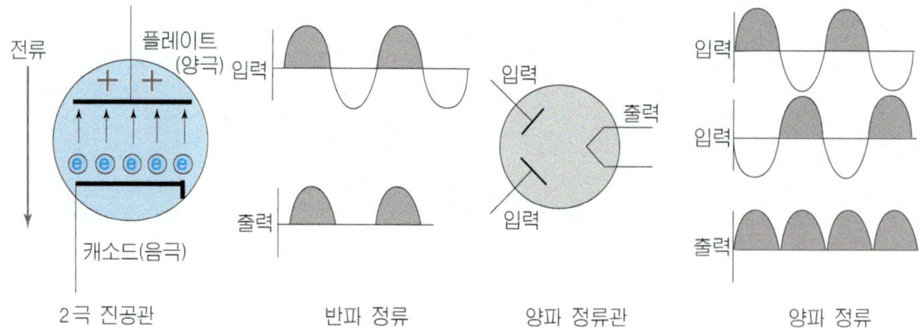

그림 Ⅱ-4 2극 진공관의 정류 작용

1873~1961)가 전극이 3개 부착된 **3극 진공관**을 만들었다. 3극 진공관은 그림 Ⅱ-5와 같이 2극 진공관의 캐소드(음극)와 플레이트(양극) 사이에 다른 전극을 넣어서 음 전압을 가하면 캐소드에서 플레이트(plate)로 흐르는 전자를 중간에서 차단해 전자의 흐름이 감소하고, 반대로 양 전압을 가하면 전자의 흐름이 촉진된다. 이처럼 중간에 전극을 넣어 플레이트(양극)로 흐르는 전자의 흐름을 조절할 수 있는데, 이 때 중간의 전극을 **그리드**(grid)라고 하였다.

다시 말하면 그리드에 작은 교류 전압을 가하면 그와 180°의 위상차를 가지는 큰 전압이 플레이트에 발생하게 된다. 이것이 3극 진공관의 증폭 작용이다. 따라서, 2극 진공관은 교류를 직류 신호로 바꾸는 다이오드와 같은 정류 작용을 하고, 3극 진공관은 약한 신호를 강한 신호로 증폭하는 트랜지스터 기능을 한다.

이 진공관의 발명은 때마침 개발되기 시작한 무선 통신, 무선 방송의 발전을 불러일으켜 라디오 전성 시대를 가져왔고, 1940년 전후부터는 TV 전성 시대가 개막되었다. 또, 이를 이용한 세계 최초의 컴퓨터 **에니악**(ENIAC)도 1946

용어해설

그리드(grid)

양극과 음극 사이에 위치하며, 격자처럼 생긴데서 그리드라는 이름이 붙은 진공관의 전극

열전자(thermal electron)

높은 온도로 가열된 금속이나 반도체의 표면에서 방출되는 전자

전류(current)

전하가 연속적으로 이동하는 현상

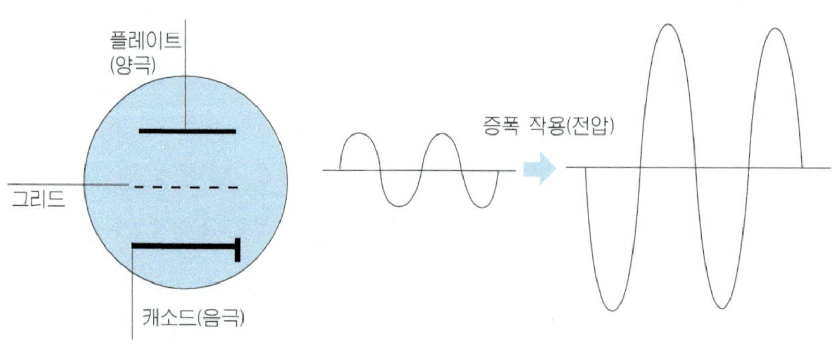

그림 Ⅱ-5 3극 진공관의 증폭 작용

그림 Ⅱ-6 에니악(ENIAC) 컴퓨터

이 컴퓨터는 9×15m² 공간을 차지하고, 18,000개의 진공관과 6000여 개의 스위치를 사용했으며 무게가 30톤이었다.

년에 개발되었다.

02. 트랜지스터

1947년에 벨(Bell) 연구소에서 트랜지스터가 발명되어, 당시 전자 공업계에 상당한 충격을 주었다. 그로부터 전자 산업은 빠르게 발전하기 시작했으며, 오늘날 전자 산업의 시초가 되었다. 그 후로 컴퓨터를 시작으로 한 전자 공학의 급속한 발전은 우리의 생활을 편리하고 풍요롭게 해 주었다. 트랜지스터의 발명에 공헌한 세 명의 물리학자 (W. Shockley, J. Bardeen, W. Brattain)가 노벨상을 수상한 것은 어쩌면 당연하다고 할 수 있다. 앞에서 설명한 진공관은 매우 유용하고 편리한 장치이기는 했지만, 여러 가지 불편함을 동시에 가지고 있었다. 크기가 너무 커서 전자 제품의 크기를 줄이는 데 한계가 있었으며, 진공관 속의 필라멘트를 가열하기 위해서는 엄청난 전력이 필요하였다.

에니악 컴퓨터는 길이가 30 m에 무게가 30 t, 소비 전력이 140 kW였다. 여기에 냉각 장치까지 덧붙이면 그야말로 웬만한 빌딩보다도 큰 '초대형 기계' 였다. 또, 진공관은 수명이 짧아 수시로 고장이 발생하였다. 에니악은 툭하면 고장을 일으켜 이를 사용하는 시간보다 고치는 시간이 4 배 정도 많았다고 전해진다. 이러한 진공관의 단점을 개선하려는 노력이 계속되었고, 결국 1948년 트랜지스터의 발명으로 진공관 시대는 막을 내리게 되었다. 이에 따라 에니악과 같은 거대한 장치도 2.42 cm^{2}의 작은 실리콘 웨이퍼 위에 만들 수 있게 되었고, 전구보다도 적은 전력과 20달러 이하(1950년)의 가격으로도 실현시킬 수 있게 되었다.

최초로 개발된 트랜지스터는 **양극성 접합 트랜지스터(BJT)**라고 불린다. 게르마늄(Ge) 결정을 재료로 사용했는데, 신뢰성과 안전성이 낮고 생산성이 매우 나빴기 때문에 사용 범위가 제한되었다. 그러나 그 후에 수많은 연구 개발이 급속히 진전되어 게르마늄(Ge) 반도체 결정이 실리콘(Si) 반도체 결정으로 재료가 바뀌자 초기의 문제점들이 대부분 해결되었다.

03. 집적 회로(IC)

위에서 설명한 트랜지스터도 단점은 있었다. 많은 트랜지스터와 전자 부품들을 서로 연결해 주어야 다양한 기능을 가진 하나의 제품을 만들 수 있다. 제품이 복잡해지면 복잡해질수록 서로 연결해 주어야 하는 부분이 크게 증가하게 되었고, 바로 이 연결점들이 제품을 고장나게 하는 주요 원인이 되었던 것이다. 이 때, 여러 개의 전자 부품들(트랜지스터, 저항, 커패시터)을 한 개의 작은 반도체 속에 집어 넣는 방법을 연구한 사람이 있었다.

용어해설

잭 킬비(Jack kilby)

2000년 노벨 물리학상 수상

1958년 미국 TI(Texas instrument) 회사의 기술자, 잭 킬비(Jack Kilby)에 의해 최초로 실리콘(Si) 트랜지스터를 이용한 집적 회로(IC)가 발명되어졌다. 1960년에는 페어차일드 카메라(Fairchild Camera)사에 의해 플래너(Planar) 기술이 개발되었고, 1960년대에 벨연구소의 강대원 박사가 처음으로 제작에 성공한 FET(field effect transistor) 기술이 개발되었다. 이 때부터 트랜지스터는 양극성의 BJT(bipolar junction transistor)와 단극성의 FET의 두 가지가 있게 되었다. MOS FET는 BJT보다 작은 면적을 사용해 같은 넓이에서 더 많은 트랜지스터를 집적할 수 있는 장점이 있다. 따라서, 현재 PC에서 주로 쓰이는 CPU, D램, S램 등 대부분의 반도체 칩에서 MOS FET가 사용되고 있다.

04. 반도체 기술의 발전

우리 나라에 처음 들어온 컴퓨터와 지금의 것을 보면 단적인 비교가 된다. 지난 1976년에 경제 기획원 조사 통계국에서 쓰기 위해 대형 컴퓨터가 미국으로부터 도입됐을 때에 인천항 부근에는 일대 소동이 일어났다. 대형 트럭 2대가 동원됐고 삼엄한 경비가 펼쳐졌다. 정부와 신문 방송은 '이제 우리 나라도 컴퓨터를 가지게 됐다.' 며 마냥 들떴다. 그러나 이 집채만한 컴퓨터는 오늘날 단종된 XT급 PC보다도 못한 성능이었다. 10년 전(1995년) 가장 대중적인 486급 PC 한 대가 이 초대형 컴퓨터 20대를 합친 것보다 성능이 뛰어났다. 반도체 기술의 발전이 이러한 일을 가능하게 한 것이다. 하지만, 처음의 반도체는 인공 위성이나 미사일 등 첨단 군사 무기에만 활용되었다. 이를 상업적인 목적에 사용하기 시작한 것은 일본 기업이었다. 오늘날의 전자 산업은 1955년에 트랜지스터 라디오를 개발하면서 본격적인 반도체 대중화 시대의 막이 올랐다.

현재 가장 대표적인 메모리 소자로 자리매김하고 있는 DRAM이 자기 코어 메모리를 대신하여 본격적으로 메인 메모리로 사용되기 시작한 것은 1 Kbit 제품이 시장에 등장했던 1971년경이며, 그 이후 DRAM은 대략 3년에 4배의 비율로 대용량화가 진행되어 2000년 현재 64 Mbit와 128 Mbit DRAM이 시장의 주류를 형성하고 있으며, 256 Mbit DRAM이 일부 선발 업체로부터 양산되기 시작하였다. 우리 나라 반도체 산업의 발전은 최초 외국계 자본에 의한 조립 생산 단계(1965~1970년대), 국내 기업들에 의한 일관 공정 생산 단계(1983~1990년대), 국산 고유 상표에 의한 수출 단계(1990년대 전반), 생산 체제 고도화 단계(1996년 이후) 등으로 나누어 볼 수 있다.

국내 반도체 역사의 시작은 1965년 미국 Commy사와 국내 고미 반도체(주)의 합작에 의한 트랜지스터(Transistor) 생산이 그 효시가 되었다. 1968년 아남 산업에 의해 최초로 국내 자본에 의해 반도체 조립 산업을 출범시킨 이후, 1970년 금성 반도체, 1974년 한국 반도체 등이 설립되면서 국내 기업에 의한 반도체 생산 단계로 접어 들게 되었다. 반도체 일관 공정 생산은 1983년 삼성 그룹에 의해 시작되어 국내 최초로 64K DRAM를 국산화하기 시작하는 등 이때부터 본격적인 DRAM(Dynamic Random Access Memory) 생산 기반이 구축되었다. 1991년 국내 자체 상표로 DRAM을 미국 시장에 본격적으로 수출하기 시작하였고, 1992년 세계 최초로 64M DRAM을 개발함으로써 1993년 이후부터는 메모리 분야의 세계 시장에서 가장 경쟁력이 있는 위치를 확보하게 되었다. 그림 Ⅱ-7은 이러한 DRAM의 기술 발전 추이를 나타낸 것이다.

메모리 반도체는 D램, S램, 플래시 메모리, F램, P램, M램 등으로 발전하고 있으며, 2002년 8월에는 기가(giga)급 메모리 반도체의 양산 시대가 본격적으

용어해설

잭 킬비

잭 킬비는 통합 회로, 즉 칩을 발명함으로써 초소형 전자 기술(마이크로일렉트로닉스)이 모든 최신 기술의 기초가 되도록 발전시킨 공로로 2000년 노벨 물리학상을 받았다.

잭 킬비는 1958년 이후 텍사스 인스트루먼트사(미국 달라스 소재)에서 연구했고 1978~85년 텍사스 A&M 대학교 교수를 지냈다.

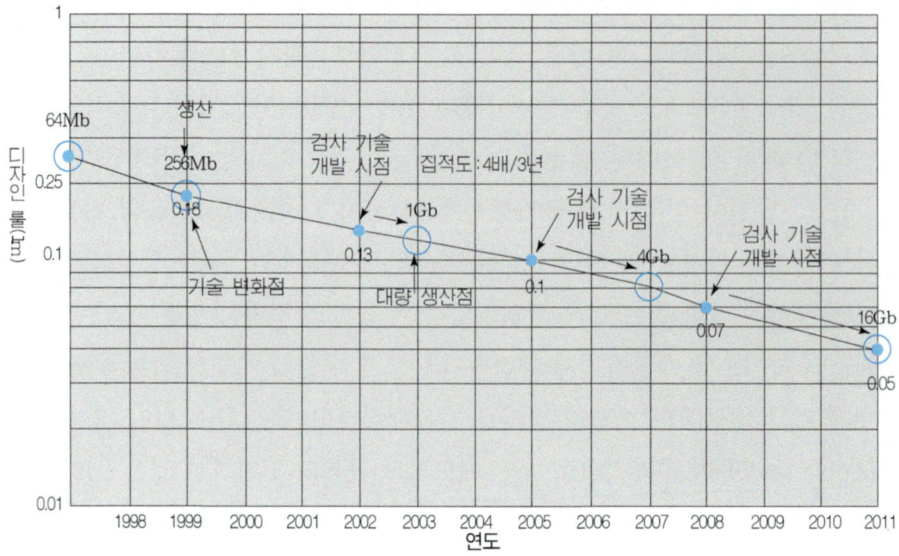

(자료 : ITRS1999)

그림 Ⅱ-7 DRAM의 대용량화 추이

로 열렸다. 국내 S 회사는 지난해 상용화에 성공한 1기가 낸드(NAND)형(데이터 저장용) 플래시 메모리(flash memory)를 당초 예상(2003년 초)보다 반년 정도 앞당겨 본격 양산에 들어갔다고 발표했다.

또, 2003년 7월에는 플래시 메모리보다 데이터 처리 속도가 1천 배 정도 빠른 차세대 메모리 반도체인 P램을 개발했다고 발표했다. 한편, 국내 S와 H사는 4M급 F램을 2002년 10월에 상용화했다. 현재 개발 중인 또다른 차세대 메모리 반도체는 M램인데 미국 M사에서 활발하게 연구하고 있다.

05. 반도체 소자의 종류

반도체 소자는 기본적으로 불순물을 포함하지 않는 진성 반도체와 불순물 반도체로 나누어지고, 이 불순물 반도체는 P형과 N형이 있으며, 두 종류 이상의 원소로 이루어지는 반도체인 화합물 반도체도 있다. 또, 이 P형과 N형의 조합에 의해 다이오드와 트랜지스터가 되는데, 다이오드는 단순한 PN 접합에 의하여 구성되고, 트랜지스터는 PNP형 또는 NPN형으로 구분된다.

반도체 소자의 종류에는 다이오드, 트랜지스터, 집적 회로(IC) 등 여러 가지가 있는데, 전자 제품을 만드는 기본 요소가 된다. 다이오드는 가장 간단한 반

용어해설

NAND 형

AND 게이트 뒤에 NOT 게이트가 이어지는 것 같이 동작한다. 2개의 입력이 모두 참인 경우에만 출력이 거짓이 되고 그렇지 않은 경우는 모두 참이다.

플래시 메모리 (flash memory)

ROM의 일종으로 반복하여 읽기쓰기가 가능하고 전원 공급이 중단되어도 기억된 내용이 지워지지 않는 메모리

디자인 룰 (design rule)

반도체의 설계 과정에서 공정 능력과 결정된 제조 방법의 한계성을 고려하여 반드시 지켜야 하는 설계 규칙

㎛

10^{-3}mm

Mb

Mega bit

MB

Mega byte

교류(alternative current)

흐름의 방향이 시간에 따라 주기적으로 변화하는 전류 또는 전압

직류(direct current)

전지에서의 전류와 같이 항상 일정한 방향으로 흐르는 전류

도체 소자로 2극 진공관과 같이 교류를 직류(또는 맥류)로 바꾼다거나, 전파에서 소리 신호를 끄집어 내는 검파 작용을 한다. 트랜지스터는 3극 진공관과 같이 작은 신호를 큰 신호로 만드는 증폭 작용이라는 아주 중요한 일을 한다.

06. 반도체의 분류

반도체 소자를 집적하여 만드는 IC는 제작 의도와 집적도 및 기능 등을 기준으로 분류할 수 있다.

(1) 소자별 분류

트랜지스터나 다이오드를 개별 소자(discrete device) 또는 비집적 회로 부품이라고 부르는 것에 비해, 여러 소자들을 하나로 모은 반도체를 집적 회로(IC)라고 한다.

(2) 용도별 분류

사용 목적에 따라 부가 가치의 창출을 위한 상업용과 군수 목적으로 사용되는 군사용으로 분류할 수 있다.

(3) 집적도에 따른 분류

반도체는 내부 알맹이(웨이퍼를 잘라놓은 것)가 감자를 얇게 썬 것과 비슷하다고 해서 **칩**(chip)이라고 부른다. 또, 여러 회선을 끌어 모은 공법을 썼다고 해서 **집적 회로**(IC : integrated circuit)라고 부르기도 한다. 하나의 반도체에 들어가는 소자의 집적도에 따라 표Ⅱ-1과 같이 **SSI**(small scale integrated circuit), **MSI**(middle scale integrated circuit), **LSI**(large scale integrated circuit), **VLSI**(very large scale integrated circuit), **ULSI**(ultra large scale integrated circuit), **GSI**(giant scale integrated circuit)로 구분되고, 오늘날에는 4G DRAM과 같이 트랜지스터와 커패시터가 각각 40억 개씩 내장된

표 Ⅱ-1 메모리의 용량 구분

1950	1961	1966	1971	1980	1990	2002
the fist ICs	SSI 10	MSI 10^2	LSI 10^4	VLSI 10^6	ULSI 10^8	GSI 10^9
1 device chip	<30	30~1K	1K~100K	100K~10M	10M~1G	>1G

첨단 반도체 제품이 출현하게 되었다.

메모리는 용량에 따라 킬로급(K), 메가급(M), 기가급(G)으로 발전했으며, 세대 간에는 4 배의 용량 차이가 난다. 이에 따라 64K, 256K, 1M, 4M, 16M, 64M, 256M, 1G, 4G 등으로 커진다. 128M, 512M 등은 시장의 수요에 따라 변형적으로 만들어진 것이다.

64 K D램에서 K란 '킬로비트(bit)' 를 뜻한다. 1킬로가 1000므로 64 K D램은 '6만 4천 비트를 기억할 수 있는 반도체' 로 풀이된다. 8 비트(1 바이트)가 조합하여 하나의 영문자를 나타낸다. 따라서, 64 K D램에는 8천 자의 영문(4천 자의 한글) 정보를 저장할 수 있다. 또, 64메가 D램에서 '메가' 는 백만 비트를 뜻한다. 64 메가 D램을 풀어 쓰면, 6천 4백만 바이트 램이 된다. 이 반도체에는 영문자 8백만 자에 해당하는 기록을 할 수 있으며, 신문으로 치면, 5백 12 쪽에 해당한다. 1 기가 바이트(1 giga byte), 즉 메모리는 보통 10억 7천 2백만 자의 영문자를 저장할 수 있으며, 신문지 6만 4천 쪽의 분량을 저장할 수 있다.

(4) 기능에 의한 분류

1) 메모리 반도체

D램에서 'D' 는 'Dynamic' 의 약자로 말 그대로 '역동적이고 변화가 풍부하다.' 는 뜻이다.

D램에서 **램**(RAM)은 랜덤 액세스 메모리(random access memory)의 약자로 '수시로 접근할 수 있는 기억 소자' 쯤으로 해석된다. 자유롭게 정보를 입출력할 수 있다는 얘기다. 컴퓨터의 주기억 용량(메인 메모리)을 이야기할 때는 대부분 램의 용량을 지칭한다. 램과 대조되는 것이 **롬**(ROM)이다. 롬은 리드 온리 메모리(read only memory)의 줄임말로 '오직 읽기만 할 수 있는 기억 소자' 이다. 이 반도체에는 정보가 미리 담겨져 있으며 이를 지우거나 변경시킬 수 없다. 컴퓨터에 쓰이는 롬은 컴퓨터 운용에 필요한 기본 명령어를 수록하고 있다.

한편, D램의 기억 상실증을 보완하여 한 번 전원을 공급하면 계속 충전시키지 않아도 기록을 유지하는 것이 있다. 그 대표적인 것이 S(static)램이다. S램은 한 번 기억하면 전기를 끊든가 다른 데이터를 넣지 않는 한 지워지지 않는다. 또, 전원 공급을 끊어도 기억을 유지하는 **플래시**(flash) **메모리**라는 것도 있다. 이와 같은 반도체들은 정보를 저장하는 역할만을 한다. 인간의 두뇌로 치면

'기억 기능' 이다. 이런 반도체들을 통상적으로 **메모리 반도체**라고 한다.

2) 비메모리

두뇌의 기억 기능 외에 또다른 기능인 '생각' 을 담당하는 반도체들이 있다. 이를 **비**(非) **메모리 반도체**라고 하는데, 그 선두 주자는 마이크로프로세서이다. 컴퓨터의 중심인 CPU(central processing unit) 부분이 바로 마이크로프로세서다. 마이크로프로세서는 컴퓨터의 모든 부분을 통제하고 명령을 내리며 계산을 한다.

현재 한국의 일부 업체와 미국 업체에서 많이 생산하고 있으며 인텔(Intel)이라는 미국 업체가 전세계 PC용 마이크로프로세서 시장을 독점하다시피 하고 있다.

마이컴(마이크로컴퓨터)이라는 것도 있다. 자동화된 가전 제품에 쓰이는 반도체 칩인데, '인공 지능' 이니 '퍼지' 니 하는 수식어가 붙는 냉장고, 에어컨, TV, VTR 등 가전 제품에는 어김없이 이것이 들어간다. 칩 하나로 만들어진 일종의 소형 컴퓨터로 전자 제품의 작동에 필요한 수많은 명령을 담고 있다가 상황을 감지하고 작동한다.

우리 나라의 반도체 산업은 그 생산 비중이 비메모리 대 메모리가 20 대 80으로 메모리에 심하게 편중되어 있다. 이는 세계 반도체 산업이 60 대 40으로 비메모리의 비중이 더 높은 것과 대조된 양상이다. 중요 기능을 하는 비메모리 제품은 일반적으로 메모리보다 가격이 비싸고 부가 가치가 높다. 1994년 초, 비메모리 제품의 대명사인 '80486' 마이크로프로세서(인텔사 제조, 처리 속도 66MHz 기준)는 한 개에 40만 원선이었다. 반면 16메가 D램은 그 당시 막 시장을 형성하고 있는 최신 제품이면서도 한 개에 6만5천 원밖에 안 되었다. 하지만 D램은 가장 폭넓게 쓰이는 반도체 중의 하나이다. 각종 전자 제품의 기능이 다양화되면서 이 같은 기능을 담는 데에 필요한 기억 용량도 급속히 증가하

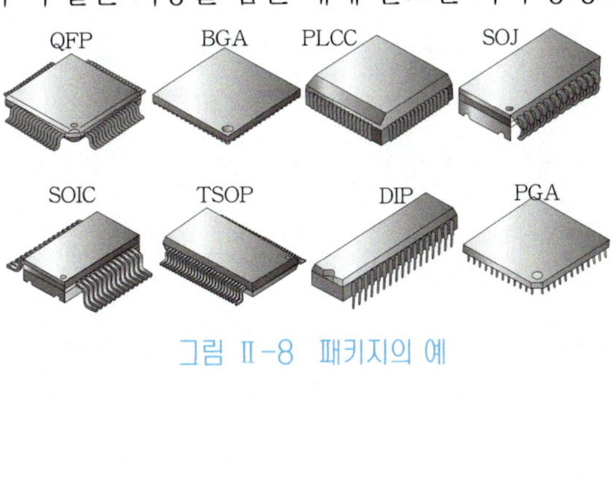

그림 Ⅱ-8 패키지의 예

용어 해설

인공 지능

인간의 학습 능력과 추론 능력, 지각 능력, 자연 언어 이해 능력 등을 컴퓨터 프로그램으로 실현한 것

퍼지(fussy)

애매하고 불분명한 상황에서 여러 문제들을 두뇌가 판단 결정하는 과정에 대하여 수학적으로 접근하려는 이론

패키지(package)

반도체 IC를 기밀 봉지 또는 플라스틱 모듈로 포장한 것을 말하며, IC의 최종 형태이다.

패키지는 반도체 표면을 외부의 습기나 불순물로부터 보호할 뿐만 아니라 내부의 칩이나 가느다란 리드선에 외부로부터 직접 인장력이 가해지는 것을 방지하는 역할을 한다. 또, 파워 디바이스 등에서는 접합부에 발생한 열을 효과적으로 발산시키기 위해 패키지 설계를 적절히 하는 것이 중요하다.

DIP(dual inline package)

가장 보편적인 IC포장의 한 형태로 직사각형 모양이며, 내부 회로와의 연결 도선이 양쪽 측면에 수직으로 붙어 있는 패키지 형태

용어 해설

SIP

반도체 칩을 하나로 묶어 패키지화 함.

MCP

다중 칩 패키지

WLP

wafer level package

마운트

반도체 기판 위에 적용되는 리드

표 Ⅱ-2 패키지의 종류

패키지 종류	구조와 용도
QFP (quad flat package)	패키지의 네 모서리(측변)로부터 갈매기 날개 모양(gull wing type)인 L자상의 리드 핀이 나와 있는 표면실장형 패키지를 말한다. 패키지의 소재에는 세라믹, 금속, 플라스틱의 재료가 있는데 대부분이 플라스틱이다. 리드 핀이 구부러짐을 방지하기 위해 패키지의 네 구석에 플라스틱 범퍼(bumper)를 붙인 BQFP와 곧게 뻗은 리드 핀에 플라스틱제 가이드 링을 씌운 것으로, 사용 직전에 가이드링을 떼내어 리드를 갈매기 날개 모양으로 성형하는 GQFP가 있다.
BGA (ball grid array)	LSI 칩은 패키지 윗면에 붙이고 반대편, 즉 아래 면에는 2차원 배열의 마치 공처럼 보이는 땜납을 붙여 리드를 대신하는 표면 실장형 패키지이다. PAC(pad array carrier)라고도 부르고 있다.
PLCC(plastic leaded chip carrier)	크기가 작고 리드가 네 방향으로 배열된 표면실장형 반도체로서, 메모리, 프로세서, ASIC, DSP, PC 칩셋 등의 형태로 자동차, 항공기용 기기에 사용한다.
SOJ(small outline 'J' -lead)	리드가 패키지 앞면에서 시작하여 밑면으로 향하여 J자 형태로 구부러지게 배열되는 반도체로서, 인쇄 회로 기판의 표면에 부착하여 사용한다.
SOIC(small outline integrated circuit)	크기가 작으며 리드 양쪽으로 '乙' 모양으로 구부러진 표면실장형 반도체이다.
TSOP(thin small outline package)	패키지 두께가 다른 반도체에 비해 얇은 제품으로, 리드 모양은 SOIC와 동일하다.
DIP (dual inline package)	리드(lead)가 두 줄로 배열된 집적 회로로서 기억/논리 소자에 적용된다. 패키지 재질이 플라스틱이면 PDIP(Plastic Dual Inline Package)라고 하고, 세라믹을 사용한 경우는 CDIP(Ceramic Dual Inline Package)라고 부른다.
PGA(pin grid array)	기계 가공된 원형 핀 내에 socket contact를 끼워 넣은 커넥터의 일종으로 주로 gate array 반도체를 실장하는 데 사용된다. PPGA(plastic pin grid array)와 CPGA(ceramic pin grid array) 2가지가 있는데 PPGA는 CPGA보다 더 우수한 전력 분포와 열 및 전자적 성능을 나타낸다.

고 있기 때문이다.

(5) 패키지(package)에 의한 분류

패키지는 반도체 IC를 보호하는 역할과 칩을 다른 부품과 회로로 연결하는 기능을 가지는 것이다. 가장 많이 사용되는 종류를 그림 Ⅱ-8과 표 Ⅱ-2에 나타내었다. 패키지는 어댑터를 사용하여 다른 패키지로 변경할 수 있으며, 최근에는 새로운 형태의 패키지(배어다이, WLP, MCP, SIP)가 많이 개발되어 사용되고 있다.

(6) 제작 의도에 따른 분류

세계 반도체 시장은 메모리와 같이 반도체 업체가 제품을 선정 개발한 후에 대량 생산해서 판매하는 범용 제품과 고객의 주문에 맞춰 설계, 제조하는 주문형(ASIC) 제품으로 나누어진다. 주문형(ASIC : application specific integrated circuit)이란 고객의 요구대로 특수한 기능의 회로를 설계해 생산하는 특정 용도의 제품이라고 이해하면 된다. 양복에도 기성복과 맞춤복이 있듯이 반도체에도 그런 구분이 있다고 생각하면 쉽다. 고객은 가전 제품의 메이커들도 있다. 전자 레인지라든가 TV, 세탁기, 휴대폰 등을 만드는 업체들이 제품에 '인공 지능'이니 '퍼지'니 하는 기능을 부여하기 위해 ASIC을 찾는다. 따라서, 전자 레인지용 ASIC에는 시간을 조절하고 센서로 감지된 음식의 상태를 판단하는 기능이 들어가고, TV용 ASIC에는 색을 명확하게 구분하고 잡음(noise) 신호를 없애 주는 기능이 채택된다.

일반적으로 전자 기기의 일부 부품이 각각 기능을 가지고 있지만 앞으로 이러한 여러 부품들이 한 개의 칩 안에 들어갈 수 있게 되어 시스템을 1개의 칩 안에 구현할 수 있게 될 것이다. 이렇게 1개의 칩으로 시스템을 만드는 것을 시스템 온 칩(SOC : system on a chip)이라고 부르며, 차세대 반도체 연구의 주요 관심사가 되고 있다.

읽을거리

마이컴이 들어있는 전기밥솥이 밥을 짓는

마이컴(Micom.) : 마이크로컴퓨터의 약자?

마이컴은 작은 컴퓨터로서 마이크로프로세서를 CPU(중앙 처리 장치)로 하면서 정보를 저장하는 메모리 부분과 외부와의 정보 창구인 입출력 부분으로 구성되어 있다. 따라서, 마이컴은 외부에서 들어온 정보를 마이크로프로세서로 처리한 후, 이를 메모리 부분에 저장하거나 외부로 내보내는 기능을 한다. 이러한 마이컴 장치를 하나의 반도체 IC로 만들 수 있게 되었는데, 이를 원칩 마이컴(one-chip micom.)이라고 한다.

2. 다이오드

학|습|목|표

- 다이오드의 종류와 동작 특성을 말할 수 있다.
- 간단한 실습을 통해서 다이오드의 특성을 설명할 수 있다.

01. 다이오드의 기초

용어해설

접합(juction)

분리된 물질을 서로 맞붙이는 것

(1) 다이오드

P형 반도체와 N형 반도체를 접합시킨 것이다.

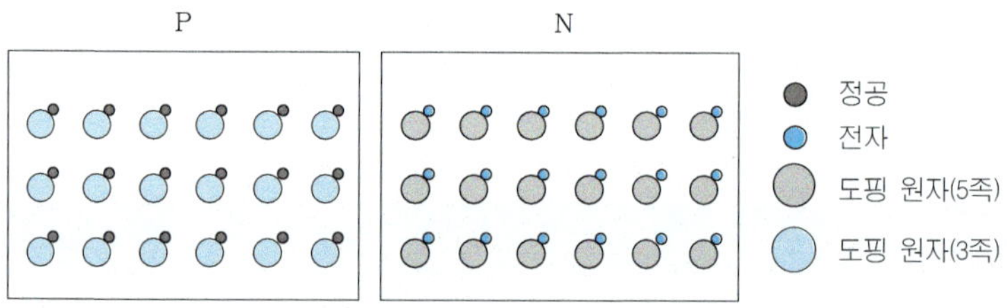

그림 Ⅱ-9 P형 반도체와 N형 반도체

(2) 다이오드 접합 과정

1) 전압이 가해지지 않은 상태(방금 막 접합된 순간)

- P형과 N형 반도체를 접합시킨다.

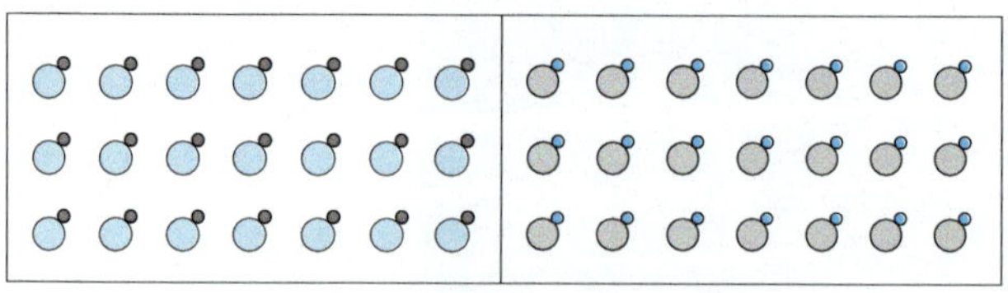

그림 Ⅱ-10 P형 반도체와 N형 반도체의 접합

2) 전자의 확산

- N형 쪽의 전자는 농도가 낮은 곳으로 확산하려고 한다.

● 이 확산은 접합면을 넘어서 전자의 농도가 적은 P형 쪽으로 전자가 확산되어 들어간다.

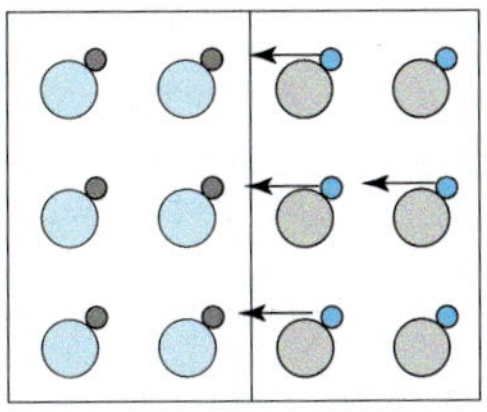

그림 Ⅱ-11 전자의 확산

3) 원자의 이온화

● 전자를 내어 준 원자는 양이온이 되며, P형 쪽으로 확산해 들어간 전자는 소수 캐리어가 되고, 많은 정공으로부터 둘러싸이기 때문에 전자는 쉽게 정공과 결합하게 된다. 정공은 소멸되며 그와 관련된 원자는 음전하를 띠게 된다.

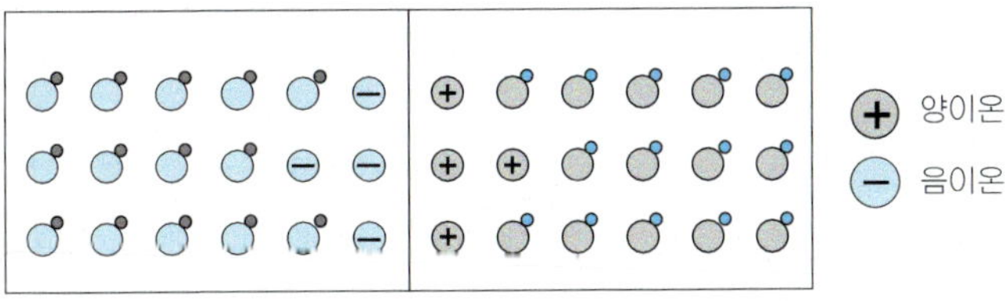

그림 Ⅱ-12 원자의 이온화

4) 공핍층 형성

● 이온은 공유 결합 때문에 결정 구조 안에 고정되어 있어 자유 전자나 정공처럼 움직일 수 없다.

● 이온이 점점 생성됨에 따라 접합면 부근에는 자유 전자와 정공이 없어지게 되는 공간 전하의 중성 영역을 공핍층이라 한다.

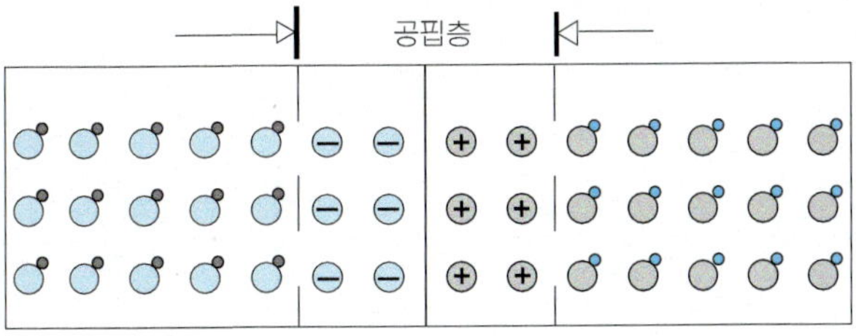

그림 Ⅱ-13 공핍층 생성

용어해설

확산(diffusion)

어떤 물질 속에 다른 물질이 점차 섞여 들어가는 현상(농도 구배에 의한 물질의 이동)

소수 캐리어 (minor carrier)

반도체에서 전류 운반 작용을 하는 전자와 정공 중 수가 적은 것(반대 : 다수 캐리어)

공핍층(depletion layer)

공간 전하층. 반도체 내부에서 캐리어가 모자라는 매우 좁은 층으로 예를 들면 PN 접합에서 P형 실리콘(Si)과 N형 실리콘(Si)의 경계 지역은 자유 캐리어가 매우 적게 존재

자유 전자 (free electron)

원자 핵으로부터의 속박 상태에서 벗어나 자유로이 움직이는 전자

02. 다이오드의 동작 특성

(1) 다이오드

게르마늄(Ge)과 실리콘(Si)은 4족 원소로, 이들 원소의 각 원자는 이웃 원자의 4개의 전자를 공유하는 결정 상태에 있다. 이들 전자는 결합력이 강해 순수한 게르마늄(Ge)이나 실리콘(Si)의 결정은 아주 큰 저항을 나타낸다. 이 결정에 불순물이 들어가면 일반적으로 저항이 감소한다. 특히, 인(P)이나 기타 5족 원소의 미량을 순수한 게르마늄(Ge)의 용융 상태에 첨가시켜 천천히 냉각시키면 결정에는 인(P) 원자가 산재하게 된다.

정상적인 인(P)의 원자는 5 개의 최외각 전자를 가지고 있으며, 이 중에서 4 개만 결정 구성에 쓰여지고 1 개의 전자가 남게 되어 결정에 전위를 걸어 주면 비교적 쉽게 자유로이 이동하게 된다. 그리하여 그 물질은 도체가 되며 첨가된 불순물은 전기 저항을 상당히 감소시키는 역할을 하고 있다. 결정 내의 인(P) 원자는 각각 1 개의 전자를 잃어 양이온이 된다. 이들 인(P) 원자는 결정에 속박되어 있기 때문에 전류로서 나타내지 못한다.

이와 같이 5족의 불순물이 첨가된 반도체를 **N형 반도체**라 하며, 이러한 결정에서 전류는 전자의 이동으로 구성된다. 이와 반면에 붕소(B)와 같은 3족 원소를 첨가하여 만들어진 결정은 전기적으로 아주 다른 특성을 가지게 된다. 3족 원소는 3 개의 최외각 전자를 소유하고 있기 때문에 결정 내에 속박된 붕소(B) 원자는 이웃한 4 개의 실리콘(Si)의 원자 중에서 3 개만 결합하고 1 개의 결합 수는 비어 있게 되어 결정 격자에 정공(hole)이라는 것을 형성한다. 이와 같은 반도체를 **P형 반도체**라 한다.

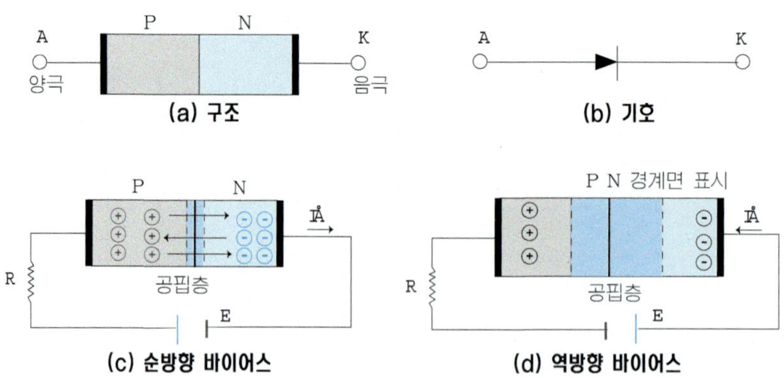

그림 Ⅱ-14 다이오드의 구조와 동작 원리

이와 같은 N형 반도체와 P형 반도체를 접합시켜 놓은 것이 다이오드이다. 그림 Ⅱ-14 (a)~(d)는 PN 접합 다이오드의 동작 원리를 나타낸 것이다. 그림 Ⅱ-14 (c)와 같이 전압 E를 걸어 줄 때, P 쪽에 (+)를, N 쪽에 (−) 전압을 걸어 주는 경우를 순바이어스 전압이라고 한다. 이 때, P층 내부 영역의 정공(hole)은 N 쪽으로, N층 내부의 전자는 P 쪽으로 이동하며 외부 회로에는 순방향 전류 I_A가 흐른다. 이 전류는 $I_A \cong I_S\, e^{qE/kT}$로 표시된다. 여기서 I_s는 포화 전류로서, 다이오드의 개별적인 물성에 관한 항이며, 역방향 연결시의 포화 누설 전류이기도 하다. 또, q는 전자 또는 정공(hole)의 전하량이고, E는 인가 전압, K는 볼츠만상수, T는 절대 온도이다.

그림 Ⅱ-14 (d)는 (c)와의 역방향으로 전압 E(역 바이어스 전압)를 걸어 줄 때의 그림을 나타낸 것이고, P층 내의 정공(hole) 및 N층의 전자는 각각의 전극 쪽으로 밀려 간다. 이 결과 정공(hole)과 전자가 이동해 가 버린 후의 빈 영역을 **공핍층**(depletion layer)이라 부른다. 이 층에는 전기 전도에 기여할 수 있는 자유 전하가 없고 마치 절연체와 같게 된다. 역방향 전류는 $I_A \cong -I_s$로 표시된다. 한편, 순방향과 역방향을 고려하지 않은 일반적인 다이오드 정류 특성은 맥스웰-볼츠만 분포식인 $I_A = I_s(e^{qE/kT}-1)$로 표시된다. 그림 Ⅱ-15는 이것을 그래프로 나타낸 것이다.

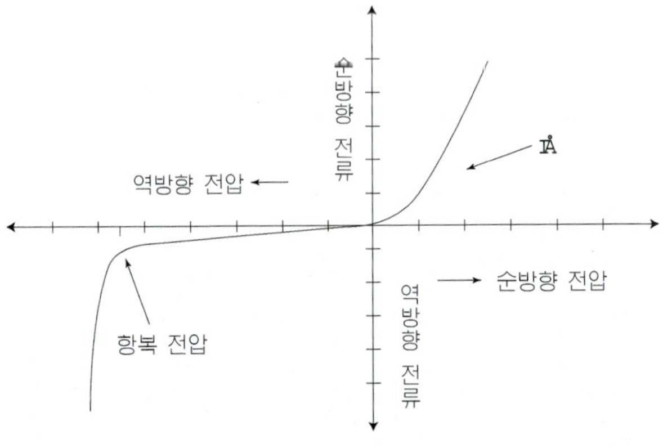

그림 Ⅱ-15 다이오드의 전압-전류 특성 곡선

순방향 바이어스 경우에는 작은 전압에도 많은 전류가 급격히 흐르지만, 역방향 바이어스의 경우는 많은 전압을 걸어 주어도 거의 전류가 흐르지 않는다. 그러나 어느 전압에서부터는 전류가 급격히 증가되는 현상이 발생하게 되는데, 이 때 전압을 항복 전압이라고 하며, 다이오드의 종류에 따라 달라진다. 이 성질을 이용한 것이 **제너 다이오드**(Zener diode)이다.

위의 다이오드 특성에서 그림 Ⅱ-16과 같은 정류 특성을 나타낸다. 그림 Ⅱ-14의 직류 전원 *E* 대신에 교류 전원이 가해질 때, 전압이 순방향일 때는 순방향 전류가 크게 흐르지만, 전압이 역방향일 때는 대단히 적은 역방향 전류만 흐르게 된다. 그림 Ⅱ-16 (b)의 정류 전압은 평탄 회로를 사용함으로써 평탄한 DC 전압을 얻을 수 있다.

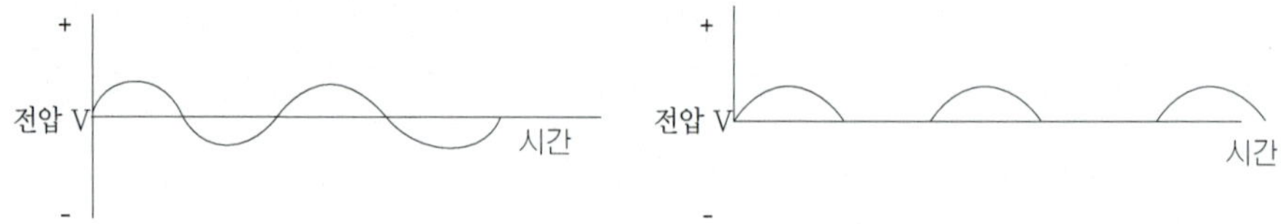

(a) 다이오드의 입력 전압 **(b) 정류 전압**

그림 Ⅱ-16 PN 집합 다이오드의 정류 작용

03. 바이어스

(1) 평형 상태

외부에서 전압을 받아들이지 않은 상태를 **평형 상태**라고 한다. 평형 상태에서는 이 접합부를 가로질러서 실질적으로 전류는 흐를 수 없으므로 표동(drift) 및 확산 전류는 0(zero)이다. 시간의 함수로서 어느 쪽이나 전자 또는 정공의 실질적인 증대가 있을 수 없기 때문에 표동 및 확산 전류는 0(zero)이다. 그림 Ⅱ-17은 평형 상태를 나타낸 것이다.

> **용어해설**
>
> **표동(drift) 전류**
>
> 바이어스(bias)에 의해 흐르는 전류

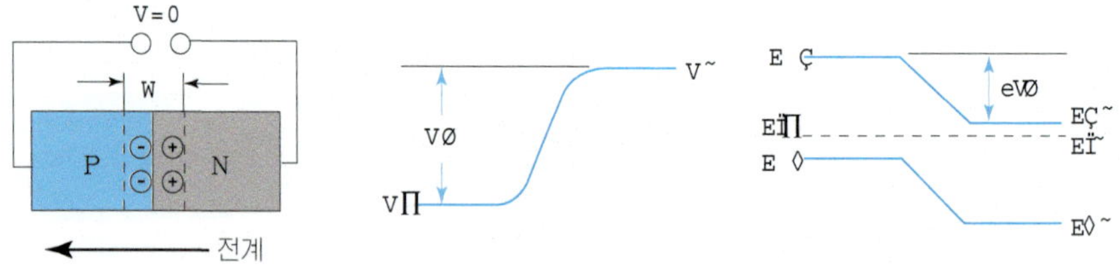

(a) 전위 영역, *W*에서의 공간 전하 **(b) 접촉 전위차** **(c) 에너지 대역의 접합부**

EçΠ : P형 전도대 전위, EïΠ : P형 페르미 전위, E◊ Π : P형 가전자대 전위, Eç˜ : N형 전도대 전위, Eï˜ : N형 페르미 전위, E◊ ˜ : N형 가전자대 전위, V : 외부 전압, W : 공핍층폭, VØ : 접촉 전위차, V˜ : N형 표면 전위, VΠ : P형 표면 전위

그림 Ⅱ-17 평형 상태

(2) 순방향 바이어스

그림 Ⅱ-18에서와 같이 PN 접합에 P형 쪽에 (+), N형 쪽에 (−) 전압을 외부에서 받아들였을 때, 이 전압을 **순방향 바이어스**(forward bias)라고 한다. 이와 같이 (+) 단자는 P형 쪽에, (−) 단자는 N형 쪽에 연결하면 정공은 N형 쪽으로, 전자는 P형 쪽으로 끌려서 접합면을 넘어 들어가서 전자와 정공은 재결합에 의해서 소멸된다. 외부에서 전압이 계속 공급되는 동안은 (+) 전원 쪽에서는 정공을, (−) 전원 쪽에서는 전자를 계속 공급하므로 계속해서 전류가 흐른다. 다이오드에 흐르는 전류는 다수 캐리어와 작용하는 정공과 전자에 의한 전류의 합으로 표시된다.

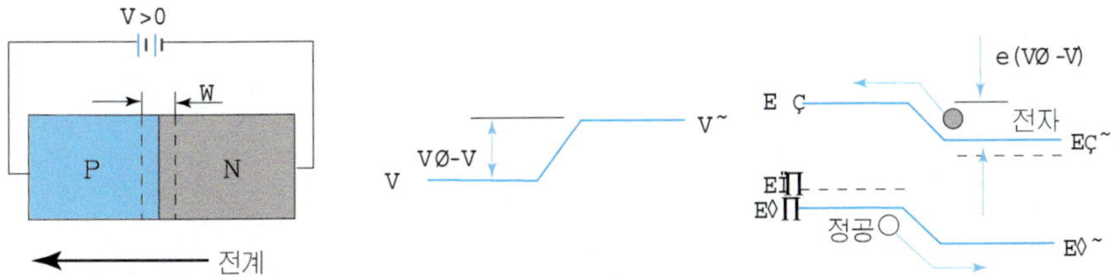

(a) 전위 영역 **(b) 계면 전위차** **(c) 접합부에서의 에너지 준위**

그림 Ⅱ 18 순방향 바이어스

(3) 역방향 바이어스

그림 Ⅱ-19에서와 같이 PN 접합에 P형 쪽에 (−), N형 쪽에 (+) 전압을 외부에서 받아들였을 경우를 **역방향 바이어스**(reverse bias)라 한다. (+) 단자는 N형 쪽에, (−) 단자는 P형 쪽에 연결하면 N형의 전자는 (+) 단자로 끌리게 되며, P형의 정공은 (−) 단자로 끌려서 다수 캐리어가 접합면으로부터 멀어지게 된다. 다수 캐리어가 접합면에서 멀어지면 P형 쪽에는 고정된 억셉터 이온이 노출되어 (−) 고정 전하 밀도의 영역이 커지게 되고, 반대로 N형 쪽에는 도너 이온이 노출되어 (+) 고정 전하 밀도의 영역이 커지게 되어 공간 전하 영역(공핍층)을 더욱 넓게 하여 전위 장벽의 크기가 아주 높게 된다. 이 결과 다수 캐리어의 흐름은 중단되고, 소수 캐리어가 역 바이어스에 의해서 접합을 통과하게 되어 미소한 전류를 흐르게 한다. 이 미소한 전류를 **역방향 포화 전류**(reverse saturation current : $-Is$)라고 한다. 다수 캐리어에 의해서 전류가 흐르지 않도록 외부에서 공급한 전압을 **역방향 전압**이라고 한다.

용어 해설

캐리어(carrier)

전류를 흐르게 하는 요소로 P형에서는 정공이 많아 다수 캐리어가 되고, 전자는 희박하여 소수 캐리어가 된다. 반면에 N형에서는 전자가 많게 되므로 다수 캐리어이고, 정공이 소수 캐리어가 된다.

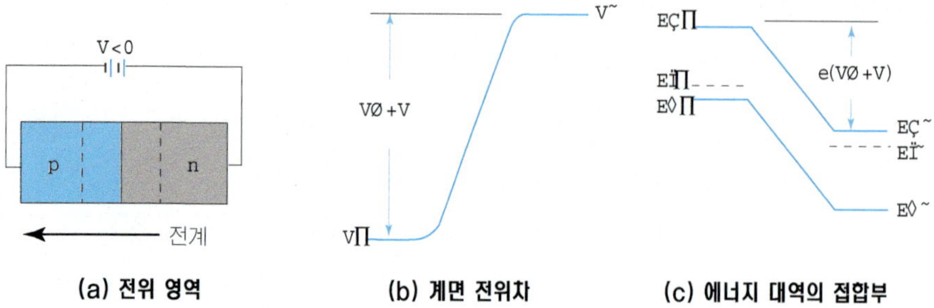

그림 Ⅱ-19 역방향 바이어스

(4) 항복(breakdown)

그림 Ⅱ-15의 다이오드 전압-전류 특성 곡선에서 나타낸 바와 같이 다이오드는 역방향 바이어스 전압이 어떤 임계값에 가까워지면 전류가 급격히 증대하며, 전압의 포화 상태에 이른다. 이러한 현상을 **전압의 항복**이라고 부르며, 포화 전압을 **항복 전압**(breakdown voltage)이라고 부른다.

용어해설

EIAJ(electronic industries association of Japan)
일본 전자 기계 공업회

JEDEC(joint electron device engineering council)
세계 반도체 표준 기구

건(Gunn) 다이오드
1963년 미국 IBM사의 건(J. B. Gunn)이 개발한 마이크로파용 반도체 발진 장치로 갈륨비소(GaAs), 인화인듐(InP) 및 텔루륨화 카드뮴(CdTe) 등의 단결정을 3kV/cm 이상의 직류 강전계 중에 두어, 어떤 점에서 부저항을 가지는 성질을 이용하여 마이크로파 발진에 이용하는 다이오드

PIN 다이오드
과잉 도핑된 P형과 N형 반도체 사이에 절연체를 삽입시킨 다이오드로, 순방향 전압시는 저항이 감소하여 AC 신호의 모듈레이팅 소자로 사용되고 역방향 전압시는 커패시터로 작용한다.

04. 다이오드의 명칭

다이오드의 명칭에 관하여는 EIAJ 등록에 의해서 부여하는 EIAJ형 명칭이 있고, JEDEC에서 사용하는 명칭, 유럽에서 사용하는 명칭이 있다. 또, 메이커에 따라 독특한 명칭을 사용하기도 한다.

EIAJ 명칭

- 1S로 시작한다. 처음에는 1S 다음에 등록 번호만 주어 사용하였으나, 등록 부품의 수가 너무 많아짐에 따라, 다음과 같이 분류하여 품명을 구분하고 있다.
- 1SE xxx- 터널 다이오드
- 1SG xxx- 건(Gunn) 다이오드
- 1SS xxx- 일반 다이오드, 검파용, 스위칭, 펄스 발생용, 쇼트키 다이오드
- 1ST xxx- 사태 주행(애벌런치) 다이오드
- 1SV xxx- 가변 용량 다이오드, PIN 다이오드, 스냅 오프 다이오드
- 1SR xxx- 정류용 다이오드
- 1SZ xxx- 정전압 다이오드

JEDEC 명칭 - 1N으로 시작하며, 미국의 JEDEC에서 부여한 명칭
유럽형 명칭 - OAxx, BOXxxx 등으로 사용
메이커별 명칭 - 독자적인 명칭을 부여

05. 다이오드의 접합 형태

다이오드는 2극 반도체 소자로서 주로 전류를 한쪽 방향으로 흐르게 하는 정류 작용을 한다. 주로 PN 접합 구조를 가지며, 접합하는 방법에 따라 다음과 같은 여러 가지 형태로 구분된다.

- 접촉형 - 게르마늄 또는 실리콘 단결정편에 금속침을 세움.
- 본드형 - 금/은(게르마늄 경우) 또는 알루미늄(실리콘의 경우)을 전기 펄스로 용접
- 합금형 - N형 게르마늄에 인듐(In)을, 실리콘의 경우 알루미늄을 합금하여 PN 접합
- 확산형 - N형 실리콘 단결정에 고온의 P형 불순물 가스를 확산시켜 PN 접합 형성
- 메사형 - PN 접합을 만드는 것은 확산형과 같으나, 필요 없는 부분을 소거한 산봉우리 형태
- 플래너형 - N형 반노체 웨이퍼에 P형을 확산시킬 때 마스크를 사용해 일부분만 확산
- 합금 확산형 - 합금형의 일종으로 합금시 확산이 일어나게 함.
- 에피택시얼형 - 에피택시얼 성장 과정에서 PN 접합을 만듬.
- 쇼트키 배리어형 - 금속과 반도체와의 접촉면에 생기는 쇼트키 배리어를 이용
- 이온 주입형 - 반도체에 다른 극성의 불순물을 이온 주입 기술로 주입하여 PN 접합 형성

06. 다이오드의 용도

다이오드는 그림 Ⅱ-20에 나타낸 바와 같이 전원 장치에서 교류 전류를 직류(또는 맥류) 전류로 바꾸는 정류기, 라디오의 고주파에서 신호를 꺼내는 검파

용, 전류의 ON/OFF를 제어하는 스위칭 용도 등 매우 광범위하게 사용되고 있다. 일반 정류용 다이오드의 기호는 —▶|— 가 사용된다.

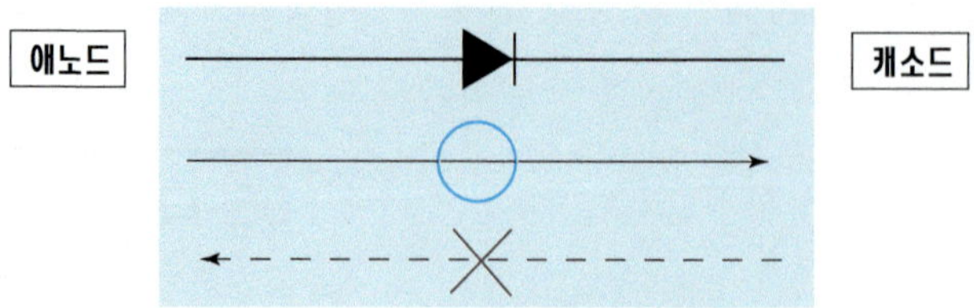

그림 Ⅱ-20 다이오드의 전류 흐름 방향

그림 Ⅱ-20 기호의 의미는 애노드 쪽에서 캐소드 쪽으로는 전류가 흐른다는 것을 나타내고 있다. 다이오드 중에는 단지 순방향으로 전류가 흐르는 성질을 이용하는 것 이외에, 다음과 같은 용도의 것이 흔히 사용된다.

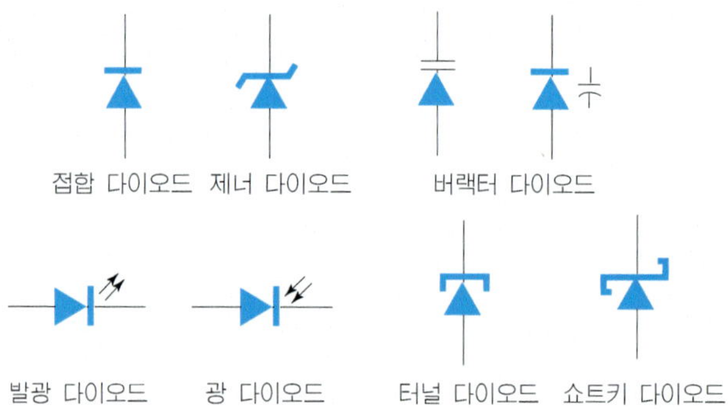

그림 Ⅱ-21 다이오드의 기호

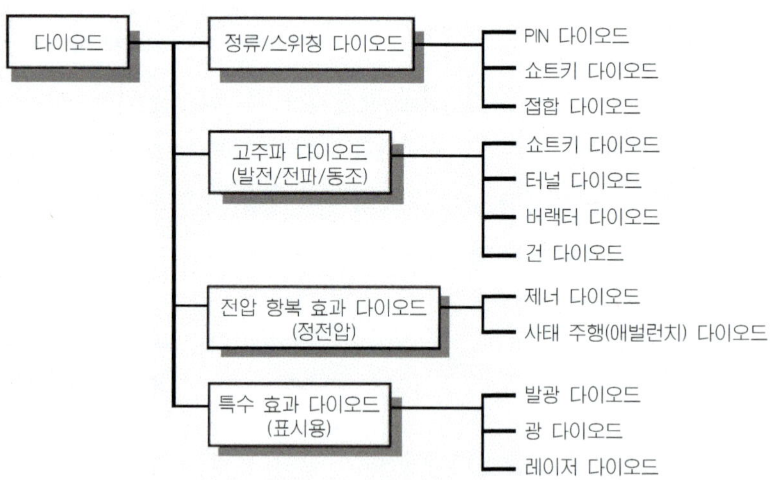

그림 Ⅱ-22 다이오드의 분류

용어해설

사태 주행 다이오드 (avalanche diode)

역바이어스에 의해 공핍층 사이로 이동하는 전자와 정공이 가속되어 결정 격자와 충돌하여 새로운 전자와 정공쌍을 만들게 된다. 이것이 반복되어 기하급수적으로 전자와 정공이 만들어져 갑자기 전류가 흐르는 현상

(1) 접합 다이오드

접합 다이오드에는 어느 한쪽의 리드선에 띠 모양의 마크가 붙어 있다.

이 띠 표시가 캐소드 쪽을 나타내고 있다. 그림 Ⅱ-23의 경우, 좌측에서 우측으로는 전류가 흐르고, 우측에서 좌측으로는 전류가 흐르지 않게 된다. 그림 Ⅱ-24에서 ①과 ②는 정류용 다이오드이다. ①은 6 A의 전류가 흘릴 수 있는 것이고, ②는 1 A의 전류를 흘릴 수 있는 것이다. 이 전류값은 최대 정격이므로, 실제 사용할 때에는 최대값의 70% 정도 사용하는 것이 무난하다. ③은 1S1588이라 부르는 스위칭용 다이오드이다. 최대 전류는 120 mA이지만, ON/OFF의 전환을 고속으로 할 수 있기 때문에 스위칭용으로 사용되며, 디지털 회로에서 많이 사용한다. 역방향 전압의 최대값은 30 V로 되어 있다.

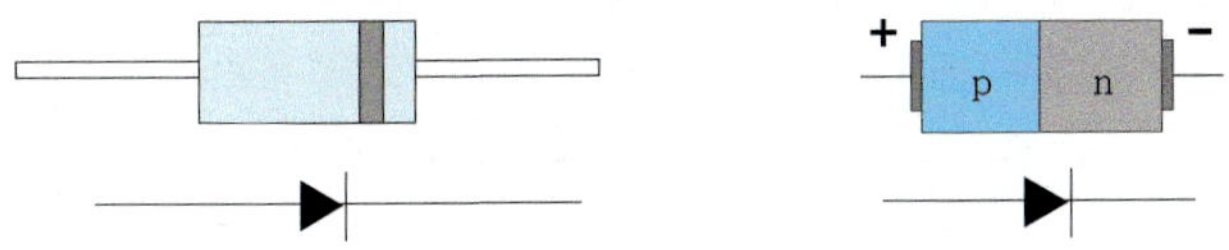

그림 Ⅱ-23 다이오드의 표시법

(2) 가변 용량 다이오드(배리캡 또는 버랙터 : varactor)

전압을 역방향으로 가했을 경우에 다이오드가 가지고 있는 콘덴서 용량(접합 용량)이 변화하는 것을 이용하여, 전압의 변화에 따라 발진 주파수를 변화시키는 등의 용도에 사용한다. 역방향의 전압을 높이면 접합 용량은 작아진다.

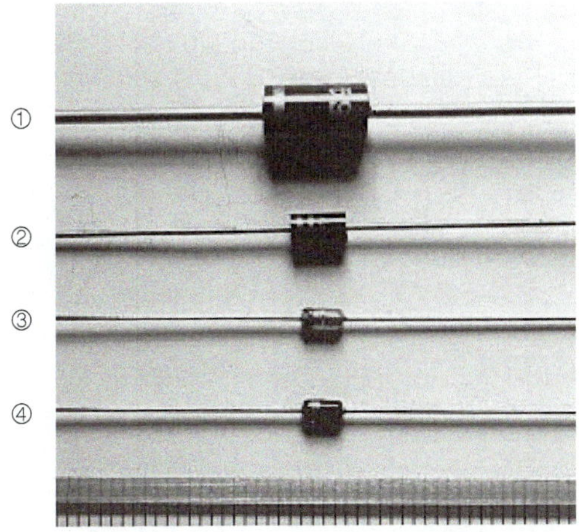

그림 Ⅱ-24 다이오드의 종류

(3) 정전압 다이오드(제너 다이오드)

역방향으로 전압을 가했을 경우에 어떤 전압에서 안정되는 성질을 이용하여, 일정한 전압을 얻기 위해서 사용한다. 그림 Ⅱ-24의 ④는 제너 다이오드로 6 V의 것이다. 역방향으로 전압을 가했을 경우, 약 6 V에서 일정하게 되며, 입력 전압을 더욱 높이려고 하면 다이오드에 흐르는 전류가 증가하고, 전압은 변하지 않는다(약간 변한다.). 그러나 흘릴 수 있는 전류는 30mA 이하로, 그 이상을 흘리면 파괴되므로 너무 많이 흘리지 않도록 한다. 전원의 안정화에는 통상 3 단자 레귤레이터를 사용하기 때문에 이 다이오드의 용도는 순간적인 과전압(너무 높지 않은 경우)으로부터 회로를 보호하는 용도 등에 사용된다.

(4) 다이오드 브리지

교류 전압을 직류 전압으로 바꾸기 위해 정류용 다이오드를 사용한다. 하나의 다이오드에서는 그림 Ⅱ-25 (a)에서와 같이 반파 정류(플러스와 마이너스가 교대로 변화하는 전압의 플러스측 또는 마이너스측 중에서 어느 한쪽만 사용한다.) 밖에 할 수 없지만, 다이오드를 4 개 조합하면 그림 Ⅱ-25 (b)에서와 같이 전파 정류를 할 수 있는데, 그 4 개를 조합한 것을 **다이오드 브리지**(diode bridge)라고 한다. 그림 Ⅱ-25는 다이오드 브리지를 이용한 정류 회로의 예를 나타낸 것이다.

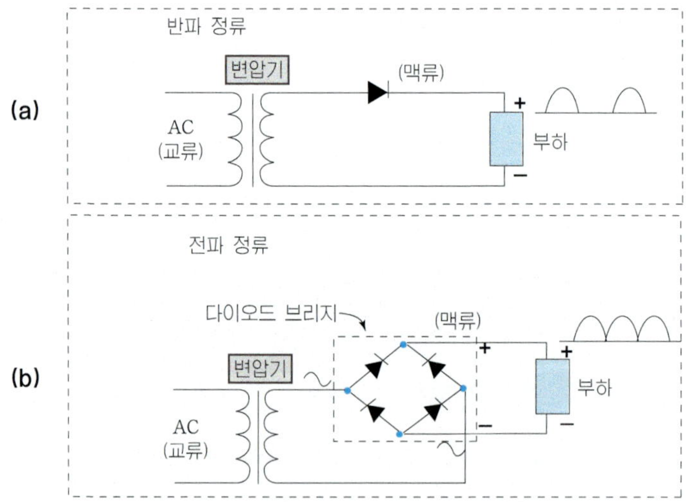

그림 Ⅱ-25 반파 정류 및 전파 정류(브리지) 회로

그림 Ⅱ-26 (a)의 ②는 1A의 다이오드 브리지로, 지름이 10 mm, 높이가 7 mm의 원주형으로 되어 있다.

그림 Ⅱ-26 (a)의 ①은 4 A의 다이오드 브리지로, 평판 모양을 하고 있다. 폭 19 mm, 높이 16 mm, 두께 6 mm이다. (b)의 그림은 대전력용 다이오드 브리지이다. 전류 용량은 15 A까지 흘릴 수 있고, 역전압 내압도 400 V이다. 중심에 나사를 통과시키는 구멍이 뚫어져 있으며, 이 정도의 전류 용량이라면 방열을 하기 위해 금속판에 나사로 고정할 필요가 있다. 크기는 한 변이 26 mm이고, 모듈 부분의 높이가 10 mm이다.

(a) 소전력용

(b) 대전력용

그림 Ⅱ-26 다이오드 브리지의 종류

(5) 발광 다이오드(LED : light emitted diode)

회로 기호는 ─▶|─ 와 같이 표시한다. 전류를 순방향으로 흘렸을 때에 발광하는 다이오드이다. 발광 다이오드는 여러 종류가 있으므로 용도에 맞추어 선택할 수 있다. 주로 적색, 녹색이 많지만, 청색, 적외선(IR : infra-red), 백색을 발광하는 LED도 있다.

그림 Ⅱ-27에서 맨 우측에 있는 LED는 하나의 LED에 적색과 녹색의 것이 함께 들어 있는 것이다. 리드(다리)가 3 개 나와 있는데, 중앙에 있는 리드가 공통 단자이고, 한쪽이 적색용, 다른 한쪽이 녹색용이다. 제각기 점등시킬 수도

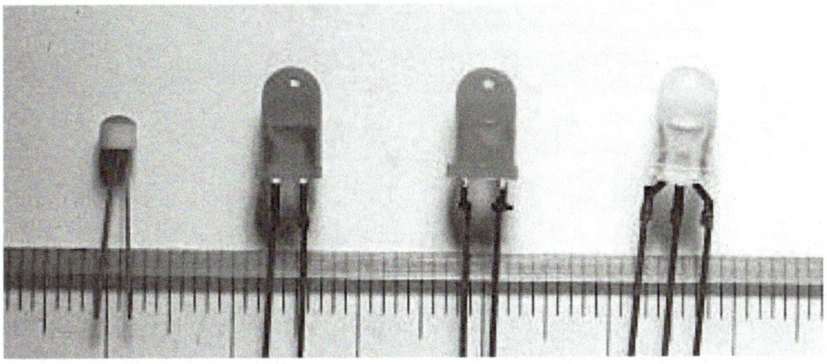

그림 Ⅱ-27 발광 다이오드

있고, 양쪽을 동시에 켜면 오렌지색으로 된다.

발광 다이오드 극성의 확인은 신품의 경우에는 리드선이 긴 쪽이 애노드(양극), 짧은 쪽이 캐소드(음극)이다. 극성을 모르는 경우에는 1.5V의 전지를 저항을 통해 접속하여 확인하거나, 테스터를 저항 측정 모드로 해서 확인한다. 테스터로 확인하는 경우에는 저 저항 측정 레인지에서 적색과 흑색의 테스터 봉을 LED가 발광하도록 다이오드의 리드에 각각 접속한다. 발광하지 않을 경우에는 테스터 봉을 반대로 접속한다. 발광하는 경우 다이오드에 접속하고 있는 흑색의 테스터 봉 쪽이 애노드(양극)이다. 테스터는 저항 측정 모드의 경우, 흑색 테스트 봉 쪽에서 플러스 전압이 나오고 있다. 그림 Ⅱ-28은 발광다이오드의 구조를 나타내고 있다.

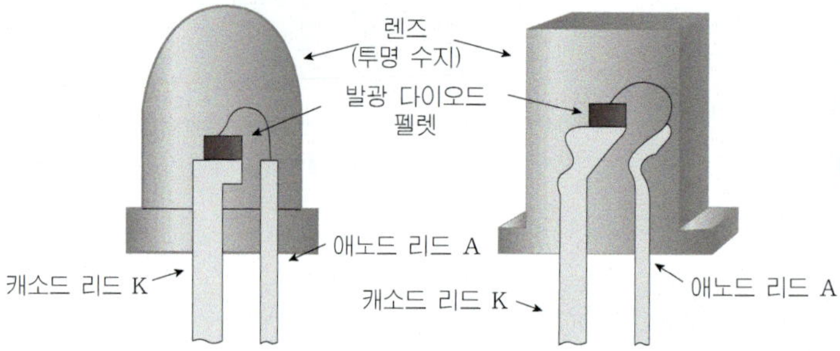

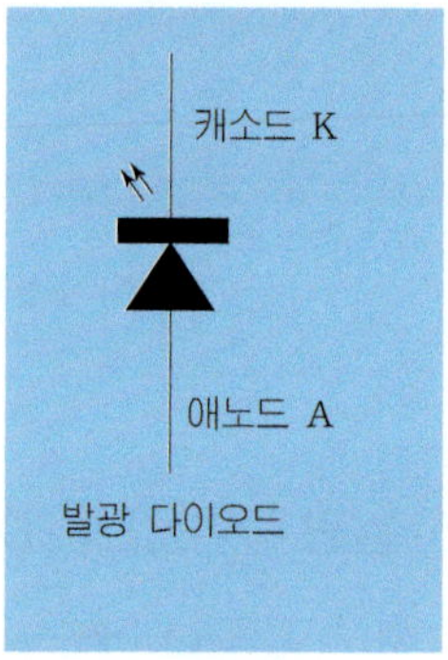

그림 Ⅱ-28 발광 다이오드

(6) 터널(에사키) 다이오드

부저항 특성을 마이크로파 발진에 응용한 다이오드로 1957년 에사키 레오나(江崎玲於奈)가 발표한 반도체 다이오드의 일종이다. 불순물을 다량으로 함유한 PN 접합으로 이루어진 다이오드이며, 순(順)방향 전압을 높이면 전류가 일단 증가하여 마루를 이루었다가 줄어들어 골이 되고, 다시 증가하여 보통의 다이오드 특성에 가까워진다. 이 전류의 마루가 형성되는 까닭은 불순물이 많이 들어 있어서 접합부의 장벽이 얇아지고 양자 역학적인 터널 효과에 의해 전류가 흐르기 때문이다.

마루와 골 사이의 전압에서는 부(−) 저항형이며, 고주파 특성이 양호하므로

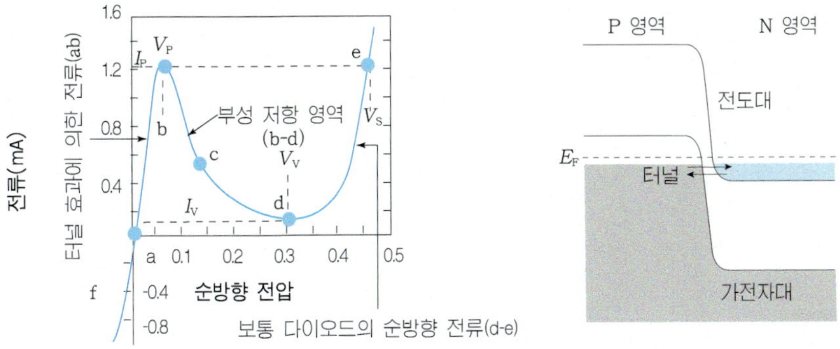

I_P : 마루에서의 전류 V_V : 골에서의 전압
I_V : 골에서의 전류 V_S : 순방향 전압점
V_P : 마루에서의 전압 E_F : 페르미 준위

그림 Ⅱ-29 터널 다이오드의 기호와 특성 곡선

마이크로파의 발진· 증폭· 고속 스위칭(논리 회로)에 이용된다. 이렇게 터널 효과를 이용하기 때문에 이 다이오드를 **터널 다이오드**라고도 한다. 그리고 반도체 재료로서는 게르마늄, 갈륨비소, 실리콘이 주로 쓰이며, 마이크로파 영역에서 사용할 것을 고려하여 직렬 인덕턴스의 작은 용기에 봉해 넣어져 있다.

(7) 쇼트키(schottky) 다이오드

금속과 반도체의 접촉 특성을 응용한 다이오드로 금(Au), 니켈(Ni), 텅스텐(W), 몰리브덴(Mo), 바나듐(V) 등 금속의 얇은 막을 만들어 쇼트키형의 장벽을 형성시킨 다이오드이다. 갈륨비소의 반도체 기판 위에 진공 증착(眞空蒸着), 전기 도금, 화합물로부터의 분해 등의 방법으로 제작한다. 반도체로부터 금속에 주입되는 캐리어에 의해 전기가 전도되고, 소수 캐리어가 반도체 쪽으로 주입되는 일은 없다. 이런 종류의 다이오드는 마이크로파· 밀리파의 작은 신호의 발진 장치 및 검파, 믹서, 파라메트론(parametron)용 장치로 쓰인다.

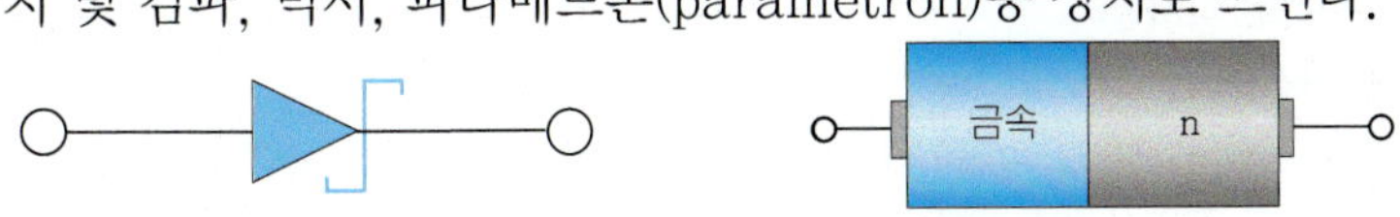

그림 Ⅱ-30 쇼트키 다이오드의 기호

용어 해설

파라메트론(parametron)
비선형(非線型) 리액턴스를 가진 공진 회로(共振回路)를 파라미터 여진(勵振)시켜 분주 운동(分周運動)을 일으키게 하여 그 위상(位相)을 이용하는 회로 소자

07. 다이오드 실험

실습 목적

① 저항계를 이용한 다이오드 시험법을 익힌다.
② 다이오드의 순방향 전류와 역방향 전류의 특성 시험법을 익힌다.

실습 재료

건전지, 전선, 저항(100Ω, 1MΩ), 다이오드(1N34, 1N60, 1N4001, 1N4007, 1N4154, 1N914)

실습 장비

전류계, 전압계, 직류 전원 공급기, 저항계(디지털 멀티미터), 오실로스코프

안전 및 유의 사항

1) 반도체 소자를 판별할 수 있어야 한다.
2) 회로 시험기 사용 방법을 숙지하여야 한다.
3) 다이오드의 정격을 확인하여 그 범위 내에서 실험한다.
4) 온도에 따라 다이오드의 특성이 변화됨에 유의해야 한다(과열되면 파괴됨.).
5) 전원 및 극성에 알맞게 연결한다.
6) 회로 시험기의 저항(R) 범위에서는 검정색 리드봉에서 (+) 전압이 나오고, 적색 리드봉에서 (-) 전압이 나오는 것을 잊지 말아야 한다.
7) 전압계와 전류계 측정시 극성과 용량을 반드시 확인한다.

관계 지식

1) 저항계를 이용한 다이오드 검사

보통 다이오드의 음극에는 원형띠로 표시되어 있다. 만약에 원형띠의 표시가 없을 경우는 저항을 측정하여 다이오드의 양극, 음극을 식별할 수 있다. 다이오드의 저항을 측정하여 낮은 저항값이 측정될 때 저항계의 검정색 리드봉인 (+) 단자가 연결된 다이오드 부분이 양극, 적색 리드봉인 (-) 단자가 연결된 다이오드 부분이 음극이다.

정상으로 동작하는 다이오드를 저항계로 시험하면 낮은 순방향 저항과 높은 역방향 저항을 나타낸다. 순방향 저항 측정은 저항계의 (+) 단자를 다이오드의 양극에, (-) 단자를 다이오드의 음극에 연결하면 된다. 이렇게 연결하면 전류가 흐르고, 순방향의 저항값은 낮게 측정된다. 또, 역방향의 저항 측정은 저항계의 리드선을 순방향 측정과 반대로 연결한다.

이렇게 연결하면 역방향 바이어스가 인가되어 전류는 거의 흐르지 않고 높은 저항값이 측정된다. 만약에 다이오드의 극성에 관계 없이 매우 낮은 또는 매우 높은 저항값으로 측정되면 다이오드가 손상되었음을 나타낸다.

2) 전압-전류 특성 시험

일반 저항은 전압과 전류가 비례하기 때문에 선형 소자이다. 앞에서 학습한 그림 Ⅱ-15를 보면 다이오드는 전류와 전압이 비례하지 않기 때문에 비선형 소자이다. 또, 다이오드는 순방향으로만 잘 도통하는 단방향 소자이다. 다이오드의 양극이 음극보다 전위가 높으면 다이오드는 순방향 바이어스가 되어 전류는 양극에서 음극으로 다이오드를 통해 흐른다. 이 때, 다이오드 양단에는 장벽 전위라 부르는 미소 전압이 나타난다. 이 전압은 Si의 경우 약 0.7[V]이고, Ge의 경우는 0.3[V]의 값을 가진다.

그림 Ⅱ-32와 Ⅱ-33은 각각 다이오드의 순방향과 역방향 바이어스의 전압-전류 특성을 나타낸 것이다.

1) 저항계를 이용한 다이오드 검사

① 저항계(디지털 멀티미터)를 사용하여 그림 Ⅱ-31과 같이 각 다이오드에서 순방향 및 역방향 저항을 측정한다.

② 저항계의 측정 범위를 2MΩ과 20MΩ에서 각각 측정한다.

③ 표 Ⅱ-3의 측정값을 분석하여 다이오드의 양부를 판정한다.

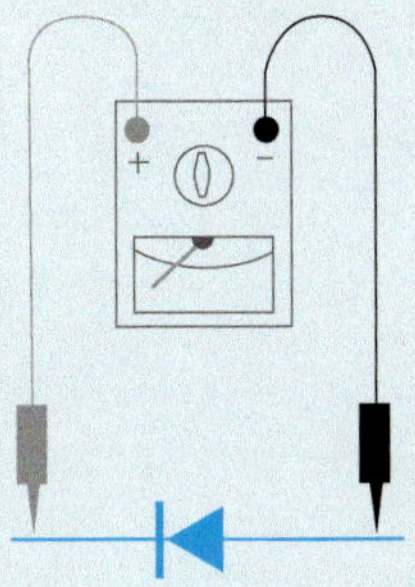

그림 Ⅱ-31 저항계를 이용한 다이오드 실험 방법(순방향 바이어스 상태)

표 Ⅱ-3 다이오드의 저항 측정값

형 명	2M 범위(저항계)		20M 범위(저항계)		양부판정
	순방향 저항	역방향 저항	순방향 저항	역방향 저항	

2) 전압-전류 특성 시험

① 먼저 실리콘(Si) 다이오드를 사용하여 그림 Ⅱ-32 (a)와 같은 회로를 구성한다.

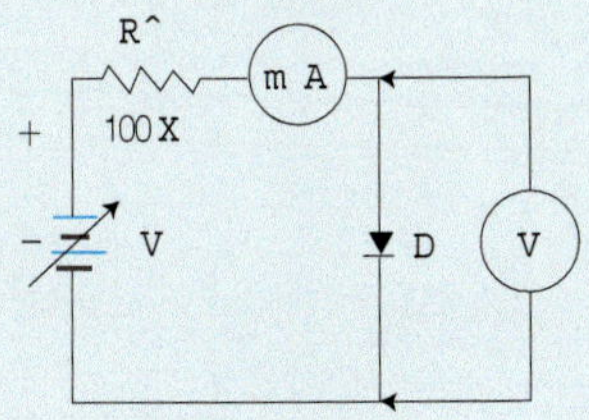

(a) 회로도

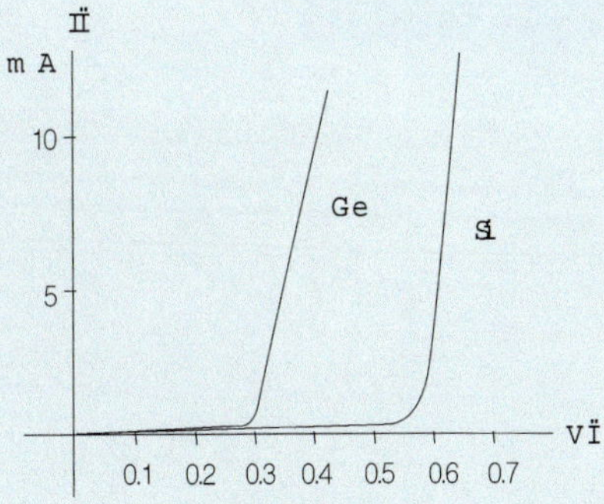

(b) 특성 곡선

그림 Ⅱ-32 순방향 바이어스의 전압-전류 특성 곡선

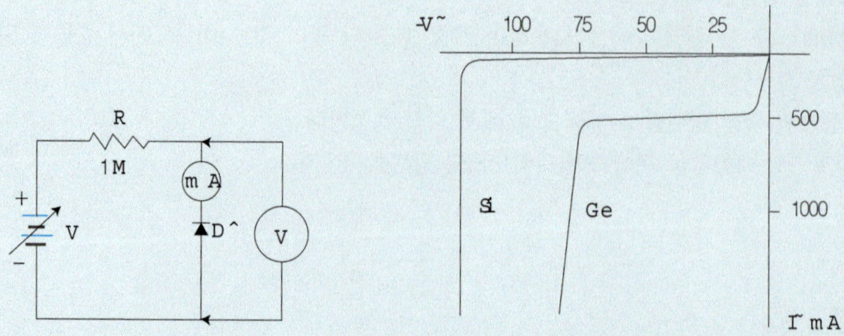

(a) 회로도 (b) 특성 곡선

그림 Ⅱ-33 역방향 바이어스의 전압-전류 특성 곡선

② 다이오드의 전압을 표 Ⅱ-4와 같이 변화시키면서 다이오드에 흐르는 각각의 전류 I_{DI}를 측정하여 기록한다.

③ 다시 그림 Ⅱ-33 (a)와 같은 회로를 구성한다(역방향 특성 측정).

④ 다이오드의 전압을 표 Ⅱ-4의 역방향 전압과 같이 가변시켜 다이오드에 흐르는 전류 I_D를 측정하여 기록한다(역방향 특성 측정).

⑤ 표 Ⅱ-4를 그래프로 그려 전압-전류 특성 곡선을 작성하고, 전류가 흐르기 시작하는 항복 전압을 확인한다.

⑥ 게르마늄(Ge) 다이오드를 사용하여 위의 실험을 반복한다.

표 Ⅱ-4 다이오드의 전류 측정

순방향 전압[V]	0	0.1	0.2	0.3	0.4	0.5	0.6	0.7	0.8	0.9	1.0
전류 I_D[mA]											
역방향 전압[V]	0	−1	−2	−4	−6	−8	−10	−12	−14	−20	−22
전류 I_D[mA]											

3. 트랜지스터

학|습|목|표

- 트랜지스터의 동작 특성을 설명할 수 있다.
- 트랜지스터의 동작 원리를 기술할 수 있다.
- 트랜지스터의 종류별 특성을 비교하여 설명할 수 있다.

01. 트랜지스터의 기초

트랜지스터는 기본적으로는 전류를 증폭할 수 있는 소자이다. 아날로그 회로에서는 매우 많은 종류의 트랜지스터가 사용되지만, 디지털 회로에서는 그다지 많은 종류가 사용되지는 않는다. 디지털 회로에서는 ON 아니면 OFF의 2진 신호를 취급하기 때문에 트랜지스터의 증폭 특성에 대한 차이는 별로 문제가 되지 않는다. 회로 기능은 대부분이 IC로 처리하는 경우가 많다. 그림 Ⅱ-34와 같이 트랜지스터의 기호는 PNP형은 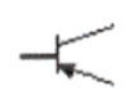, NPN형은  으로 표시한다.

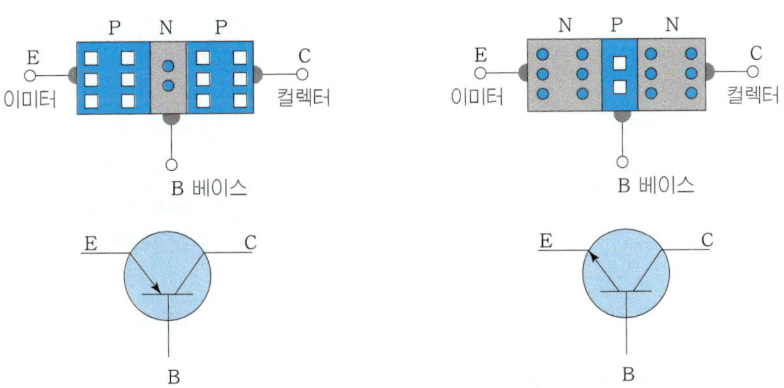

(a) PNP형 (b) NPN형

그림 Ⅱ-34 트랜지스터 종류(□ : 정공 ● : 전자)

트랜지스터는 앞서 설명한 바와 같이 반도체의 조합 형태와 용도에 따라 주로 그림 Ⅱ-35와 같이 명칭을 붙여 사용한다.

용어해설

NPN

보통 양극성 트랜지스터에 쓰이며 2개의 N 영역 사이에 P 영역이 들어 있는 트랜지스터 구조

PNP

보통 양극성 트랜지스터에 쓰이며 2개의 P 영역 사이에 N 영역이 들어 있는 트랜지스터 구조

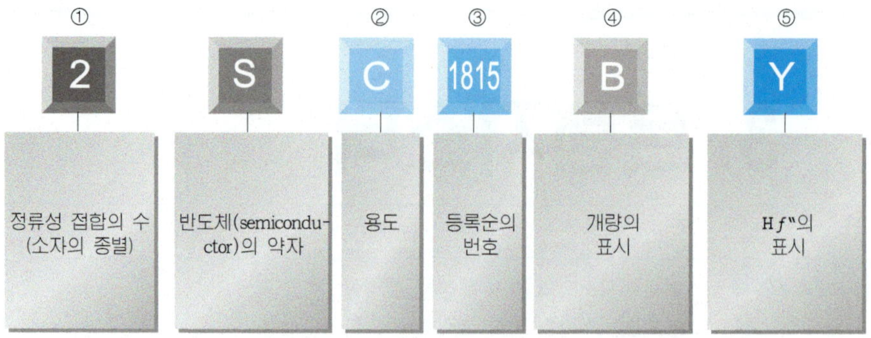

그림 Ⅱ-35 트랜지스터의 EIAJ형 명칭

여기서, ①은 소자의 종류

0 : 광 TR, 1 : 다이오드, 2 : 트랜지스터(1게이트 FET, SCR, UJT), 3 : 트랜지스터(2게이트 FET)

②는 용도

A : PNP 고주파 소신호용 BJT	B : PNP 저주파 전력용 BJT
C : NPN 고주파 소신호용 BJT	D : NPN 저주파 전력용 BJT
J : p 채널 FET	K : n 채널 FET
F : P 게이트 SCR	G : N 게이트 SCR
M : TRIAC	N : UJT

③ 등록 순서 번호 : 11번부터 시작

④ 계량 순서 : A, B, C, D, ……, J

⑤ 전류 증폭률(O : 70~140, Y : 120~240, GK : 200~400, BL : 350~700)

02. 트랜지스터의 동작 특성

양극성 트랜지스터(transistor)의 구조는 그림 Ⅱ-36과 같이, 베이스(base)라 부르는 중앙의 N(또는 P)형 층에 이미터〔emitter: 캐리어(carrier)로 되는 정공(hole) 또는 전자를 방출하는 극〕와 컬렉터〔collector: 정공(hole) 또는 전자를 모으는 극〕라 부르는 2개의 P(또는 N)형 층을 접합한 것이다.

그림 Ⅱ-36은 베이스 접지형 PNP형 트랜지스터의 구조를 나타낸 것이다. 이것은 N(또는 P)형층을 공유하는 역방향으로 마주 보는 2개의 다이오드가 원

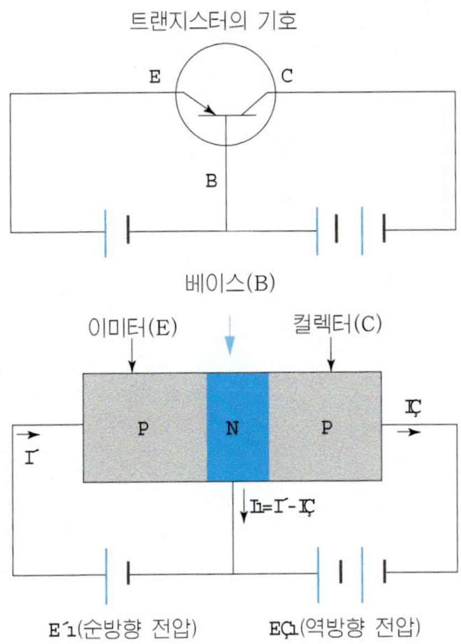

그림 Ⅱ-36 베이스 접지형 PNP 접합 트랜지스터의 동작 원리

자적으로 접속된 구조이고, 한쪽은 이미터, 베이스 사이의 접합부(이것을 EB다이오드라 부른다.)이고, 다른 쪽은 컬렉터, 베이스 사이의 접합부(이것을 CB 다이오드라 부른다.)로 이루어져 있다. 베이스가 N형인 것을 PNP형, P형인 것을 NPN형 트랜지스터라고 한다. PNP와 NPN은 다수 캐리어(carrier)가 정공(hole)인가 전자인가의 차이만 있고, 그 동작 원리는 같다.

한편, 그림 Ⅱ-37과 같이 이미터를 접지시킨 공통 이미터(약자로 CE: common emitter) 회로는 전자 회로에서 흔히 쓰이는 회로이다. 베이스는 순방향, 컬렉터는 역방향으로 전압이 걸린다. 이 회로에서 이미터에 유입되는 전류는 $I_E = I_B + I_C$로 된다. 이것은 $I_B = I_E - I_C$로 쓸 수 있다. 이 접속 방법에서(CE 회로에서), 출력 전류/입력 전류의 비는 I_C / I_B로 주어진다. 이것을 CE 회로의 전류 증폭률이라고 부른다(CE 전류 이득, current gain).

(1) 트랜지스터의 증폭

트랜지스터의 기능을 수도에 비유해 보면 이해하기가 쉽다. 트랜지스터에는 3 개의 핀이 있는데, 이미터와 베이스, 그리고 컬렉터라고 한다. 베이스는 수도의 밸브, 컬렉터는 수도꼭지, 그리고 이미터는 수도 배관에 비유할 수 있다. 수도 밸브를 작은 힘(베이스의 입력 신호)으로 컨트롤하여 수도꼭지에서 많은 양의 물(컬렉터 흐르는 전류)을 조절한다고 생각하면 정확하다.

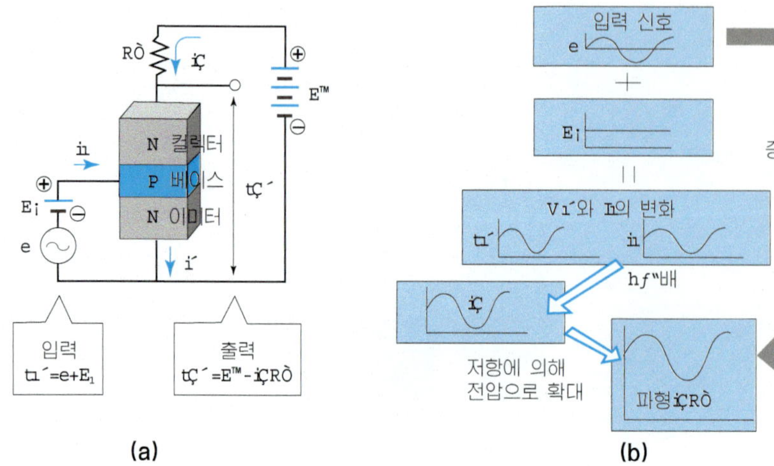

그림 Ⅱ-37 이미터 접지 트랜지스터 증폭 원리 회로도

좀더 자세하게 트랜지스터의 증폭 원리를 그림 Ⅱ-37 (a) 및 (b)를 사용해 설명해 보자. 입력 전압 e와 바이어스 전압 Eı에 의하여 만들어지는 베이스-이미터 사이의 전압(tı´)에 비례한 전류(iı)의 hf"(트랜지스터의 직류 전류 증폭률)배의 전류(iₑ)가 컬렉터에 흐르게 되는 것이다. 컬렉터 전류 iÇ가 저항 RÒ을 흐름으로써 그에 해당하는 전압(iÇ_RÒ)이 저항 RÒ의 양단에 나타난다. 결국 입력 전압 e가 iÇ_RÒ이라는 전압으로 변환(증폭)되어 출력으로 나타남으로써 입력 신호를 증폭하게 되는 것이다(tÇ´=E™-iÇRÒ).

용어해설

양극성 트랜지스터 (BJT)

1) 트랜지스터의 동작에 전자와 전공을 동시에 이용하는 트랜지스터를 말하며, 이것에 대응하는 말에 단극성 트랜지스터가 있는데, 이는 전자 또는 전공 중의 어느 한 쪽만을 이용하는 트랜지스터로 MOS 트랜지스터가 대표적인 예이다.

2) 이미터, 베이스, 컬렉터로 구성되어, 이미터에 의해 베이스에 들어오는 소수 캐리어의 투입과 컬렉터에 의한 소수 캐리어의 집속에 의해 동작하는 트랜지스터. 그 층 구조를 나타내기 위해 NPN 또는 PNP 트랜지스터라고 불린다.

03. 트랜지스터의 종류

트랜지스터는 PNP 또는 NPN 접합의 양극성 트랜지스터(bipolar junction transistor)와 단극성 트랜지스터(unipolar junction transistor)인 전계 효과 트랜지스터(field effect transistor)가 있다.

(1) 양극성 트랜지스터(BJT)

양극성 트랜지스터는 전자와 정공의 2가지 캐리어에 의해 전류가 흐르는 트랜지스터로, 이미터, 베이스, 컬렉터의 3 개 부분이 서로 접촉하고 있는 형태로 되어 있으며, 이미터-베이스, 베이스-컬렉터 간에 두 PN 접합을 가지고 있다. 일반적으로, 양극성 트랜지스터는 고속이기는 해도 전력 소비가 많고 제조 공정이 복잡하기 때문에 VLSI급 이상에서는 많이 사용되지 않는다.

BJT는 1947년 미국의 벨 연구소에서 처음으로 제작되었고, 이 후로 10년 후인 1957년에 설립된 페어차일드 반도체가 평탄화 공정을 개발하여 제품화에 성공하였다. 페어차일드의 BJT는 현재의 반도체와 컴퓨터 정보 산업의 토대를 만들었으며, 미국의 실리콘 밸리 탄생의 기원이 되기도 하였다.

반면 단극성의 FET는 1953년 벨 연구소에서 접합 FET의 개발로 세상에 알려지기 시작했으나, BJT에 밀려서 별로 주목받지 못하였다. FET가 본격적으로 사용되기 시작한 것은 실리콘 반도체의 청정 기술과 표면 상태 조절에 관한 기술이 확립된 1970년대 이후부터였고, CMOS(complementary metal oxide semiconductor) 공정이 확립된 80년대 말부터 본격적으로 메모리, 마이크로프로세서 등에서 이용되고 있으며, 그 이후로 BJT는 퇴조하게 되었다. 2000년 현재 시장 점유율을 보면 MOS FET가 88%, BJT가 8%, 화합물 반도체가 4%를 점유하고 있다.

(2) 전계 효과 트랜지스터(FET)

FET는 전자(N 채널)와 정공(P 채널) 중 한 가지 캐리어에 의해서만 전류가 흐르기 때문에 단극성 트랜지스터라고도 하며, 크게 분류하면 접합형과 MOS형의 2 종류로 나눌 수 있다.

1) 접합형 FET(junction FET)

기본적인 구조는 그림 Ⅱ-38과 같이 N형 반도체(P형 반도체인 경우도 있다.) 양면에 PN 접합을 만들어 N형 반도체의 ⊕를 가하는 쪽을 **드레인**이라 하고, ⊖(접지) 쪽을 **소스**, P형 반도체 부분을 **게이트**라 부른다. 또, PN 접합 다이오드의 접합면의 캐리어를 잃어버린 부분을 공핍층이라 부른다. 이 공핍층의 폭은 PN 접합에 가하는 역방향 전압의 크기에 비례한다. 드레인에 ⊕, 소스에 ⊖를 가하면 N형 반도체 내의 캐리어인 자유 전자는 소스에서 드레인을 향해 움직인다. 이 때, 공핍층의 폭이 좁으면 예상 외로 많은 양의 자유 전자가 흐르지만, 폭이 넓어지면 자유 전자가 통행하는 길이 좁아져 흐르는 자유 전자 수는 감소한다. 이와 같이 게이트 전압에 의해 공핍층의 두께를 바꾸고 소스에서 드레인으로 흐르는 자유 전자 수를 변화시켜 줌으로써 드레인에서 소스로 흐르는 전류를 제어한다. 그림 Ⅱ-40은 접합형 N 채널형 FET와 P 채널형 FET의 구조와 기호를 나타낸 것이다.

용어해설

평탄화 공정 (planar process)
단일 평면에서 접합과 확산, 그리고 산화막 마스킹으로 만드는 평면 소자 구조. 구조의 평면성은 PR 공정에 유리하다.

전계 효과 트랜지스터 (FET, field effect transistor)
트랜지스터의 일종으로 소스, 드레인, 게이트의 3극을 가지는 반도체로서 게이트 전계에 의해 전류를 제어하는 트랜지스터

용어해설

핀치 오프(pinch off)

접합형 FET(J-FET)에서의 핀치 오프(pinch off) 상태는 V_{DS}가 작은 영역에서는 채널 전류는 V_{DS}에 비례해서 증가하고(저항 영역) V_{DS}가 점점 커짐에 따라 채널 전류는 포화되는데, 이 포화점을 핀치오프점이라 한다. 이 때, 드레인 전류가 포화되고, 채널이 공간 전하 영역에 의해 막혀버린 상태이다. 채널의 단면적이 가장 작게 되는 상태이다.

N 채널

P형 기판에 N형 확산 영역을 형성한 MOS FET에 있어서 소스와 드레인 사이에 흐르는 전류의 통로인 채널(channel)이 전자에 의해서 형성된 것을 말한다.

P 채널

N형 기판에 P형 확산 영역을 형성한 MOS FET에 있어서 소스와 드레인 사이에 흐르는 전류의 통로인 채널이 정공에 의해서 형성된 것을 말한다.

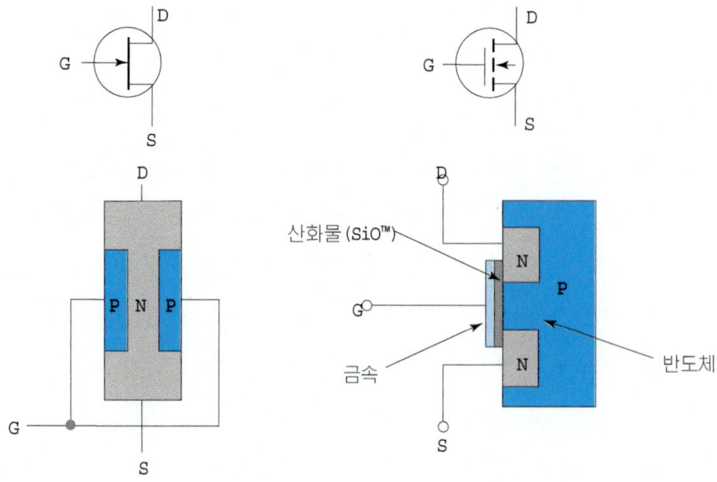

(a) 접합형 (b) MOS형

그림 Ⅱ-38 FET의 종류

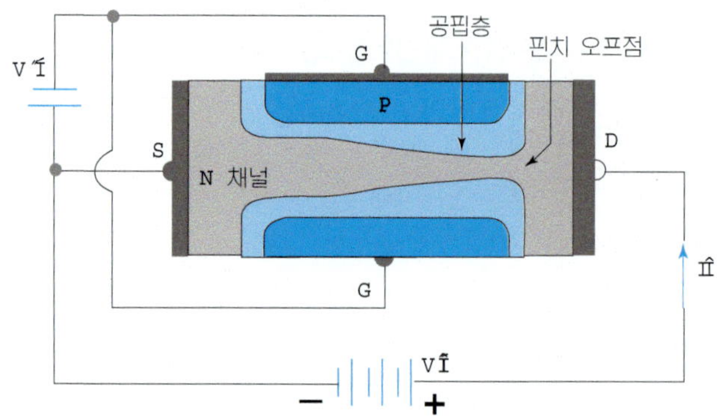

그림 Ⅱ-39 접합형 FET의 동작 원리

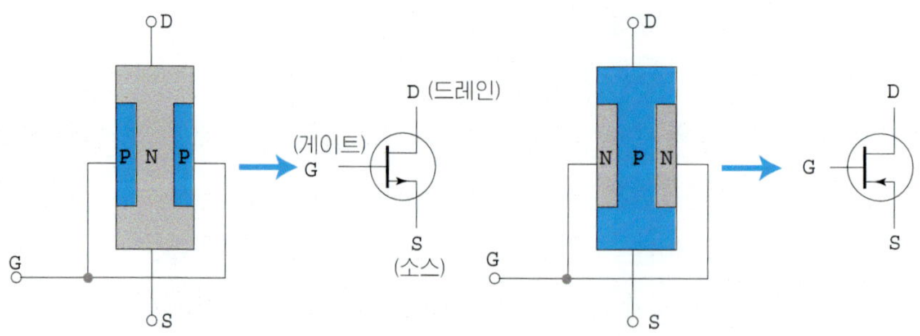

(a) N 채널형 FET (b) P 채널형 FET

그림 Ⅱ-40 접합형 FET의 구조와 기호

2) MOS형 FET

MOS 트랜지스터는 산화막에 의하여 전기적으로 절연된 게이트(gate : 제어 목적으로 쓰이는 전극)에 전압을 걸어 전류의 통로를 제어하는 전계 효과 트랜지스터(field effect transistor)이다. 제조 공정이 비교적 간단하고 전력 소비가 적어서 대규모 집적에 적합하다. 처음에는 제조하기가 쉽다는 점에서 N형 실리콘을 기판으로 사용하는 PMOS형이 사용되었으나 P형 실리콘을 기판으로 사용한 NMOS형이 채용되기 시작하였다. 그렇지만 VLSI급 이상에서는 NMOS형이라 해도 전력 소비가 많으므로, 이들을 조합한 형태의 보다 고속이고 전력 소비가 적은 CMOS형이 주류를 이루고 있다.

그림 Ⅱ-41은 N채널 MOS FET의 구조로 위에서 차례로 **금속**(metal)→**산화물**〔oxide(산화실리콘, silicon dioxide)〕→**반도체**(semiconductor)로 구조되어 있다. P형 실리콘의 기판 위에 N형 영역을 2군데 만들어, 그 사이의 실리콘 산화막 위에 전극을 놓은 간단한 구조이다.

용어해설

CMOS(complementary metal oxide semiconductor)

P채널과 N채널을 하나의 회로에 동시에 구성하여 단위 트랜지스터의 기능을 발휘하게 한 IC 회로로서 소비 전력이 작은 장점을 가지고 있다.

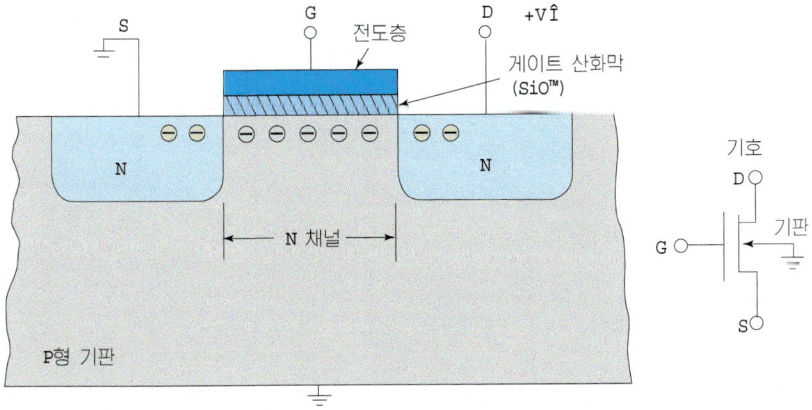

그림 Ⅱ-41 N 채널형 MOS FET의 구조

접합형과 같이 N형 영역의 한쪽을 소스라 하고 다른 쪽을 드레인이라 하며, 산화막 전극을 게이트라 부른다. 또, 기판인 P형 실리콘은 일반적으로 소스와 같은 전위로 접지하여 사용한다. MOS형 FET에서 P형 실리콘을 기재로 사용하여 채널이 N형인 것을 N채널 MOS FET라 하고, N형 실리콘을 기재로 사용하여 P형 채널로 한 것을 P채널 MOS FET라 한다(N채널 FET, P채널 FET라고도 한다.). 금속의 게이트 전극이 절연 피막을 통해 반도체에 부착되어 있으므로 MOS형 FET는 다른 명칭으로 절연 게이트형 FET라고도 한다. 이 반

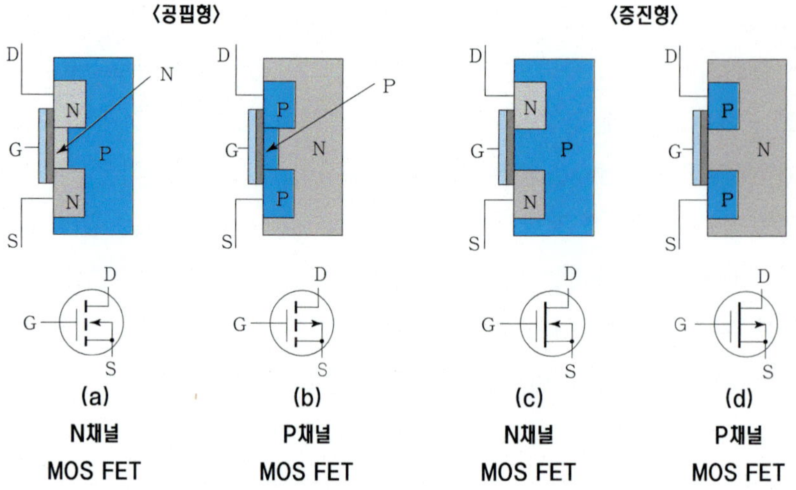

그림 Ⅱ-42 MOS형 FET의 종류

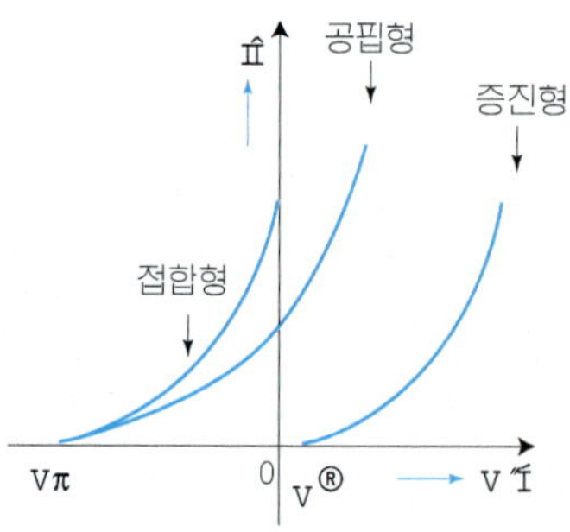

그림 Ⅱ-43 MOS-FET와 JFET의 V_{GS}-I_D 특성

도체의 표면에 만들어진 절연막 위에 금속 전극에 가해지는 전압에 따라 드레인과 소스 사이에 흐르는 전류를 제어할 수 있다.

그림 Ⅱ-42는 MOS형 FET의 종류를 나타낸 것이다. 공핍형은 채널을 물리적으로 구성한 경우(ON 상태)로 바이어스를 인가하여 OFF시켜야 하며, 증진형은 채널이 구성되어 있지 않은 경우(OFF 상태)로 게이트에 바이어스 전압이 인가되어야 채널이 형성되어 ON 상태로 된다.

용어해설

리드(lead)

반도체 칩에 전기를 공급하고 이를 지지해 주는 역할을 하는 리드 프레임(lead frame)의 다리 부분이다.

(3) 트랜지스터의 리드

그림 Ⅱ-44는 양극성 트랜지스터의 리드를 나타낸 것이고, 그림 Ⅱ-45는 MOS형 트랜지스터의 리드를 나타낸 것이다.

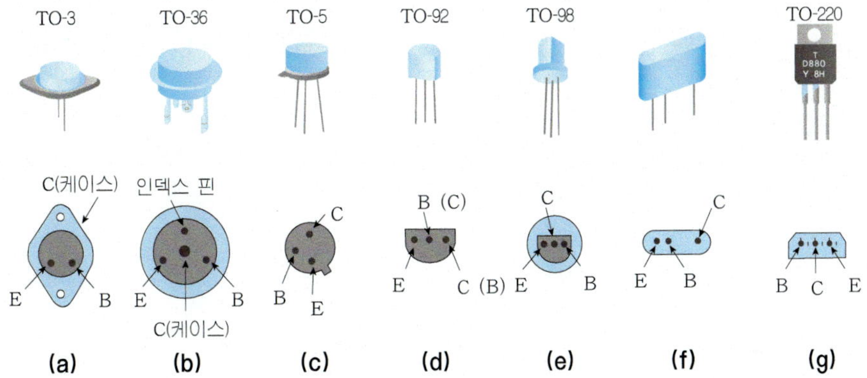

그림 Ⅱ-44 양극성 트랜지스터 리드의 종류

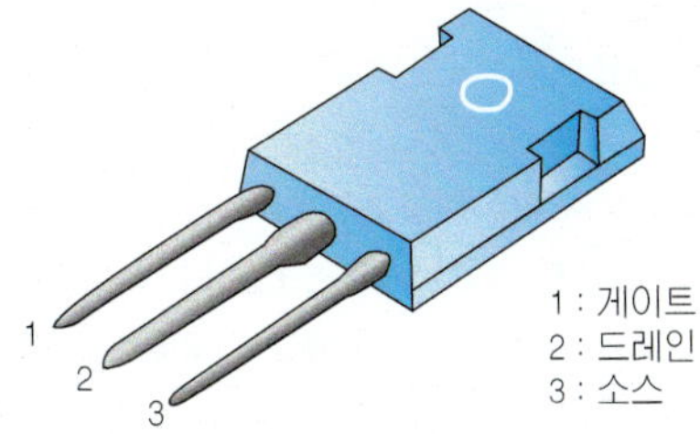

그림 Ⅱ-45 POWER MOS 트랜지스터 리드

트랜지스터의 종류에 따라 리드의 내용이 다르기 때문에 매뉴얼 등을 참조하여 확인할 필요가 있다 (G : 내부 차폐).

04. 트랜지스터의 정특성 실험

실습 목적

① 트랜지스터 특성 실험의 원리와 기능을 익힌다.
② 트랜지스터의 정특성을 측정하여 특성 곡선을 구할 수 있다.
③ 트랜지스터의 동작 원리와 작용을 설명할 수 있다.

실습 재료

트랜지스터(KSC900), 저항(10k, 100k)

실습 장비

전류계, 전압계, 오실로스코프, 전원 공급기

안전 및 유의 사항

1) 전압계와 전류계의 측정시 극성과 용량을 반드시 확인한다.
2) 반드시 계기는 한 가지로 사용하고 측정이 끝날 때까지 일관성을 갖춘다.
3) 사용 소자의 허용 전력이 적으면 열에 의한 파손이 우려되므로 가급적이면 측정이 끝나면 즉시 전원 스위치를 열어 둔다.
4) 전원 및 극성에 맞게 연결한다.

관계 지식

트랜지스터의 전류와 전압과의 관계를 그래프로 나타낸 이번 실험은 트랜지스터가 어떻게 동작하는가를 보여 주는 것이다. 트랜지스터의 베이스-이미터, 베이스-컬렉터 부분은 다이오드이기 때문에 일반 다이오드의 곡선과 유사한 그래프가 된다. 그러나 트랜지스터는 다이오드보다 더 많은 변수를 가지고 있다. 컬렉터 전압이 상승하면 컬렉터에 모여드는 전자가 다수 증가하여 결과적으로 베이스 전류를 감소시킨다. 대부분의 트랜지스터에서 이미터 전자들 중 95% 이상이 컬렉터로 흐르고 5% 미만이 외부의 베이스 단자로 흐른다. 따라서, 컬렉터-베이스 사이의 특성 곡선은 이미터-베이스 사이의 특성 곡선과 거의 비슷하게 된다. 실험실에서 쉽게 트랜지스터를 검사하는 방법으로서 입력 및 출력 특성 곡선을 측정하는 방법을 살펴본다.

실습 방법

1) 입력 특성 곡선

베이스-이미터 접합의 입력 특성 곡선은 그림 Ⅱ-46 (b)처럼 다이오드의 특성과 동일하다.

① 그림 Ⅱ-46 (a)와 같은 회로를 구성한다.
② $V_{CE}=6V$로 고정하고 컬렉터-베이스 접합을 역바이어스 상태로 놓고 V_{BB}를 0 V로부터 0.1 V씩 증가시켜가면서 I_B와 V_{BE}를 측정하여 표 Ⅱ-5에 기록한다.
③ I_B와 V_{BE}의 관계를 그림 Ⅱ-46(b)와 같이 그리면 입력 특성 곡선을 얻을 수 있다.

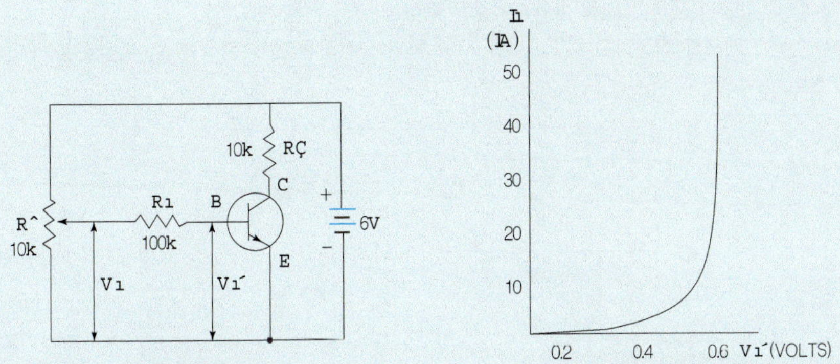

(a) 실습 회로 (b) 특성 곡선(예시)

그림 Ⅱ-46 베이스-이미터 접합의 입력 특성 실습

표 Ⅱ-5 입력 특성 측정값

V_{BB}[V]	0	0.2	0.4	0.6	0.7	0.8	0.9	1.0	3.0	6.0
I_B[mA]										
V_{BE}[V]										

2) 출력 특성 곡선

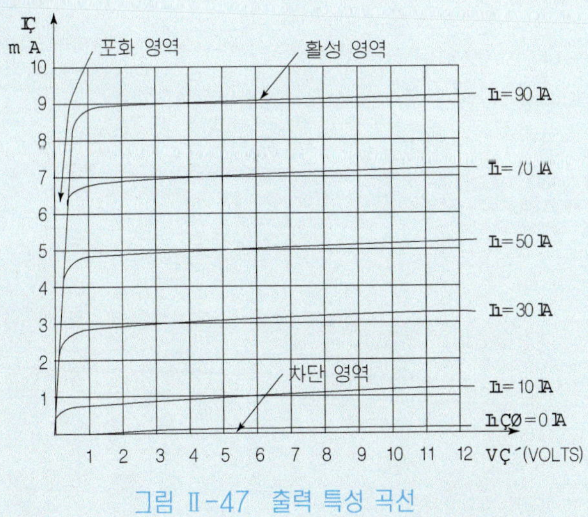

그림 Ⅱ-47 출력 특성 곡선

① 이 측정에 사용된 회로는 그림 Ⅱ-48과 같다.

② 출력 특성 곡선을 얻기 위하여 먼저 I_B를 고정시키고 V_{CE} 전압을 0 V부터 30 V까지 변화시켜가며 I_C를 측정한 후 다시 I_B를 10㎂, 30㎂, 50㎂, 70㎂, 90㎂ 등으로 변화시켜가면서 표 Ⅱ-6을 완성한다.

③ I_C-V_{CE}값을 사용하여 그림 Ⅱ-47과 같은 특성 곡선을 얻을 수 있다.

④ I_B-I_C 그래프를 작성하고 I_C가 1~2(mA)의 범위에서 직류 전류 증폭률 $h_{FE}(=I_C/I_B)$를 구한다.

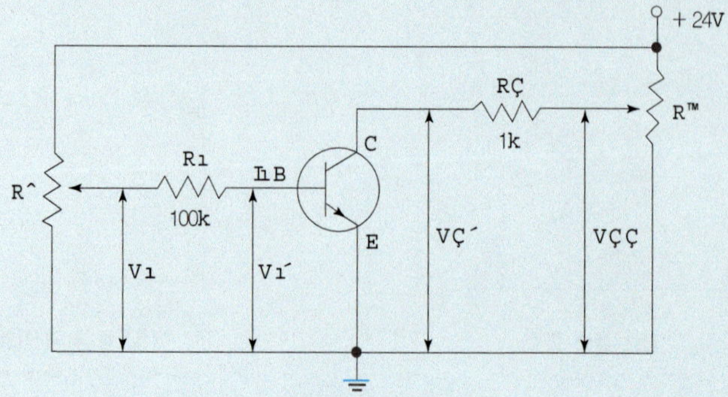

그림 Ⅱ-48 출력 특성 곡선을 결정하기 위한 이미터 접지 회로

표 Ⅱ-6 이미터 공통에서 V_{CE} 대 I_C(출력 특성 측정값)

Iı [ıA]	Iç[mA]								
	Vç´[V]								
	0V	2.5V	3V	7.5V	10V	15V	20V	25V	30V
0									
10									
30									
50									
70									
90									

4. 반도체 소자의 작용

학|습|목|표 ◉ 반도체 소자의 다양한 작용을 설명할 수 있다.

01. 다이오드의 정류(整流) 작용

전기 신호의 흐름에는 직선처럼 생긴 직류와 파동처럼 생긴 교류 두 가지가 있다. 전기 신호를 처리하다 보면 교류를 직류(또는 맥류)로 바꿔 주어야 할 경우가 있다. 전기 신호의 흐름(전류)을 정리해 주는 의미에서 이런 작업을 **정류**라고 하며, 정류 작용을 하는 반도체 소자를 일반적으로 **다이오드**라고 한다. 다이오드는 전류의 흐름이 일방 통행이어서 직류의 경우는 그 가해지는 전압이 방향에 따라 잘 흐르거나 전혀 흐르지 않게 된다. 이러한 다이오드의 방향성 때문에 교류 전압은 전압의 방향이 바뀔 때마다 전류가 흐르는 신호와 전혀 흐르지 않는 신호의 정류 현상이 발생한다.

그림 Ⅱ-49 정류의 모양

02. 트랜지스터의 증폭(增幅) 작용

용어해설

고체 촬상 소자 (固體撮像素子, solid-state image sensing device)

외부로부터의 광영상 신호(光映像信號)를 전기 신호로 바꾸는 반도체 소자로, 텔레비전 카메라의 영상 신호 계통에서 피사체의 빛은 렌즈를 통과한 후 색분해 광학계에 의해 3원색으로 분해되어 각각 촬상 소자의 수광면에 결상되는데, 그 상을 소자 내에서 전자적으로 주사해 전기 신호로 변환시켜 출력하는 소자가 고체 촬상 소자이다. 이들의 종류에는 X-Y 어드레스 방식의 것과 전하 전송 방식의 것이 있으며, CCD(charge coupled devices, 전하 결합 소자)와 BBD(bucket brigade devices) 등은 전하 전송(電荷轉送) 소자이고, MOS(금속 산화물 반도체) 촬상 소자(撮像素子)는 X-Y 어드레스 방식의 것이다.

전기 신호를 한 지점에서 다른 지점으로 이동시키다 보면 점점 신호가 약해진다. 따라서, 전기 신호를 정상적으로 전달하기 위해서는 신호를 전달 중에 원상태 또는 그 보다 크게 해 주어야 한다. 이처럼 약한 신호를 강한 신호로 키워 주는 것을 **증폭**이라 하며, 증폭 작용을 하는 반도체 소자로 **트랜지스터**가 있다. 트랜지스터는 밸브가 달린 수도관과 같기 때문에 밸브의 열림을 조절하여 전류의 흐름을 변화시킬 수 있다.

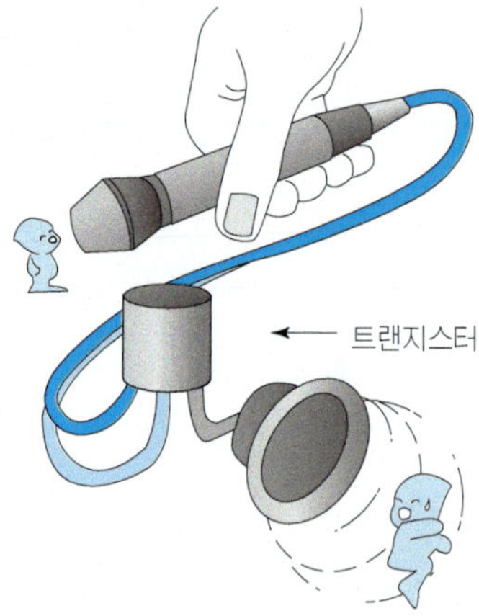

그림 Ⅱ-50 증폭의 모양

03. 발광 및 수광 소자의 변환(變換) 작용

전기 신호는 필요에 따라 빛(光)이나 소리(音) 등으로 바꿔 줄 필요가 있다. 지하철이나 고속 도로에서 볼 수 있는 전광판에 쓰이는 반도체는 전기 신호를 빛으로 바꿔 주는 역할을 하며, 이러한 반도체를 **발광 소자**라 한다. 반대로, 빛을 전기 신호로 바꿔 줄 수도 있는데, 이를 수광 소자(photodiode)라 한다. 고체 촬상 소자인 CCD(charge coupled device)와 상보성 금속 산화물 반도체인 CMOS(complementary metal oxide semiconductor) 반도체는 카메라 렌즈로 읽어 들이는 빛을 영상 신호로 바꿔 주는 대표적인 수광 소자로 디지털 카메라, 휴대폰 카메라, 팩시밀리, 스캐너, 디지털 복사기 등에 사용되고 있다.

그림 Ⅱ-51 변환의 모양

04. 반도체 논리 회로의 전환(轉換) 작용

정보(데이터)에는 연속적인 상태의 아날로그(analog) 신호와 불연속적, 즉 1(ON)과 0(OFF)만의 상태인 디지털(digital) 신호가 있다. 정보를 처리하다 보면 아날로그 신호를 디지털 신호로 또는 디지털 신호를 아날로그 신호로 바꿔 주어야 할 경우가 있다. 반도체는 이처럼 정보의 상태를 전환해 줄 수 있다.

05. 메모리 소자의 저장 작용

컴퓨터의 전원을 켜 주면 모니터를 통해 바탕 화면이 나타나기 전부터 여러 가지 메시지가 나타나는 것을 볼 수 있다. 이것은 그러한 메시지 정보가 프로그램화되어 컴퓨터 메모리에 저장되어 있기 때문이다. 이처럼 반도체는 정보를 프로그램화해서 저장할 수 있으며, 이러한 반도체를 **메모리 반도체**라고 한다.

06. 마이크로프로세서의 제어(CONTROL) 작용

기계나 설비가 정해진 순서에 따라 동작하도록 해 주는 것을 제어라고 한다. 이러한 작동 순서를 프로그램화하여 반도체 IC(integrated circuit)에 기억시켜 두면, 그 순서에 따라 장비의 동작을 자동으로 제어할 수 있게 되는데, 이러한 반도체를 **마이크로프로세서**라고 한다.

단원 종합 문제

1. 진공관의 원리는 무엇이며, 어떠한 종류가 있는가?

2. 트랜지스터의 원리와 기능은 무엇이며, 어떠한 종류가 있는가?

3. 집적 회로란 무엇이며, 언제 누구에 의해 최초로 발명되었는가?

4. 개별 소자란 무엇이며, 어떠한 것들이 있는가?

5. 반도체의 분류 방법과 분류 방법에 따른 반도체의 종류에는 어떠한 것들이 있는가?

6. 다이오드의 분류 방법과 종류에 따른 다이오드의 용도는 무엇인가?

7. 다이오드의 종류에 따른 표시 기호는 어떻게 나타내는가?

8. 다이오드의 전압-전류 동작 특성은 무엇인가?

9. 순방향 바이어스와 역방향 바이어스는 무슨 뜻이고, 평형 상태는 무엇인가?

10. 트랜지스터의 종류에 따른 그 차이점은 무엇인가?

11. 트랜지스터의 종류에 따른 표시 기호는 어떻게 나타내는가?

12. 트랜지스터의 명칭은 어떻게 나타내고, 그 뜻은 무엇인가?

13. 트랜지스터의 증폭은 어떠한 원리에 의하여 이루어지는가?

14. 트랜지스터의 종류에 따른 리드는 어떻게 배치되어 있는가?

15. 반도체 소자인 다이오드와 트랜지스터는 어떠한 작용을 하는가?

16. 단극성 트랜지스터인 MOS FET의 종류에 따른 동작 원리는 무엇인가?

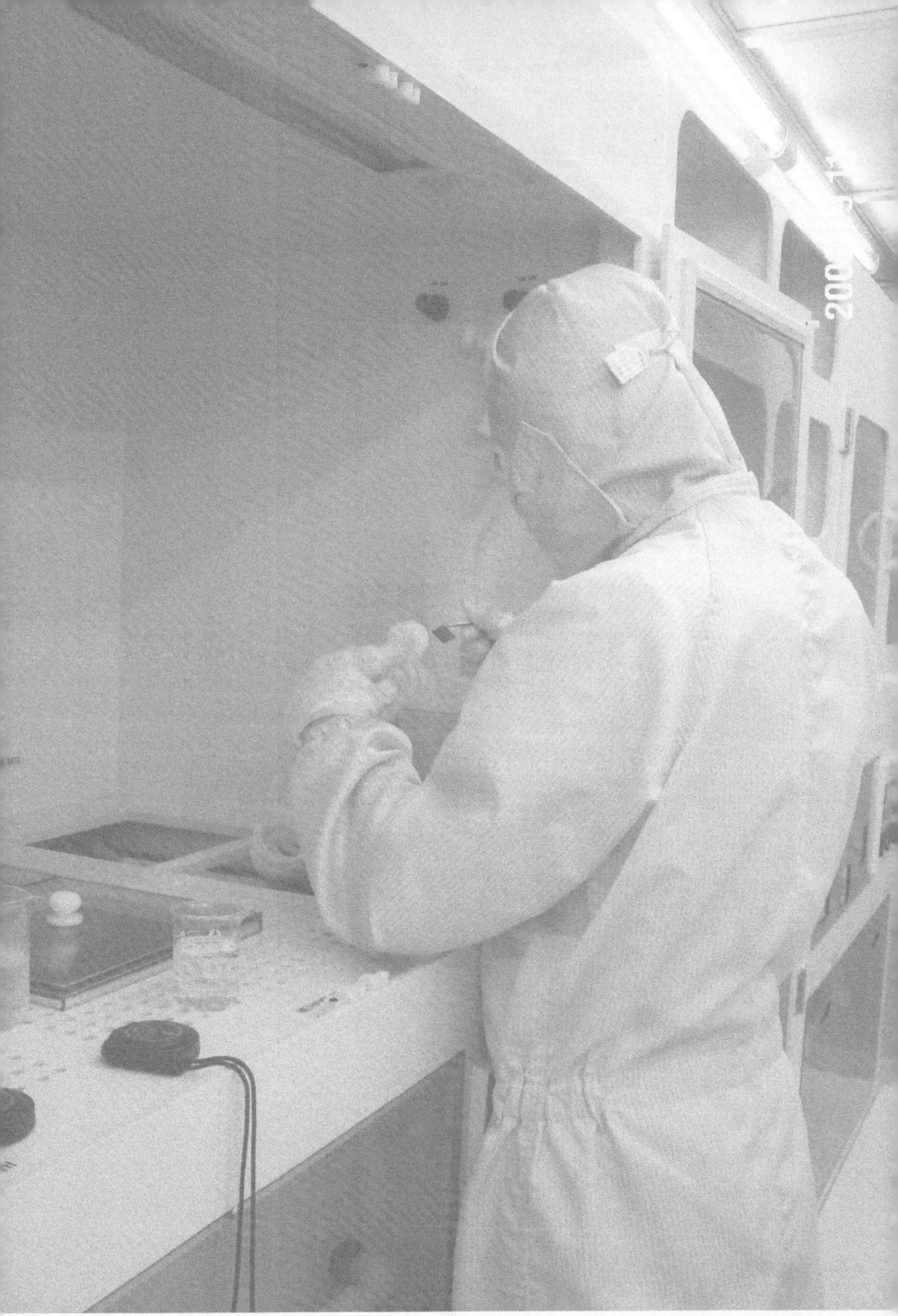

III

반도체 재료

1. 단결정 성장 방법 2. 결정 성장 실습 3. 반도체 원/부자재

반도체 재료는 게르마늄(Ge), 실리콘(Si)과 같은 단원자형인 단일 원소 반도체와 갈륨비소(GaAs), 갈륨인(GaP)과 같은 화합물 반도체가 있다. 그러나 실리콘은 돌, 유리, 수정 등의 주성분으로 열에 강하고, 지구상에서 산소 다음으로 매우 풍부하여, 현재 가장 많이 쓰인다. 실리콘을 반도체로 사용하기 위해서 모래를 화학 처리하여, 실리콘만을 뽑아 정제 과정을 거쳐, 순도를 높인다. 이것을 다결정 실리콘(poly silicon)이라고 한다. 이를 다시 녹인 다음, 특수한 기술로 천천히 굳혀서 원통 모양의 단결정 실리콘 기둥을 만든다. 이렇게 만든 단결정 실리콘 기둥은 얇게 자른 원판인 웨이퍼로 만들어진다. 이러한 반도체 제조에 사용되는 웨이퍼를 기본으로 단결정의 성장법과 그 실습 방법을 알아보고, 웨이퍼와 칩에 관련된 용어 및 반도체에 사용되는 단위에 대하여 학습한다.

1. 단결정 성장 방법

학|습|목|표

- 단결정 성장 방법의 종류와 특징을 비교하여 설명할 수 있다.

01. 고순도 실리콘 제조

우선 SiO_2를 탄소 도가니에 넣고 전기를 이용하여 가열해서 녹인다.

$$SiO_2+C \rightarrow Si+CO_2\uparrow$$

그러면 금속 공업용 실리콘을 얻을 수 있는데, 아직은 순도가 낮다(98~99%). 여기서, 탄소 도가니를 사용하는 이유는 SiO_2로부터 산소(O)를 떼어 내기 위한 것이다. 그 다음엔 이 실리콘을 미세하게 분쇄하고 염산 증기로 300℃에서 염화시켜서 사염화실리콘($SiCl_4$), 삼염화사일렌($SiHCl_3$)으로 만든다.

$$Si+3HCl \rightarrow SiHCl_3+H_2\uparrow$$

이 물질들은 액체 상태인데, 이렇게 액체로 만들어 주는 것은 고체를 순수한 결정으로 만드는 것이 매우 어렵기 때문이다. 그래서 대부분의 순수한 결정을 만드는 작업에서 액체 상태로 만드는 공정을 선호하게 되는데, 매우 순수한 $SiCl_4$, $SiHCl_3$는 복합적인 화학 정제 과정(필터와 응축)을 거쳐서 이루어진다. 마지막으로 $SiCl_4$, $SiHCl_3$를 수소 분위기에서 1100℃로 가열해 준다. 이 때, 발생하는 이물질(HCl)만 제거해 주면, 초고순도의 실리콘(Si) 결정을 증착물 형태로 얻게 된다. $SiHCl_3+H_2 \rightarrow Si+3HCl$

02. 기둥 형태로 제작하는 방법

(1) 브리지만법

브리지만(Bridgeman)법은 도가니(crucible)를 수직으로 이동시켜 최고 온도 부위에서 원료를 용융시킨 후, 용융 온도 이하의 저온 부위로 천천히 내려

그림 Ⅲ-1 브리지만법

단결정을 성장시킨다. 그러므로 이 방법의 주된 핵심은 도가니가 온도 구배를 통과할 때 액·고상 경계에서 핵이 생성되는 것이다. 이 때, 도가니의 형상이 단결정의 핵생성과 성장 과정에 중요한 인자이지만, 특히 단결정 성장로의 내부 온도 및 온도 구배를 정확하게 제어하는 기술이 매우 중요하다. 따라서, 단결정 성장 전에 사용하고자 하는 성장로의 내부 온도와 온도 구배를 정확히 측정하여 성장 온도 및 도가니 위치를 선정하여야 한다. 단결정 성장시 대부분은 도가니를 이동시켜 단결정을 성장시키나, 도가니에 미소한 진동이라도 없도록 하기 위해서 도가니를 고정시키고 성장로를 이동시키는 경우도 있다.

현재 세라믹 단결정 성장에 사용되는 도가니 재질로서는 백금(Pt), 로듐(Rh), 이리듐(Ir), 몰리브덴(Mo) 등이 있으며, 이리듐, 몰리브덴은 2000℃ 이상의 고온에서 사용이 가능하나 산화 분위기에서는 사용이 불가능한 단점이 있다. 백금의 경우 1700℃ 부근 정도에서 사용이 가능하며 산화 분위기에서도 사용이 가능한 장점을 보유하고 있으나, 고온에서 기계적 강도가 급격히 떨어지므로 기계적 강도가 요구될 때에는 로듐과의 합금으로 사용해야 한다. 그러나 로듐은 고온에서의 기계적 강도는 뛰어나지만 고가이고, 또 산소와의 반응이 백금보다 잘 발생되므로 산화 분위기 사용시에는 로듐양을 줄이는 것이 바람직하다.

(2) 쵸크랄스키 인상법

쵸크랄스키 인상법은 CZ법이라고 하며 반도체급의 다결정 실리콘을 가열하여 용해시키고 성장시킬 단결정 실리콘 결정의 방향을 선택하고 종자(seed) 결

용어 해설

잉곳(ingot)

용융 상태의 금속을 응고시켜 기둥이나 덩어리 상태로 만든 것

정을 용융액 속에 담궈서 천천히 돌리면서 끌어올리면, 그 종자를 따라 순수한 실리콘 결정 덩어리가 만들어진다. 이 덩어리를 **잉곳**(ingot)이라 한다. 규소(Si) 단결정을 만드는 가장 일반적인 방법으로 우수한 결정을 만들 수 있다. 특히, 이와 같은 결정을 만들기 위해서는 정밀한 온도 제어 기술이 필요하다. 여기서 쵸크랄스키 인상법을 좀더 자세히 살펴보면 다음과 같다.

종자 결정(seed crystal)을 도가니(crucible) 내에 담근 다음, 회전하는 인상봉(rotating pull rod)으로 이 종자 결정을 천천히 밖으로 당겨서 끄집어 낸다. 결정은 도가니의 용융 욕(molten bath)으로부터 끄집어 낼 때 냉각되므로, 액체 영역의 위 표면 부근에 고체-액체 경계면이 남게 된다. 종자(seed)가 도가니 내에 들어갈 때, 그것은 부분적으로 용해되며 도가니로부터 제거될 때는 액상에 있는 원자들이 **성장하는 종자**(growing seed)에 달라붙게 된다. 종자에 달라붙는 원자들은 종자의 결정 구조를 크게 만들게 된다. 이러한 방법으로 형성된 결정은 종자와 같은 결정 방위(orientation)를 가지게 된다.

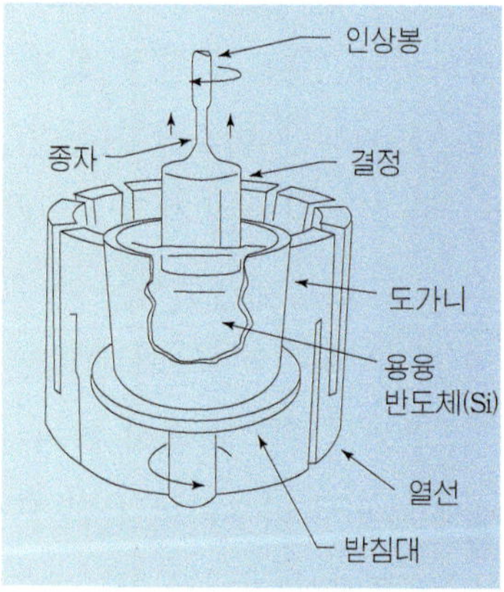

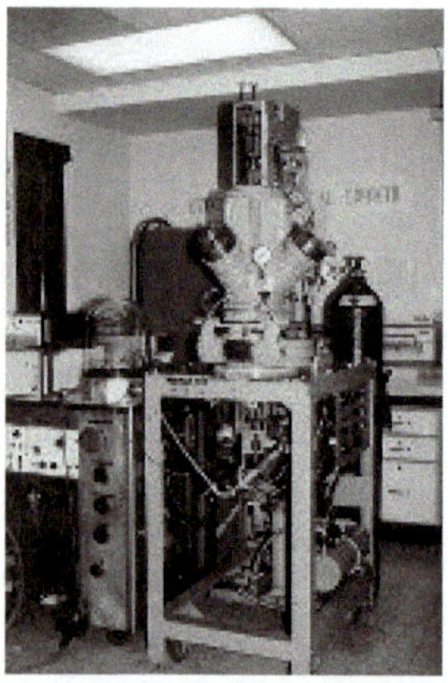

그림 Ⅲ-2 쵸크랄스키 인상법

그림 Ⅲ-3 쵸크랄스키 인상법으로 제작한 단결정

(3) 부유 대역 용해법

부유 대역 용해법은 쵸크랄스키 인상법과 같게 반도체를 육성하는 방법의 하나로, FZ법이라고도 불린다. 그림 Ⅲ-4와 5는 FZ법 단결정 육성 장치의 개략도 및 기본 조작을 나타낸 것이다.

용융 대역법에서는, 원료가 되는 다결정 실리콘을 상부로부터 공급해, 높은 주파수의 고주파 가열 방법으로 다결정과 단결정의 사이에 국부적인 용융층을 형성시키며 그 용융액이 냉각되면 단결정으로 형성되는 것이다. 종자와 다결정을 회전시키는 것은 쵸크랄스키 인상법과 같지만 도가니를 사용하지 않기 때문에 결정 중에 산소 등의 불순물이 혼입되지 않아 매우 고순도의 단결정을 얻을 수 있다. 용융 대역법에 의해 제조되는 Si 웨이퍼는, 내압 특성이 필요한 사이리스터 등의 전력 소자 기판, 즉 SCR나 GTO(gate turn-off)-SCR 등의 기판으로서 사용되는 일이 많다.

용어 해설

SCR(Silicon controlled rectifier)
실리콘 제어 정류기

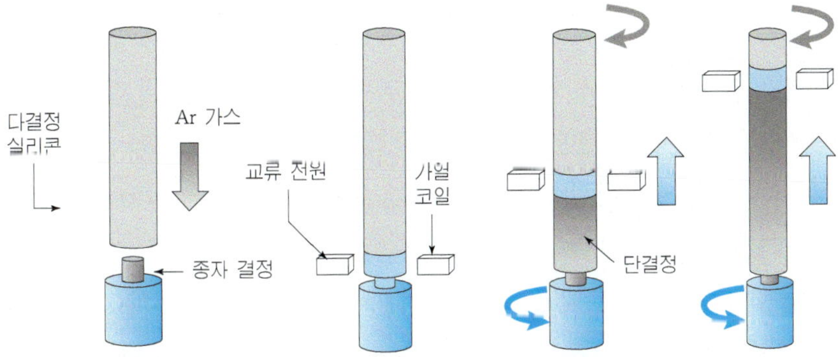

그림 Ⅲ-4 용융 대역법(floating zone)

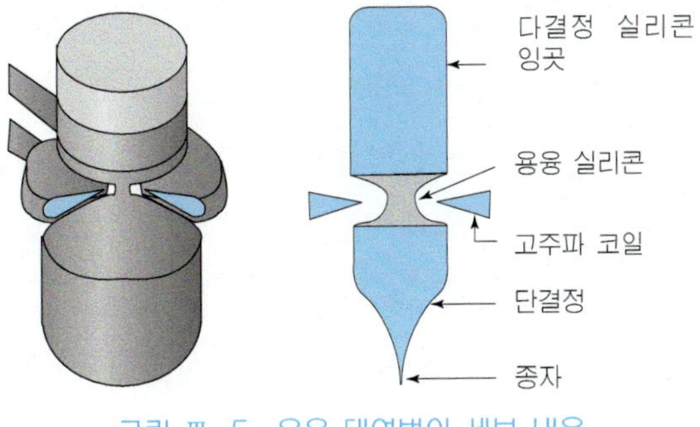

그림 Ⅲ-5 용융 대역법의 세부 내용

03. 에피택시얼 성장법

에피 성장(epitaxial-growth)은 단결정 기판(substrate) 위에 기판과 동일한 결정 방위를 가지는 새로운 층을 쌓아 단결정 층을 형성하는 방법이다. 그리스 문자 epi(위에)와 taxis(배열)의 합성어로서 실리콘 기판 위에 실리콘을 쌓듯이 기판 물질과 적층 물질이 같은 경우에는 호모에피택시(homo epitaxy)라 하며, 사파이어 기판 위에 갈륨비소(GaAs), 질화갈륨(GaN) 등을 적층할 경우와 같이 기판과 적층된 물질이 화학적으로 서로 다를 경우를 헤테로에피택시(hetero epitaxy)라 한다. 에피층을 성장시키는 방법은 반응 가스를 주입하면서 성장시키는 기체 성장법(VPE : vapor phase epitaxy)을 비롯해 액체를 적층시켜 결정을 얻어 내는 액상 방식(LPE : liquid phase epitaxy), 분자선 에피택시(MBE : molecular beam epitaxy) 방식 등이 있다.

1) VPE

결정 재료가 포함된 반응 가스를 기판 위로 흘리면서 열에 의한 분해와 반응을 통해 기판 위에 결정을 성장시키는 것으로서 반응 가스의 원료 형태에 따라 수소화물 VPE(hydride VPE, HVPE), 할로겐화물 VPE(halide VPE, H-VPE), 유기 금속 VPE(metal organic VPE, MOVPE) 등으로 분류된다.

① H-VPE

hydride VPE의 약자로, **수소화물 기상 에피택시**라고 한다. 수소와 결합된 비금속 물질을 원료로 사용하는데, 빠른 성장 속도를 장점으로 하여 최근에는 GaN 성장에 많이 사용된다.

② MOVPE

metal organic VPE의 약자로, **유기 금속 기상 에피택시**라고 한다. 메틸이나 에틸 등 알킬기를 가지는 유기 금속 화합물을 원료로 사용하는데, III-V족 화합물 반도체로는 1960년에 인화 인듐(InP) 성장이 최초이다. 반응 가스 종류를 달리 하여 물질의 조성을 쉽게 바꿀 수 있으므로 GaAs나 InP와 같은 2원계 화합물뿐만 아니라 3원계(GaAsP, InGaAs, …), 4원계(AlGaInP, InGaAsP, …) 화합물 반도체 성장에 주로 많이 사용된다. 이러한 MOVPE 공정에 이용되는 전구체는 휘발 온도가 낮고, 기화 특성이 우수하고, 박막을 증착할 때에 불순물이 남지 않아야 한다. 그 외에도 전구체의 합성과 정제가 쉬워야 하며, 장기 보관해도 변질되지 않아야 한다.

2) LPE

결정 재료가 녹아 있는 포화 용액(GaAs의 경우 As가 포화된 Ga 용액)을 기판과 접촉시켜서 결정을 성장시키는 것으로서, 1963년 넬슨(Nelson)에 의해 최초로 구현된 후, 주로 Si, GaAs, AlGaAs, GaP 에피택시에 널리 이용되고 있다.

3) MBE

molecular beam epitaxy의 약자로, **분자선 에피택시**라고 한다. 초고진공 반응관에서 증발된 물질이 분자나 원자 형태로 빔을 형성하면서 기판 위에 도달한 후, 기판 표면과 반응하여 결정 성장이 되는 것으로서, 종래의 물리 증착 방식(PVD : physical vapor deposition)을 발전시킨 것이다. 특히, RHEED(reflection high energy electron diffraction)와 같이 성장 중에 에피택시층을 분석할 수 있는 장치가 있어서 정밀한 성장이 필요할 때 주로 사용된다.

용어 해설

전구체(precursor)

어떤 물질에 선행하는 물질

읽을거리

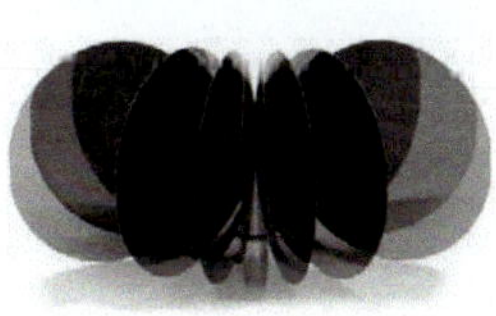

웨이퍼가 둥근 이유는?

실리콘 단결정은 고순도로 정제된 실리콘 용액에 종자(seed) 결정을 접촉, 회전하면서 단결성 규소봉을 형성시키는데, 이것은 잉곳(ingot)이라고 한다. 결정을 성장시킬 때에 성장 속도가 느리면 세로 방향 결정 성장뿐만 아니라 가로 방향으로도 성장되기 때문에, 기둥 형태의 결정이 만들어진다. 기둥의 지름은 성장 속도에 따라 바꿀 수 있다. 이렇게 만들어진 기둥 모양의 결정을 잘라 사용하므로 원반형의 판형태가 된다. 예전에 게르마늄(Ge)을 성장시킬 때는 성장 방법이 달라서 사각형의 웨이퍼도 있었다고 한다.

2. 결정 성장 실습

실습 목적

수용액법을 통해서 결정 성장에 대한 원리를 설명할 수 있다.

실습 재료

컵, 샤알레, 핀셋, 종이 여과지, 실(가는 낚싯줄), 병, KH_2PO_4

안전 및 유의 사항

1) 용액을 제조할 때는 시약 가루가 호흡기와 피부로 스며들지 않도록 마스크와 장갑을 반드시 착용한다.

2) 깨끗한 용액을 만들기 위해서는 실내 먼지가 용액에 유입되지 않도록 한다.

관계 지식

(1) 결정 성장 기구(mechanism)

결정 생성은 핵생성과 결정 성장의 두 가지 과정을 통해 이루어진다.

1) 결정핵 생성(nucleation)

용액에서 결정을 구성하는 원자가 적어도 단위 격자의 몇 배 정도 모여서 규칙적으로 배열되어 결정화 초기에 미소한 결정이 발생하는 것을 말한다.

균일 핵생성 : 초기에 미결정인 결정핵이 없어 모든 곳에서 결정이 생길 확률이 같으며, 액체상의 온도 변화에 의한 밀도 변화로 결정핵이 생성되는 것을 말한다.

불균일 핵생성 : 결정핵이 결정화하기 전에 이미 존재하거나 결정핵이 될 수 있는 이종 물질(異種物質)이 존재하는 경우의 결정핵 생성을 말한다.

2) 결정 성장(crystal growth)

결정의 핵으로부터 차차 결정 입자가 커지는 현상을 말하는 것으로, 결정 성장시에는 그 결정의 구성 원소가 규칙적인 배열을 이루어가도록 키워야 한다. 여기서는 수용액법에 의한 결정 성장을 설명하도록 한다.

(2) 수용액법에 의한 결정 성장

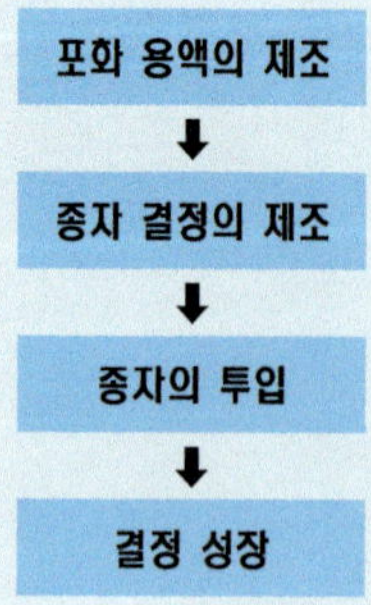

그림 Ⅲ-6 수용액법에 의한 결정 성장 과정

모든 과정에서 불순물이 없도록 깨끗이 세척해야 한다. 수용액에 의한 결정 성장법은 성장시키고자 하는 물질을 물에 녹여 과포화 상태로 만들면 용질이 석출되는 점을 이용하는 성장법이다. 각 과정을 살펴보면 다음과 같다.

1) 포화 용액의 제조

포화 용액이란, 용매에 용질이 더 이상 녹지 않는 용액을 말한다.

포화 용액의 제조는 용해도 곡선을 이용한다.

① 결정 성장 온도를 결정한다.

② 용매에 용질(증류수)을 녹인다.

③ 잘 녹지 않으면 온도를 조금씩 높인다.

④ 완전히 녹으면 결정 성장 온도까지 내린다.

⑤ 용액의 변화를 관찰한다.

⑥ 결정이 바닥에 석출되면 상층 용액만을 여과하여 분리해 낸다.

⑦ 성장 온도에서 용액을 방치한다. 이 용액이 결정을 성장시킬 용액이다.

2) 종자 결정(seed)의 제조

① 소량(20~30 mL)의 포화 용액을 작은 컵이나 샤알레에(잠깐! 용기는 깨끗이 세척!) 붓고 그것을 진동이 없는 장소에 두어 용액이 증발하면 원하는 종자를 얻을 수 있다.

② 샤알레 안을 하루에 한두 번 관찰하여 취급하기 쉬울 정도로 결정이 성장했을 때 건져 낸다. 단, 너무 커서 결정이 서로 붙는 일이 없게끔 주의해야 하며, 핀셋으로 좋은 종자를 취하든지, 액을 붓고 종자를 종이 여과지 위에 얹어 잘 건조시킨다.

③ 아주 조그만 결정 조각이라도 종자로서 쓸 수 있지만 실을 사용하여 쉽게 매달아야 하므로 종자는 길이가 3~6 mm가 적당하다. 또, 성장해 가는 결정이 단결정이기 위해서는 종자가 깨끗한 단결정이어야 한다.

④ 종자 결정이 너무 크면 단결정이 깨끗하게 성장하지 않는다.

실습 방법

KH_2PO_4(potassium phosphate mono basic) 단결정 성장법을 예로 하여 설명하도록 한다.

표 Ⅲ-1 KH_2PO_4 결정의 특성

분 자 식	KH_2PO_4
녹 는 점	96℃
비 중	2.23 g/mL
용해도(25 ℃)	26
분 자 량	136.09
pH	4.2~4.7

(1) 포화 용액의 제조

① 결정을 성장시킬 온도를 결정한다.

② 용해도 곡선에서 성장시킬 온도에 맞는 KH_2PO_4의 질량을 찾는다.

③ KH_2PO_4를 증류수에 녹여 포화용액을 만든다.

④ ③번의 포화 용액을 성장 온도에 방치하여 성장 용액으로 쓴다.

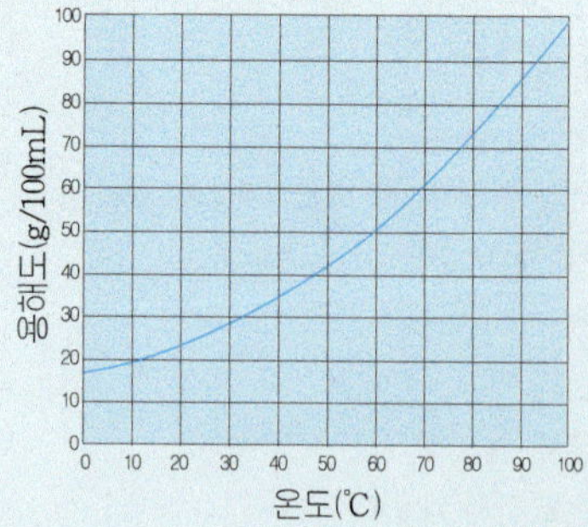

그림 Ⅲ-7 KH_2PO_4의 용해도 곡선

(2) 종자(seed)의 제조

① 시약과 증류수로 용해도 곡선에 맞는 포화 용액을 만든다.(25℃에서 26 g/100mL)

② 샤알레는 증류수로 미리 세척해 두어 물기가 없는 것으로 준비한다.

③ 포화 수용액이 샤알레의 바닥에 깔리도록 조금 붓는다.(샤알레는 용액과 같은 온도로 유지하면 좋다.)

④ 거름종이를 샤알레 위에 덮어 불순물이 들어가지 않도록 한다. 몇 시간에서 하루 정도 지나면 종자(seed)가 생성된다.

⑤ 수확한 종자는 깨끗한 여과지로 잘 닦아서 깨끗한 비닐에 보관한다. 그러면 나중에 꺼내서 다시 종자(seed)로 사용할 수 있다.

(3) 종자(seed)의 투입

① 선택한 종자를 실에 묶어 포화 용액에 넣는다.

② 실에 종자가 붙지 않아야 하므로 가는 낚싯줄이 적당하다.

③ 지지대에 실을 달고 종자가 병 밑바닥에서 $\frac{1}{3}$되는 지점까지 내려갈 수 있도록 실의 길이를 조절한다.

④ 약 2일간 방치해 둔 포화 용액의 온도를 1~2℃ 정도 올리고, 종자를 용액 속에 담근다.

⑤ 1~2도만큼 올린 용액은 불포화 상태이므로 종자의 표면은 약간 녹는다.

⑥ 다시 용액의 온도를 결정 성장 온도로 낮추면 포화 용액이 되며, 이 때부터 결정이 성장되기 시작한다.

그림 Ⅲ-8 수용액법으로 만든 단결정 모양

3. 반도체 원/부자재

학|습|목|표

- 웨이퍼의 종류 및 특성을 설명할 수 있다.
- 웨이퍼에 관련된 용어를 설명할 수 있다.
- 반도체의 수율과 관련된 용어를 설명할 수 있다.
- 반도체에 사용되는 단위의 차이를 말할 수 있다.

01. 웨이퍼

오늘날 반도체 소자 제조용 재료로서 광범위하게 사용되고 있는 실리콘 웨이퍼(silicon wafer)는 다결정의 실리콘을 원재료로 하여 만들어진 단결정 실리콘 박판을 말한다. 실리콘은 일반적으로 산화물인 실리콘다이옥사이드(SiO_2)로서 모래, 암석, 광물 등의 형태로 존재하며, 그림 Ⅲ-9와 표 Ⅲ-2에서 나타내는 것과 같이 지각의 $\frac{1}{3}$ 정도를 구성하고 있어 지각에서 산소(O_2) 다음으로 가장 많다. 따라서, 반도체 산업에 매우 안정적으로 공급될 수 있는 재료일 뿐만 아니라 독성이 전혀 없어 환경적으로 매우 우수한 재료이다.

또, 실리콘으로 만들어진 실리콘 웨이퍼는 대체로 넓은 에너지 갭(energy gap=1.1 〔eV〕)을 가지고 있기 때문에 비교적 고온(약 200℃ 정도까지)에서도 소자가 움직일 수 있는 장점이 있다. 이러한 장점 때문에 실리콘 웨이퍼는 반도체 산업에서 다양한 형태의 반도체 소자를 만드는 데 이용되며, 이들 소자들은 컴퓨터, 전자 제품, 산업용 기계, 인공 위성 등 모든 산업 분야에서 없어서는 안 될 매우 중요한 부품들이다. 따라서, 산업 발전이 고도화되어 감에 따라 실리콘 웨이퍼의 수요는 앞으로 더욱 증가될 것으로 전망된다.

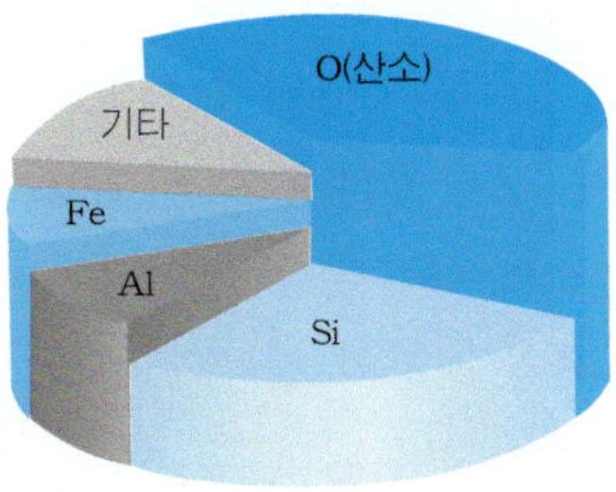

그림 Ⅲ-9 지각의 구성 원소 분포

표 Ⅲ-2 지각을 구성하는 8대 원소

원소	산소 (O_2)	규소 (Si)	알루미늄 (Al)	철 (Fe)	칼슘 (Ca)	나트륨 (Na)	칼륨 (K)	마그네슘 (Mg)
질량비 (%)	46.6	27.7	8.1	5.0	3.6	2.8	2.6	2.1

반도체를 만들 때 사용되는 실리콘 웨이퍼를 만들기 위해서 우선 순수한 실리콘 단결정을 만드는데, 이 때 만들어진 실리콘 덩어리를 얇게 자른다. 이렇게 자른 것을 **웨이퍼**라고 하는데, 실리콘 웨이퍼에서 어떠한 결정 방향의 웨이퍼라는 것으로 표시하는데, {111}면은 표면에서 원자 밀도가 가장 큰 면이기 때문에 이들 면에서 가장 쉽게 결정 성장이 일어나고 {100}면보다 산화 속도가 빠르다. 〈111〉 방향의 P형 웨이퍼는 양극성 트랜지스터를 만들 때 주로 사용되고, 〈100〉 방향의 N형 웨이퍼는 단극성인 MOS형 트랜지스터를 만들 때 주로 사용된다. 이와 같이 앞에서 학습한 밀러 지수는 이러한 방향을 표시하는 데 사용된다.

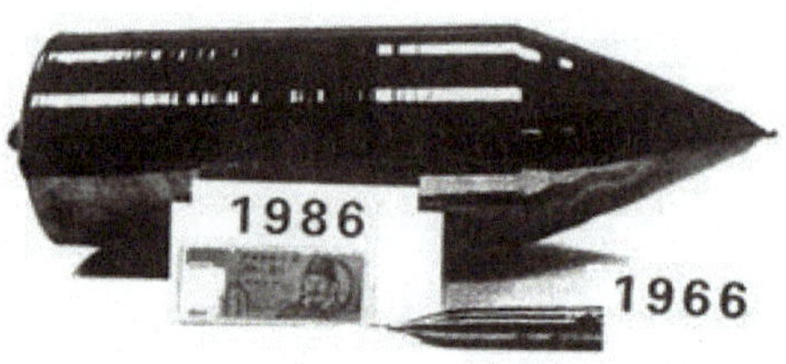

▲ 실리콘 잉곳의 모양

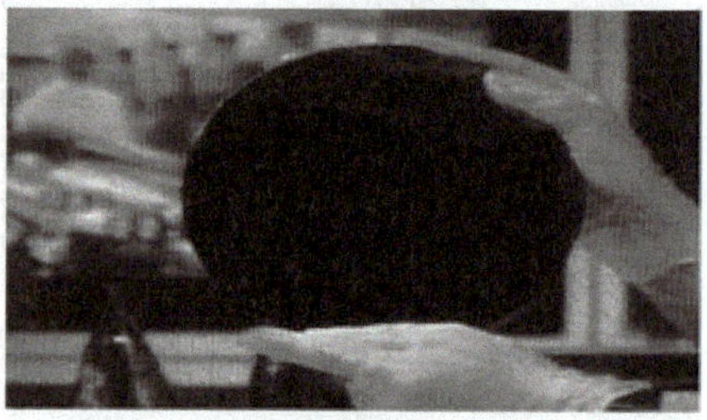

▲ 실리콘 웨이퍼의 모양

그림 Ⅲ-10 단결정 실리콘 잉곳과 웨이퍼 모양

02. 웨이퍼 종류

반도체 기판의 종류에는 실리콘(Si), 게르마늄(Ge) 등의 단일 원소 반도체와 갈륨비소(GaAs)와 같은 화합물 반도체가 있으며, 불순물의 주입 여부에 따라 단일 원소만으로 구성된 진성 반도체와 단일 원소에 불순물을 주입한 불순물 반도체가 있다. 그림 Ⅲ-11은 실리콘 진성 반도체의 전자와 정공의 생성 모형을 나타낸 것이다. 실리콘 웨이퍼 종류는 다음과 같이 구분된다.

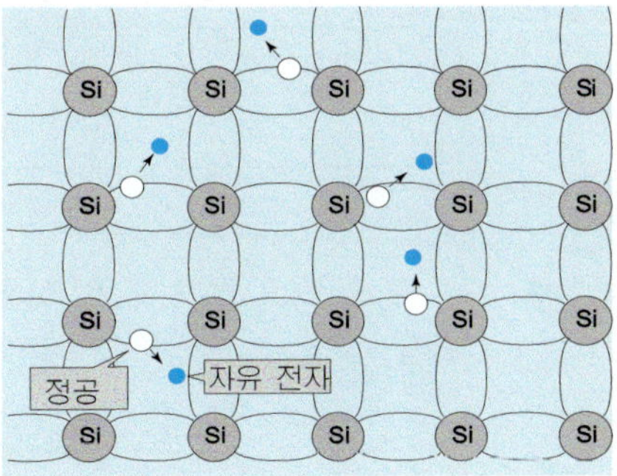

그림 Ⅲ-11 진성 반도체의 전자와 정공 생성

(1) 도핑제(dopant) 종류에 따라

N형은 그림 Ⅲ-12와 같이 5가 원소(P, Sb)를 도핑제(dopant)로 사용하여 잉여 전자가 발생한 것이고, P형은 그림 Ⅲ-13과 같이 3가 원소(B)를 도핑제(dopant)로 사용하여 정공(hole)이 발생한 것이다. 페르미 에너지 준위는 도핑 농도에 따라서 변화하게 되면 N형은 전도대를 향해서 P형은 가전자대를 향해서 각각 이동하게 된다.

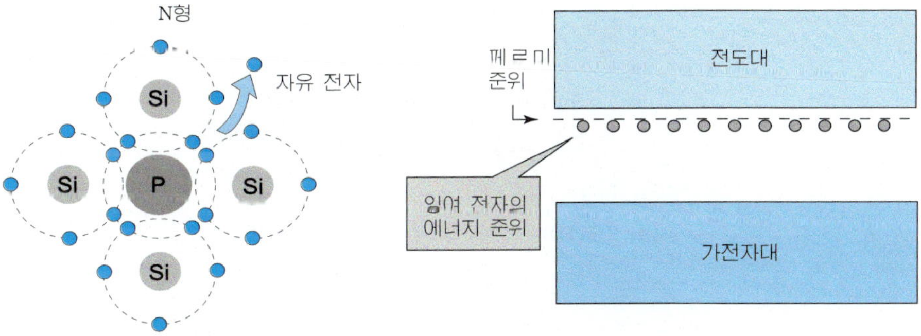

그림 Ⅲ-12 실리콘 반도체의 인(P) 첨가에 따른 자유 전자 생성

(2) 결정 성장 방향에 따라

웨이퍼의 성장 방향에 따라 〈100〉과 〈111〉이 있으며, 보통 웨이퍼의 지름이 150 mm 이하인 경우는 동그란 웨이퍼를 방향에 따라 플랫(flat)을 만들고, 200 mm 이상인 경우는 노치(notch)를 만들어 표시한다. 그럼 누가 보아도 이 웨이퍼가 어떤 결정 방향의 웨이퍼인지 알 수 있게 되는 것이다. 지름이 150 mm 이하인 경우는 그림 Ⅲ-14에서와 같이 {111}면의 P형 웨이퍼는 결정면에

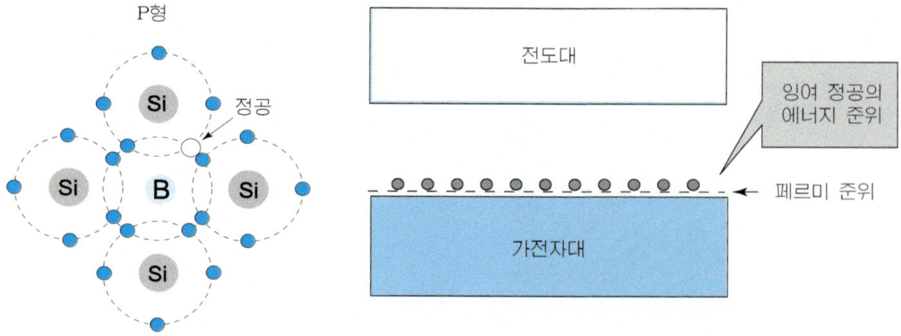

그림 Ⅲ-13 실리콘 반도체의 붕소(B) 첨가에 따른 정공 생성

평행하게 면을 자르는 플랫(flat)을 표시하고 {111}면의 N형 웨이퍼는 결정면에 평행한 면에 1차 플랫(primary flat)과 45° 방향인 면에 2차 플랫(secondary flat)을 표시한다. 반면에 {100}면의 P형 웨이퍼는 결정면에 평행한 면에 1차 플랫(primary flat)과 90° 방향인 면에 2차 플랫(secondary flat)을 표시를 하고, {100}면의 N형 웨이퍼는 결정면에 평행한 면에 1차 플랫(primary flat)과 180° 방향의 면에 2차 플랫(secondary flat)을 만들어 표시한다.

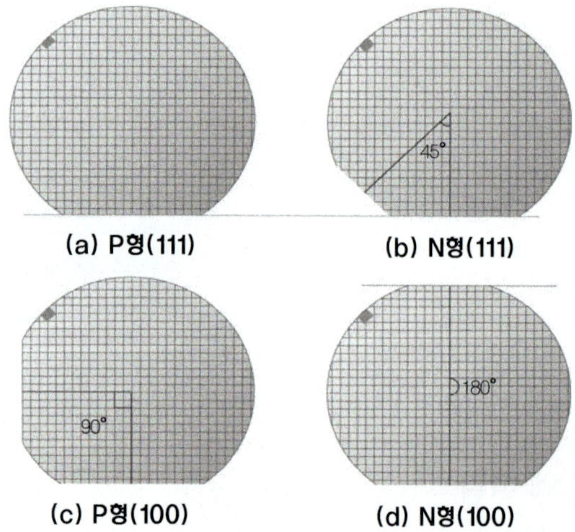

그림 Ⅲ-14 웨이퍼의 결정 방향과 플랫 모양(150 mm 이하인 경우)

(3) 웨이퍼의 지름에 따라

웨이퍼의 지름은 4 인치, 5 인치, 6 인치(150 mm), 8 인치(200 mm), 12 인치(300 mm) 등이 있는데, 현재 8 인치와 12 인치가 주로 사용되고 있다.

03. 웨이퍼의 특성

(1) 전기적 특성

단결정으로 성장시킨 실리콘(Si) 결정에는 전기 전도율을 향상시키기 위해 의도적으로 첨가한 불순물(B, P, Sb) 이외에는 가능한 한 불순물을 억제시켜야 한다.

(2) 결정 특성

실리콘 웨이퍼는 고순도의 다결정 실리콘을 용융시켜 특정 방향으로 성장시킨 단결정 실리콘으로서, 이 성장 방향은 반도체 공정에서 기계적 성질, 확산, 식각 등에 영향을 끼친다.

(3) 가공 특성

실리콘 웨이퍼의 표면은 반도체 공정의 원활함과 고품질 회로를 구성하기 위해, 회로 제조시 치명적인 영향을 주는 표면 손상(scratch) 또는 미량의 화학적 성분이 표면에 잔존해서도 안 되며, 극도의 평탄도(flatness)가 요구된다. 따라서, 절단(slicing), 래핑(lapping), 연마(polishing) 작업시, 미세한 진동도 억제되어야 하며, 웨이퍼 운반시에는 손으로 만져서도 안 된다. 또, 전기적 극성이 없는 탈이온수(deionized water)로 세척하여 표면의 정전기를 방지하고, 청정실(clean room)에서의 작업으로 고도의 청결을 유지해야 한다.

> **용어 해설**
>
> **탈이온수(DI water)**
>
> 초순수 물 속에 녹아 있는 각종 이온과 무기불을 제거하여 반도체 세척에 사용하는 순수한 물

04. 웨이퍼 개발 방향

(1) 12 인치로의 대구경화

한 장의 웨이퍼에서 얻을 수 있는 칩의 수를 증가시키기 위해서는 칩 크기(size)를 줄이거나, 웨이퍼 크기(size)를 크게 할 필요가 있다. 현재 그림 Ⅲ-15와 같이 4″, 5″, 6″, 8″, 12″를 사용하고 있으며, 향후 점차적으로 더 커지게 될 것이다.

12인치 웨이퍼는 단결정 제조 방법, 웨이퍼 모양 및 특성면에서 현재 제조되고 있는 4~8인치 웨이퍼와 유사하나, 웨이퍼의 크기가 기존의 웨이퍼에 비해 매우 크기 때문에 생산 기술 및 장비의 발전이 뒷받침되어야 한다. 그러나 소자의 생산성 향상에 따른 생산 원가의 저하라는 측면에서 256 메가, 1 기가

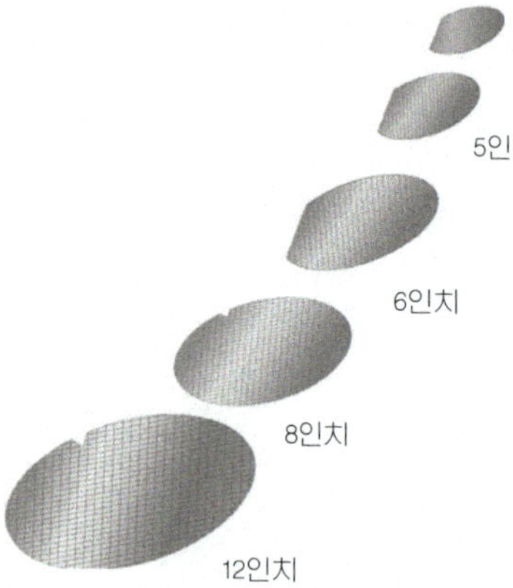

그림 Ⅲ-15 웨이퍼의 크기

DRAM 시대에는 주력 웨이퍼로 자리잡을 것으로 예측된다.

(2) SOI 웨이퍼

SOI(silicon on insulator)는 웨이퍼 표면에 산소 이온을 주입하고 열처리를 하면 표면의 이온 주입에 의한 손상의 회복과 함께 표면에 매립된 형태의 SiO_2가 형성된다. 따라서, 실리콘 웨이퍼 속에 절연 박막을 삽입시킨 개념으로 실리콘 웨이퍼 기판 위에 절연막이 있고, 다시 그 위에 집적 회로가 제작될 단결정 실리콘 필름이 있는 상태이다. 이러한 SOI 웨이퍼 위에 제작된 반도체 소자는 고온 특성이 우수하고, 80 % 정도 낮은 소비 전력 특성을 지니며, 일반 실리콘 웨이퍼보다 3배 빠른 응답 특성을 나타내기 때문에 CMOS, CCD(charge coupled device), 광 검출기(photo-detector) 등에 사용된다.

(3) 에피택시얼(epitaxial) 웨이퍼

에피택시얼 웨이퍼(또는 에피 웨이퍼)는 기존의 실리콘 웨이퍼 표면에 또다른 단결정 층을 성장시킨 웨이퍼를 말하며, 기존의 실리콘 웨이퍼보다 표면 결함이 적고 불순물의 농도나 종류의 제어가 가능한 특성을 지니게 된다. 에피 공정은 현재 반도체 제조에서 가장 기본이 되는 공정이면서 핵심이 되는 공정이며, 실리콘 웨이퍼 제조에 이용되어 고품질, 고부가가치화가 가능하게 되었다. 에피층(epitaxial layer)의 성장은 결정 성장법에서 학습한 바와 같이 다양한 방법으로 가능하며, 그 중에서도 화학 증착(CVD : chemical vapor deposition)법을 가장 일반적으로 사용하고 있다.

05. 반도체 소자 제조용 부자재

반도체 제조 과정은 그림 Ⅲ-16과 같이 원재료 투입과 가공 공정, 출하/판매의 3단계로 나눌 수 있고, 반도체는 원재료, 장비(설비), 부대 시설(탈이온수, 화학 약품, 가스, 전기) 등으로 만들어지게 된다.

반도체의 3대 원재료는 웨이퍼, 마스크, 리드 프레임이라고 말할 수 있으며, 그림 Ⅲ-17은 이것을 나타낸 것이다

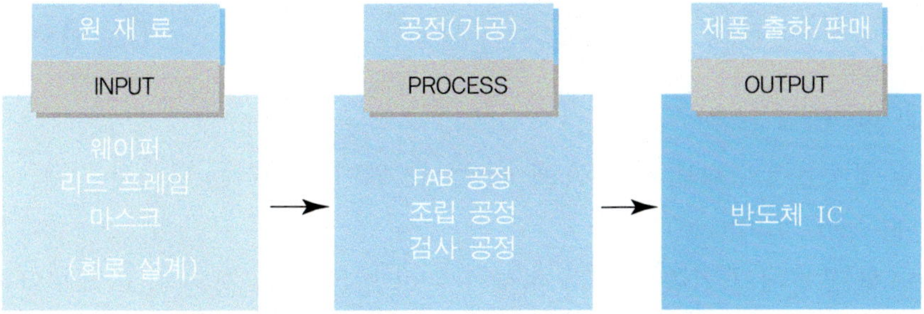

그림 Ⅲ-16 반도체 가공 공정 흐름도

그림 Ⅲ-17 반도체 3대 원재료

용어해설

마스크(mask)

웨이퍼 위에 만들어질 회로 패턴의 모양을 각 층(layer)별로 유리판 위에 그려 놓은 것으로, 사진 공정 시 스텝퍼(반도체 제작용 카메라)의 사진 건판으로 사용된다.

리드 프레임(lead frame)

보통 구리로 만들어진 구조물로서, 조립 공정시 칩이 이 위에 놓여지게 되며 가는 금선(金線)으로 칩과 연결된다. 이렇게 하여 IC칩이 외부와 전기 신호를 주고받게 되는 것이다.

읽을거리

웨이퍼와 웨하스

시중에 나와 있는 유명 과자 중에 웨하스를 기억할 것이다. 이 과자의 표지를 보면, 영어로 Wa-fers라고 쓰여 있는데, Wafers(웨이퍼스)라고 쓴다. 웨하스 과자를 보면 과자/크림/과자/크림의 순서로 얇은 층이 계속되어 있음을 알 수 있다. 그런데 왜, 웨이퍼스라고 하지 않고 웨하스라고 했을까? 이는 일본식 발음에서 기인했다. 일본식으로는 웨이퍼스로 발음되지 않고 웨하스로 발음이 되기 때문이다. 이것이 그대로 우리 나라로 들어와서 사용된 것이다. 지금도 일본 사람들은 실리콘 웨이퍼를 웨하, 웨하스라고 읽고 있다. 그러나 정확한 발음은 웨이퍼, 웨이퍼스가 된다.

06. 용어 설명

(1) 웨이퍼 용어

그림 Ⅲ-18에 나타낸 각 번호에 해당하는 웨이퍼 용어는 다음과 같다.

1) 칩(chip), 다이(die)

반도체 공정에서 가공된 전자 회로가 들어 있는 아주 작은 얇고 네모난 반도체 조각으로, 수동 소자, 능동 소자 또는 집적 회로가 만들어진 반도체이다.

2) 스크라이브 라인(scribe line)

웨이퍼에서 아무런 소자나 회로가 없는 지역으로, 웨이퍼를 개개의 칩으로 나누기 위해 톱질하는 영역이다.

> **용어 해설**
>
> **스크라이브 라인(scribe line)**
> 칩과 칩 사이에 형성된 일정한 간격의 분리를 위한 lane 또는 line

3) TEG(test element group)

각 웨이퍼에는 특이한 패턴의 칩 또는 다이가 몇 개 있다. 현미경으로 보면 서로 다르다는 것을 확실히 알 수 있다. 이는 정상적인 다이와 같은 공정으로 형성된 특별한 검사를 위한 소자가 들어 있다. IC의 트랜지스터, 다이오드, 저항 및 커패시터는 너무 작아서 공정 중에 검사하기가 어려우므로 테스트 다이는 공정 중의 품질 관리를 위해서 만들어진다. 또, 테스트 다이는 수율을 높이는 데에도 기여하는데, 완성된 웨이퍼의 TEG 패턴이 여러 공정의 품질을 보여주기 때문이다. 그러나 요즘에는 별도의 TEG 다이(die)를 만들지 않고 스크라이브(scribe) 라인에 바로 만들어 주기도 한다.

4) 에지 다이(edge die)

웨이퍼는 가장자리 부분에 미완성의 다이를 가진다. 이들은 미완성이기 때문에 결국 웨이퍼의 손실이 된다. 작은 웨이퍼에 큰 다이를 만든다면 웨이퍼의 손실률도 그 만큼 커지게 된다. 따라서, 가능한 한 보다 큰 지름의 웨이퍼를 생산하는 것이 필요하다.

5) 플랫 존(flat zone)

웨이퍼의 결정 구조는 육안으로는 식별이 불가능하다. 따라서, 웨이퍼의 결정 방향을 식별하기 위해 결정에 기본을 둔 플랫 존을 만들어 준다. 스크라이브 라인 중의 하나는 플랫 존에 수직하게 되고, 다른 하나는 수평하게 된다.

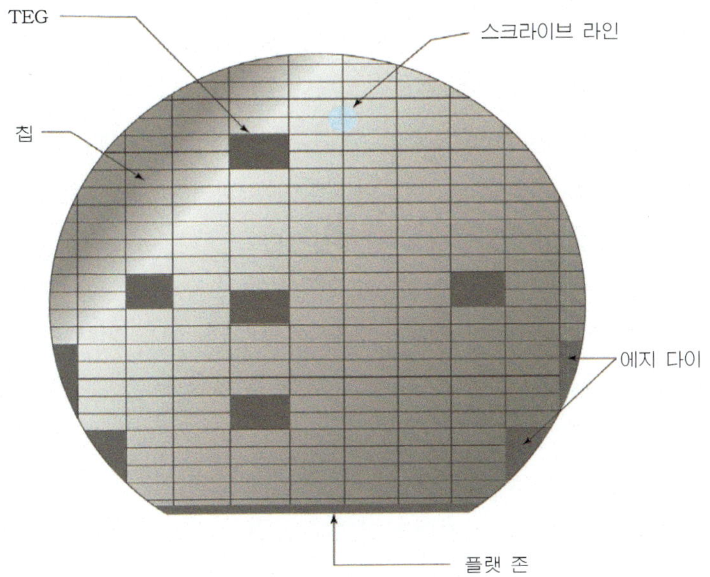

그림 Ⅲ-18 웨이퍼 모양과 명칭

(2) 칩 용어

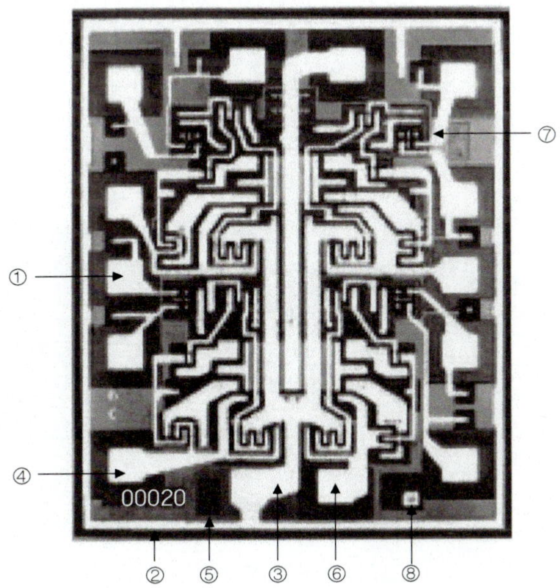

그림 Ⅲ-19 칩의 모양과 각 부위의 명칭

① 금속 배선(보통 Al) : 그늘에서도 밝게 보이며 돌출된 형태를 가진다.

② 회로 표시 : 회로 번호 표시는 좌측 하단에 한다. 보통 제조(fab)를 위한 회로 번호는 판매시의 회로 번호와는 다르다.

③ 오염 : 발견되는 오염 조각은 일반적인 실내 먼지보다 훨씬 작다.

④ 본딩 패드(bonding pad) : 회로의 입력과 출력 단자는 리드 프레임에 연결하기 쉽도록 칩의 가장자리에 위치시킨다.

⑤ 스크라이브 라인(scribe line) : 회로 부분은 어떤 라인으로 둘러 싸여 있다. 라인 바깥쪽은 칩이 절단되기 위해 아무 것도 없는 지역이다.

⑥ 연결 안 된 소자 : 보통 몇 개의 서로 다른 회로를 만들기 위해 개별 소자를 만들어 주는데 완성된 회로에도 쓰이지 않는 회로가 남아 있는 경우도 있다.

⑦ 양극성 트랜지스터 : 전형적인 양극성 트랜지스터가 보인다.

⑧ 마스크 정렬(alignment marks) : 칩 가장자리에 있는 정렬용 마크의 도움으로 이루어진다.

(3) 공정 용어

1) 캐리어(carrier)

웨이퍼를 담는 용기로 25장을 담을 수 있는 홈이 있다. 종류로는 청색 캐리어, 백색 캐리어, 흑색 캐리어 등이 있다. 청색 캐리어는 폴리프로필렌 재질로 되어 있으며, 청색으로 화공 약품에는 강하나 열에 약하다. 백색 캐리어는 테플론 재질로 되어 있으며, 백색으로 화공 약품과 열에 모두 강하나 가격이 비싸고 무겁다.

그림 Ⅲ-20 웨이퍼용 캐리어

2) 런(run)

웨이퍼를 가공하기 위해서 연속적으로 투입되고 동일 공정에서 흐르고 있는 웨이퍼의 묶음을 말한다. 반도체 제조 공정(fab)은 이러한 런(run) 단위로 진행된다(공정 기준 용어).

3) 로트(lot)

생산이 실시되는 웨이퍼의 25장 한 묶음을 말한다(웨이퍼 기준 용어).

용어 해설

런(run)

동일 공정에서 흐리고 있는 웨이퍼의 묶음을 말한다.

07. 반도체 수율(yield)

수율은 한마디로 '불량률의 반대' 라고 말할 수 있다. 반도체 제조 과정을 다음의 그림 Ⅲ-21에서처럼 간단하게 나타냈을 때, 투입한 양(intput) 대비 제조되어 생산량(output)의 비율을 바로 **수율**이라고 할 수 있는 것이다. 만일 투입량(input)이 100일 때 '처리' 를 거쳐 나온 생산량(output)이 80이면 수율이 80%라고 할 수 있다. 반도체 산업은 바로 이 수율을 높이기 위한 전쟁이라고 해도 과언이 아니다.

이처럼 수율을 강조하는 이유는 제조 공정에서 발생하는 실수나 문제점이 제품에 치명적인 영향을 끼치기 때문이다.

반도체는 결함이 있는 부분을 수리하거나 교체하기가 곤란하다. 단, 최종 검사 과정에서 일부 회로에 결함이 발견되면 레이저 가공을 통해 여분의 회로로 대체할 수 있다. 반도체 수율은 각 제조 단계에 따라 보통은 4 그룹(fab, probe, package, test)으로 구분하며, 이 네 가지 수율을 다 곱하면 CUM 수율(fab 입고에서 제품을 출하까지의 종합적인 수율)이 된다.

용어 해설

CUM

cumulative의 약자로 누적 또는 축적을 나타냄.

그림 Ⅲ-21 반도체의 수율 측정시 흐름도

CUM 수율=가공(fab) 수율×선별(probe) 수율(=EDS 수율)×패키지(package) 수율(조립 수율)×최종 검사(final test) 수율

일반적으로 개발 제품은 수율이 50%일 때 프로젝트가 성공한 것으로 인식되며 생산 단계에서는 60~70%로 안정화된다. 80% 수율은 골든 수율(golden yield)이라고 하여 극히 일부업체만 가능한 것으로 알려지고 있다.

08. 반도체에 사용되는 단위

(1) 비트(bit)

2진수로 표시된 개개의 숫자로 '1' 또는 '0' 중의 하나를 의미하며, 디지털의 최소 단위이다.

(2) 바이트(byte)

보통 8개의 bit를 1byte라고 하며, 컴퓨터에서 한 개의 숫자나 문자를 나타낸다. Word의 한 단위로 사용된다.(단, 한글은 한 글자에 2byte씩 사용된다.)

표 Ⅲ-3 컴퓨터 메모리 크기 용어

이 름	표 현	약 어	비 고
비트(bit)	한 개의 2진수	(없음)	컴퓨터에서 정보의 최소 단위
바이트(byte)	8 비트	(없음)	
킬로바이트	1024 바이트	K 또는 KB	2의 10승
메가바이트	1,048,576 바이트	M또는 MB	2의 20승
기가바이트	1,073,741,842 바이트	G 또는 GB	2의 30승 1024 메가바이트
테라바이트	1,099,511,627,776 바이트	T 또는 TB	2의 40승: 1024 기가바이트
페 라 바 이 트	1,125,899,906,842,624 바이트	P 또는 PB	2의 50승: 1024 테라바이트

(3) 2진법

① 2진법은 0과 1의 숫자로만 표현하는 방법이다.

ON과 OFF의 두 가지뿐인 전기적 형태를 표현하는 데에 알맞다. 스위치가 OFF된 상태를 0, ON된 상태를 1로 표현하면 전자적 형태를 0과 1의 두 가지 수로 나타낼 수 있다.

② 2진법의 밑 수는 2이며, 각 자리는 아랫자리의 2를 의미하므로 1101_2와

같은 수는 다음과 같은 산술식으로 나타낼 수 있다.

$$1101_2 = (1\times 2^3) + (1\times 2^2) + (0\times 2^1) + (1\times 2^0)$$
$$= 1\times 8+1\times 4+0\times 2+1\times 1 = 8+4+0+1 = 13_{10}$$

2진수의 각 자리에 2^0, 2^1, 2^2, ……과 같은 일정한 자리값을 가지고 있다.

표 Ⅲ-4 8비트바이트 속의 비트 자리에 따른 동등값 표

자리수	8	7	6	5	4	3	2	1
비트값	1	1	1	1	1	1	1	1
10진 변환값	2^7	2^6	2^5	2^4	2^3	2^2	2^1	2^0

2진수에서 자리값이 오른쪽에서 왼쪽으로 이동할수록 2의 승수가 증가한다. 그리고 가장 오른쪽 자리수는 8비트바이트에서 1의 값은 가지고 있어 2의 0승이라 할 수 있으며, 왼쪽 옆 자리수는 2의 값을 가지며 2의 1승이다. 셋째 번 자리에 있는 수는 2의 2승으로 2×2=4이다. 넷째 번 자리는 2의 3승으로 2×2×2=8로 나머지도 같다.

표 Ⅲ-5 각 진법의 표기

10진법	2진법	8진법	16진법
0	0	0	0
1	1	1	1
2	10	2	2
3	11	3	3
4	100	4	4
5	101	5	5
6	110	6	6
7	111	7	7
8	1000	10	8
9	1001	11	9
10	1010	12	A
11	1011	13	B
12	1100	14	C
13	1101	15	D
14	1110	16	E
15	1111	17	F
16	10000	20	10

(4) 연산 속도의 단위

K Hz(킬로 헤르츠)의 주기 : ms(밀리초, milli second) = 천분의 1초(10^{-3})

M Hz(메가 헤르츠)의 주기 : μs (마이크로초, micro second) = 백만분의 1초(10^{-6})

G Hz(기가 헤르츠)의 주기 : ns(나노초, nano second) = 10억분의 1초(10^{-9})

T Hz(테라 헤르츠)의 주기 : ps(피코초, pico second) = 1조분의 1초(10^{-12})

P Hz(페라 헤르츠)의 주기 : fs(펨토초, femto second) = 천조분의 1초(10^{-15})

E Hz(엑사 헤르츠)의 주기 : as(아토초, atto second) = 백경분의 1초(10^{-18})

(5) inch : 보통 웨이퍼(wafer)의 지름을 나타내는 단위

1 inch = 1″ = 2.54 cm =25.4 mm

6″웨이퍼=6 × 2.54 cm =15.24 cm → 면적은 약 730 cm^2

8″웨이퍼=8 × 2.54 cm =20.32 cm → 면적은 약 1,297 cm^2 = 6″웨이퍼의 1.8 배

(6) 클래스(class)

청정실의 청정도를 나타내는 단위로, 통상 1 세제곱피트(ft^3)의 공간 내에 0.5 μm 이상의 먼지 입자 수를 의미한다. 표 Ⅲ-6에서 알 수 있듯이 클래스 1은 입방피트(ft^3)의 공간(가로, 세로, 높이가 각각 30cm) 내에 0.5 μm 이상의 크기를 가진 먼지 입자가 1 개 있다는 의미로, 쉽게 말하면 잠실 야구장 안에 야구공이 한 개 있는 정도를 의미한다. 일반 교실은 클래스 100만에 해당하며, ULSI는 클래스 1에서 작업이 진행된다. 따라서, 1G DRAM과 같은 최첨단 반도체는 클래스 1에서 생산되고 있다.

표 Ⅲ-6 청정도의 클래스 조건

클래스 (입자수/체적)	입자 지름(μm)				
	0.1	0.2	0.3	0.5	5
1	35*	7.5	3	1	·
10	350	75	30	10	·
100	·	750	300	100	·
1000	·	·	3000	1000	7
10,000	·	·	30,000	10,000	70
100,000	·	·	300,000	100,000	700

* 체적 1 ft^3의 공기 중에 0.1(μm) 크기와 같거나, 큰 입자가 35개까지 있다는 뜻이다.

단원 종합 문제

1. 단결정 성장 방법에는 어떠한 것들이 있으며, 각각은 어떠한 특징이 있는가?

2. 반도체 원재료인 웨이퍼에서 결정 방향과 도핑 상태에 따라 어떻게 표시하는가?

3. 반도체 조립시에 사용되는 리드 프레임(lead frame)이란 무엇이고, 어떠한 종류가 있는가?

4. 웨이퍼와 칩에 관련된 용어는 어떠한 것들이 있는가?

5. 반도체 공정에서 자주 사용되는 용어에는 어떠한 것들이 있는가?

6. 반도체 제조 공정에서 수율(yield)이란 무엇이고, 어떠한 종류가 있는가?

7. 반도체에서 자주 사용되는 단위에는 어떠한 것들이 있는가?

8. 반도체 제조시 청정실의 청정도의 단위인 클래스(class)의 의미는 무엇인가?

Ⅳ

반도체 공정

반도체의 기본 요소 기술을 중심으로 단결정 실리콘에서부터 웨이퍼의 제조, 웨이퍼의 가공 선별 및 조립 공정을 학습한다. 특히, 웨이퍼의 가공은 전·후 공정을 구분하여 전공정에서는 양극성과 FET 가공 공정을, 후공정에서는 조립 및 검사 공정을 체계적으로 학습한다.

1. 기본 요소 기술

학|습|목|표

- 반도체 공정의 기본 요소 기술을 설명할 수 있다.

01 세정(cleaning)

세정은 사진 석판 각 단위 공정 사이에서 반드시 행해져야 하는 것으로 표면 청정화를 위한 공정이다. 또, 열처리, 산화 등의 공정 전·후에서 행하여지는 것으로 전처리 또는 후처리라고 부르기도 한다. 이 처리는 주로 화학 약품을 사용하는 습식(wet) 처리 중심으로 화학 약품의 조합에 의해 이루어진다. 세정에 의한 제거 대상물은 유기물 잔사, 산화물 잔사, 금속 오염물, 분진 입자(파티클) 등이다. 화학 약품을 사용하지 않는 건식(dry) 세정법도 사용된다.

02 열산화(thermal oxidation)

용어 해설

$1\,nm=10^{-9}m$

보통 실리콘 기판을 1000℃ 이상의 고온 산화 분위기에서 처리하면 표면에 실리콘 산화막이 형성된다. 이 막은 절연막으로서 실리콘을 사용하는 반도체 소자 제조의 출발점이다. 이들 산화막 형성에는 청정한 분위기의 확산로가 사용되며, 깨끗하게 세정한 웨이퍼가 사용된다. 막 두께는 보통 100 nm 이하이며, 최근에는 5~7 nm 수준의 극히 얇은 산화막을 필요로 하는 단계에까지 이르고 있다.

현재 산화 공정은 건식과 습식이 있는데, 건식은 산화막의 품질은 좋으나 성장 속도가 느리고, 수증기를 사용하는 습식 공정은 성장 속도는 빠르나 막의 품질은 떨어진다. 따라서, FET의 게이트 산화막(gate oxide)은 건식법을 사용하고, 웨이퍼 위에 그려질 배선끼리 합선되지 않도록 서로를 구분해 주는 절연막(field oxide)은 습식법을 사용한다.

03 불순물 첨가(impurity doping)

불순물 주입이란 실리콘 기판 중에 3족 원소나 5족 원소의 불순물을 첨가하여 PN 접합의 형성과 불순물의 농도를 제어하는 기술이다. 이러한 첨가 방법에는 열 확산법과 이온 주입법이 있는데, 저온화와 정밀한 불순물 도입을 위해 현재로서는 이온 주입법이 많이 사용되고 있다.

04 박막 형성(thin film deposition)

기판 위에 절연막, 실리콘막, 금속막을 형성시키는 것으로 CVD(chemical vapor deposition : 화학적 기상 증착) 및 PVD (physical vapor deposition : 물리적 기상 증착)법이 분리되어 사용되고 있다. 절연 및 도전성 막은 CVD, 금속 박막은 PVD법인 스퍼터링에 의해 주로 형성된다. 최근 논리(logic) LSI에서는 구리(Cu) 배선 방식이 주목을 받고 있는데, 배선으로서의 구리(Cu)의 박막 형성에 전기 화학적인 방법(습식 도금법)이 실용화되고 있다.

05 사진 석판(photo lithography)

포토레지스트(photoresiste)를 도포하는 공정으로 시작해 노광, 현상, 식각까지의 일련의 공정이다. 현상까지를 레지스트 공정이라 하며, 식각 공정과 구분해서 생각할 수 있다. 현재 패턴 노광은 레티클(reticle)이라 불리는 마스크 기판에 의해 축소, 투영, 전사시킴으로써 행해지고 있다. 이 기술은 모든 공정 기술의 중심이며, 반도체 공정에서도 가장 많은 투자를 필요로 하는 곳이다. 패턴 형성 후에는 반드시 식각 공정이 수반되며, 형성된 포토레지스트 패턴을 마스크로 하여 식각 처리를 한다. 이 식각 공정은 대상으로 하는 막의 종류, 형성법과 처리법의 차이를 고려해야 하므로 소자 제작 회사에서 가장 표준화시키기 어려운 기술 중의 하나이다.

경우에 따라서는 세정 및 건조된 웨이퍼 위에 밀착력을 향상시키기 위해 HMDS(hexa methy disilazine)를 애벌칠하는 경우도 있다.

> **용어 해설**
>
> **PVD(물리 증착)**
>
> physical vapor deposition. CVD에 대비해서 쓰는 말로 박막을 증착하는 과정에서 스퍼터링 등의 물리적 증착법을 이용하는 기술의 총칭
>
> **CVD(화학 증착)**
>
> chemical vapor deposition. 화학적 기상 증착. 박막을 기르는 반도체 공정 기술의 하나로 화학 반응을 이용하여 웨이퍼 표면 위에 단결정이 반도체 막이나 절연막 등을 형성하는 방법. 반응실의 압력에 따라 LPCVD, APCVD, HPCVD으로 나뉘며 PECVD 등도 있다.

06 평탄화(planarization)

소자의 미세화와 고밀도화가 진행되면서 표면의 구조가 복잡하고 단차가 심화되어 사진 공정이 어렵게 된다. 특히 다층 배선 공정에 있어서 단선이나 합선(short)의 원인이 되기 쉽다. 평탄화 기술은 이러한 이유 때문에 필요로 하게 되며 CMP(chemical mechanical polishing) 기술이 그 핵심이라 할 수 있다. 스텝퍼에서 패턴을 투영할 때, 그 초점 심도의 감소에 대응하기 위해 표면을 평탄화하는 것도 필요한데, 항상 평평한 면에 축소 투영을 함으로써 해상도를 높이는 효과가 크다. 주로 사용되는 연마제는 SiO_2와 Al_2O_3가 있으며, TiN, TiO_2, CeO_2 등도 사용된다. 보통 입자의 크기는 50~200nm 정도이다.

용어 해설

박리제(stripper)

박막의 패턴 형성을 위해 식각할 때에 사용되는 용액

CMP(chemical mechanical polishing)

연마를 할 때 사용하는 슬러리(slurry) 연마제가 화학적인 반응에 의한 식각 작용과 연마 입자에 의한 연삭 작용을 동시에 행하는 연마 방법

07 식각(etching)

웨이퍼에 회로 패턴을 만들어 주기 위해 화학 약품(습식)이나 부식성 가스(건식)를 이용해 필요 없는 부분을 선택적으로 제거하는 웨이퍼 가공 공정의 식각 기술은 PR(포토레지스트)가 남아 있는 부분을 남겨 두고 나머지 부분은 식각시킨다. 식각이 끝나면 감광액도 황산이나 전용 박리제(stripper)로 제거한다. 이 과정은 동판화를 만드는 것과 비슷하다.

동판화 제작 과정을 보면 다음과 같다. 동판 위에 파라핀을 바르고(반도체의 PR) 표면을 불로 그을린 뒤(반도체의 노광) 그 위에 날카로운 송곳 같은 것으로 그림을 그린다. 송곳이 지나간 자리에는 파라핀이 벗겨진다(반도체의 현상 공정). 그 다음 부식시키는 화공 약품을 붓는다(반도체의 식각). 화공 약품과 파라핀을 씻어 내면 그림이 완성된다. 또, 웨이퍼 제조 과정에서의 식각 기술도 있는데, 웨이퍼 절단(slicing), 웨이퍼 모서리 연마(edge grinding), 표면 연마(lapping) 등의 공정을 거치면서 웨이퍼 표면 또는 모서리(edge)에 기계적 결함을 가지게 되는데, 이러한 표면의 결함층을 화학적 식각을 통해 제거해 주는 공정이다.

2. 반도체 공정의 개요

학|습|목|표

- 반도체의 제조 과정을 설명할 수 있다.
- 반도체의 공정별 세부 작업 내용을 기술할 수 있다.

반도체 제조 과정은 그림 Ⅳ-1과 같이 크게 3 단계로 구분된다.

1 단계는 웨이퍼 제조 및 회로 설계, 2 단계는 웨이퍼 가공, 마지막으로 조립 및 검사 등이다. 하지만 작게 분류해 보면 300 단계가 넘는 무수히 복잡한 공정을 거쳐 비로소 한 개의 반도체가 만들어진다.

웨이퍼 제조
모래로부터 고순도의 단결정 웨이퍼를 만들어 내는 과정

회로 설계
웨이퍼상에 구현될 전자 회로를 설계하는 과정

➡

마스크 제작
설계된 전자 회로를 각 층별로 나누어 석영 유리 마스크에 그리는 과정

⬇ ⬇

웨이퍼 가공(fabrication)
웨이퍼 표면에 여러 종류의 막을 형성시켜, 이미 만든 마스크를 사용하여 특정 부분을 선택적으로 깎아 내고 불순물을 주입하는 작업을 되풀이함으로써 전자 회로를 구성해 가는 과정으로 줄여서 FAB라고 한다.

⬇

조립(assembly) 및 검사(test)
웨이퍼상의 칩을 개개로 잘라서 리드 프레임과 결합하여 완제품으로 조립하는 과정과 완성된 제품이 제대로 동작하는지를 검사하는 과정

그림 Ⅳ-1 반도체 제조 과정

01 웨이퍼 제조 및 회로 설계

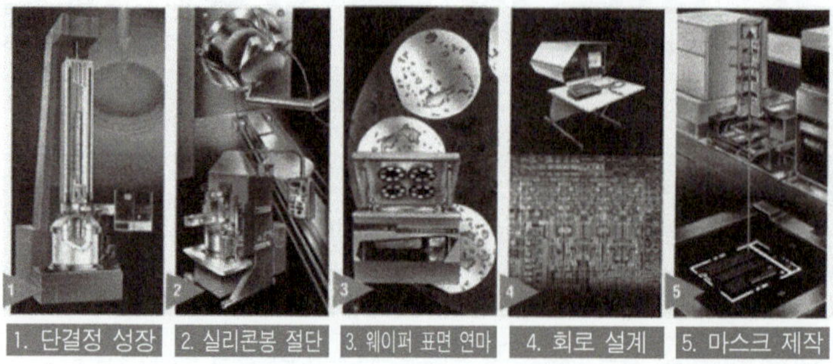

그림 Ⅳ-2 웨이퍼 제조 및 회로 설계 그림 제공 : SEMI

(1) 단결정 성장

고순도로 정제된 실리콘 용융액에 종자(seed) 결정을 접촉시켜 회전시키면서 단결정 실리콘봉(ingot)을 성장시킨다.

(2) 실리콘봉 절단

성장된 실리콘봉을 균일한 두께의 얇은 웨이퍼로 자른다. 웨이퍼의 크기는 실리콘봉의 구경에 따라 4″, 5″, 6″, 8″, 12″로 만들어지며, 생산성의 향상을 위해 점점 대구경화 경향을 보이고 있다.

(3) 웨이퍼 표면 연마

웨이퍼의 한쪽 면을 연마하여 거울면처럼 만들어 주며, 이 연마된 면에 회로 패턴을 그려 넣게 된다.

(4) 회로 설계

CAD(computer aided design) 시스템을 사용하여 전자 회로와 실제 웨이퍼 위에 그려질 회로 패턴을 설계한다.

(5) 마스크 제작

설계된 회로 패턴을 전자 빔으로 석영 유리판 위에 그려 마스크(mask) 또는 레티클(reticle)을 만든다.

용어 해설

종자(seed)

단결정을 성장시킬 때 성장 초기에 단결정의 핵 생성을 위한 일종의 씨앗

마스크(mask)

IC 제작을 위해 각 층별 회로 패턴이 그려진 석영 유리판으로 각 패턴은 빛을 막는 불투명 지역과 빛을 통과시키는 부분으로 구분되며 마스크상의 패턴을 웨이퍼위에 옮겨 소자를 제작한다.(=reticle)

일반적으로 축소 투영에서 사용되는 것을 레티클이라 하고, 실물 크기(1:1)로 투영하는 것을 마스크라고 한다.

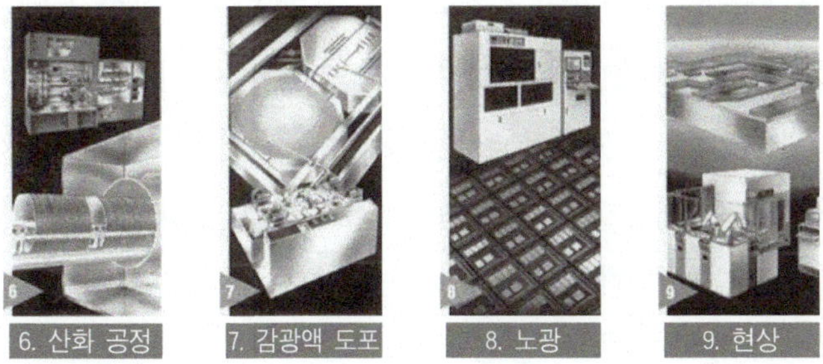

그림 Ⅳ-3 웨이퍼 가공 공정(1)

(1) 산화(oxidation) 공정

고온(800~1200℃)에서 산소나 수증기를 실리콘 웨이퍼 표면과 화학 반응시켜 얇고 균일한 실리콘 산화막(SiO_2)을 형성시키는 공정이다.

(2) 감광액(PR : photoresist) 도포

빛에 민감한 물질인 PR를 웨이퍼 표면에 고르게 도포시킨다.

(3) 노광(exposure)

정렬이 끝나면 마스크의 상이 웨이퍼에 옮겨지도록 자외선에 PR를 노출시키는 공정을 말하며, 정렬과 노광을 동시 작업으로 진행한다. 노광기(1:1 배율)나 스텝퍼(stepper, 1:5 배율)를 사용하여 마스크(mask)나 레티클(reticle)에 그려진 회로 패턴에 빛을 통과시켜 PR막이 형성된 웨이퍼 위에 회로 패턴을 사진 찍는 공정이다.

(4) 현상(development)

현상, 정렬(align) 및 노광(exposure) 후 현상액을 이용하여 필요한 곳과 필요없는 부분을 구분하여 상을 형성하기 위해 일정 부위의 PR를 제거하는 것으로, 웨이퍼 표면에서 PR의 종류(양성·음성)에 따라 빛을 받은 부분의 막과 받지 않는 부분의 막을 구분하여 PR를 제거시키는 공정이다(일반 사진 현상과 동일).

그림 Ⅳ-4 웨이퍼 가공 공정(2)

(5) 식각(etching)

웨이퍼 상의 특정 지역을 물질의 화학 반응을 통해 제거해 내는 공정으로, 이 때 사용되는 물질을 식각제라고 한다. 식각 방법에는 화학 용액을 사용하는 습식 식각과 가스나 플라스마, 이온 빔 등을 이용하는 건식 식각법이 있다. 기판 위에 회로 패턴을 형성시켜 주기 위해 화학 물질이나 반응성 가스(gas)를 사용하여 필요 없는 부분을 선택적으로 제거시키는 공정이다. 이러한 패턴 형성 과정은 각 패턴 층에 대해 계속적으로 반복된다.

(6) 이온 주입(ion implantation) 공정

회로 패턴과 연결된 부분에 불순물을 미세한 가스(gas) 입자 형태로 가속하여 웨이퍼의 내부에 침투시킴으로써 반도체 소자의 특성을 만들어 준다. 이러한 불순물 주입은 고온의 전기로 속에서 불순물 입자를 웨이퍼 내부로 확산시켜 주입하는 확산(diffusion) 공정에 의해서도 이루어진다.

보통 실리콘의 원자 밀도는 5×10^{22} 원자/cm^3인데 불순문의 도핑 농도는 1×10^{22} 원자/cm^3이므로 5 : 1 정도의 비율이 된다.

그림 Ⅳ-5 이온 주입 장면

(7) 화학적 기상 증착 (CVD : chemical vapor deposition) 공정

가스(gas) 간의 화학 반응으로 형성된 입자들을 웨이퍼 표면에 증착(蒸着)하여 절연막(SiO_2)이나 전도성 막(금속)을 형성시키는 공정이다.

(8) 금속 배선(metalization)

웨이퍼 표면에 형성된 각 회로에 알루미늄을 증착하여 배선을 연결시키는 공정이다. 주로 진공 증착법이 많이 사용되고 있으며, 일부 스퍼터링법도 사용되고 있다.

03 조립 및 검사

그림 Ⅳ-6 조립 및 검사(1)

(1) 칩 자동 선별 (probe test)

웨이퍼에 형성된 IC 칩들의 전기적인 동작 여부를 컴퓨터로 검사하여 양품과 불량품을 자동 선별하는 공정이다(EDS : electrical die sorting).

(2) 칩 분리(sawing)

웨이퍼상의 수많은 칩들을 분리하기 위해 다이아몬드 톱을 사용하여 웨이퍼를 절단하는 공정이다.

(3) 칩 부착

낱개로 분리되어 있는 칩 중에서 EDS 시험에서 합격품으로 판정된 칩을 리드 프레임에 위치시키고 접착시켜 금속선 연결(배선) 준비를 한다.

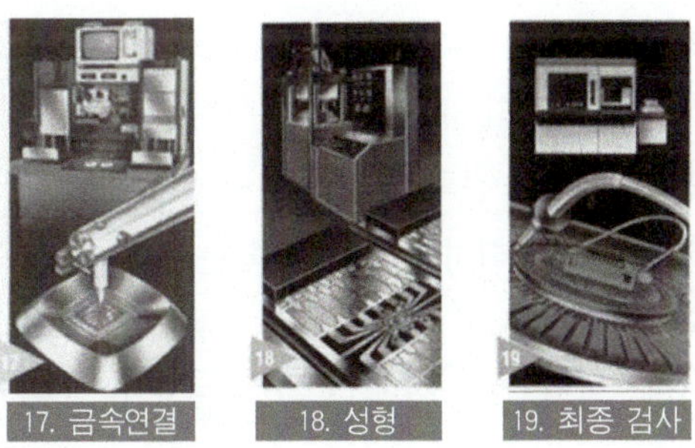

그림 Ⅳ-7 조립 및 검사(2)

> **용어 해설**
>
> **EDS(electrical die sorting)**
>
> 전기적 소자 분류. FAB에서 제조된 웨이퍼의 전기적 특성 및 동작 상태를 검사하여 양품과 불량품을 분류하고, 불량품에 대해 보수 가능 여부를 판단하여 필요시 전기적 방법이나 레이저로 보수하는 웨이퍼 테스트 공정(=probe test)

(4) 금속선 연결(wire bonding)

칩 내부의 외부 연결 단자와 리드 프레임을 가는 금속(Au, Al 등)선으로 연결하여 주는 공정이다.

(5) 성형(molding)

칩과 금속선 연결 부분을 보호하기 위해 화학 수지로 밀봉해 주는 패키지(package) 공정이다.

(6) 최종 검사(final test)

성형된 칩의 전기적 특성 및 기능을 컴퓨터로 최종 검사하는 공정으로, 최종 합격된 제품들은 제품명과 회사명을 마킹(marking)한 후, 입고 검사를 거쳐 최종 소비자에게 공급된다. 불합격된 D램 제품은 내부에 여분의 회로가 들어 있어 검사 과정에서 잘못된 곳이 발견되면 레이저를 이용해 잘못된 곳을 떼어 내고 여분의 회로로 대체하여 교정하여 재활시킨다.

읽을거리

?

반도체 공정이 이루어지는 청정실(clean room)에서는 수십 나노미터(nm, $1nm=10^{-9}m$) 크기의 작은 소자들이 집적된 회로를 설계하여 제조하는 경우가 많다. 또, 공정에서는 실리콘 표면에 여러 차례에 걸쳐 감광, 증착, 식각 등의 표면 처리를 한다. 이 과정에서 미세한 먼지들이 끼어들면 전혀 예상하지 못했던 치명적인 결과를 가져올 수 있다. 예컨대 소자의 표면에 '거대한' 먼지들이 달라붙는다면 제 성능을 발휘하지 못하게 되는 것은 당연할 것이다.

따라서, 청정실에는 대단히 높은 수준의 공기 청정도를 유지하고, 단위 체적당 입자(주로 먼지) 수를 대단히 낮게 유지하고 있다. 청정실에 출입하는 사람들은 먼지를 많이 낼 수 있는 일반적인 복장을 하고 들어갈 수 없으며, 먼지를 거의 내지 않도록 특수하게 제작된 방진복, 방진화, 방진 장갑, 방진 마스크를 착용해야 한다. 또, 출입 직전에는 에어 샤워실에서 강한 바람을 쐬어 옷 표면에 달라붙어 있는 먼지들을 완전히 제거한 후, 비로소 청정실에 들어갈 수 있다.

3. 반도체 공정의 실제

학|습|목|표

- 실리콘 웨이퍼 제조 방법을 설명할 수 있다.
- 웨이퍼 가공 공정을 말할 수 있다.
- 반도체 조립 공정을 기술할 수 있다.

실리콘은 지구상의 가장 풍부한 원소 중의 하나로서 모래에서 추출된 실리콘은 반도체 소자나 회로가 된다. 실리콘 웨이퍼의 제조 공정은 다음과 같이 크게 6 가지로 나눌 수 있다.

- 고순도 다결정 실리콘(polysilicon) 제조
- 웨이퍼 제조 과정
- 회로 설계 및 마스크 제작 과정
- 웨이퍼 가공(fabrication) 과정
- 조립(assembly) 공정
- 웨이퍼 선별(시험) 공정

01. 다결정 실리콘 제조

(1) 재료 형성

실리콘 반도체 소자 생산의 첫 단계는 모래로부터 실리콘을 추출하는 일이다. 단순히 추출만 해서 되는 것이 아니고, 극히 고순도로 만들어야 한다. 몇 ppb(10억분의 일) 이하의 불순물을 가지는 실리콘을 **전자급** 또는 **반도체급**이라 부른다. 이러한 고순도 실리콘을 추출하는 데에는 수소 환원과 실리콘 함유 가스의 열분해 등 2 가지 방법이 있다. 수소 환원은 사염화실리콘이나 삼염화사일렌으로 시작한다.

사염화실리콘 : $SiCl_4+2H_2\ \overset{1100℃}{1/4}HCl+\underline{Si}$

삼염화사일렌 : $2SiHCl_3+2H_2\ \overset{1100℃}{1/6}HCl+2\underline{Si}$

이 때, 추출된 실리콘은 다결정 실리콘(Si)이다.

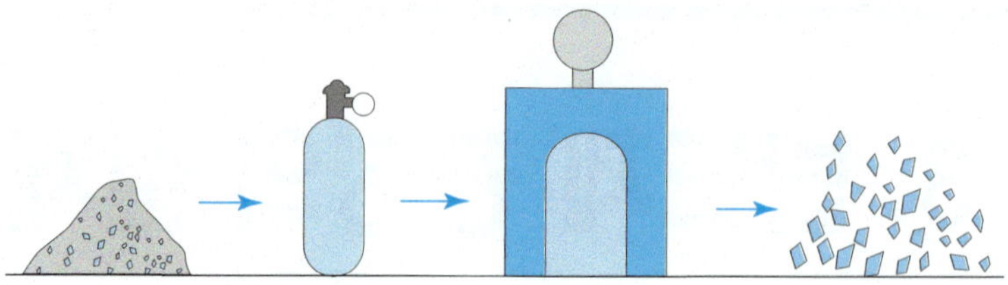

그림 Ⅳ-8 다결정 실리콘의 제조

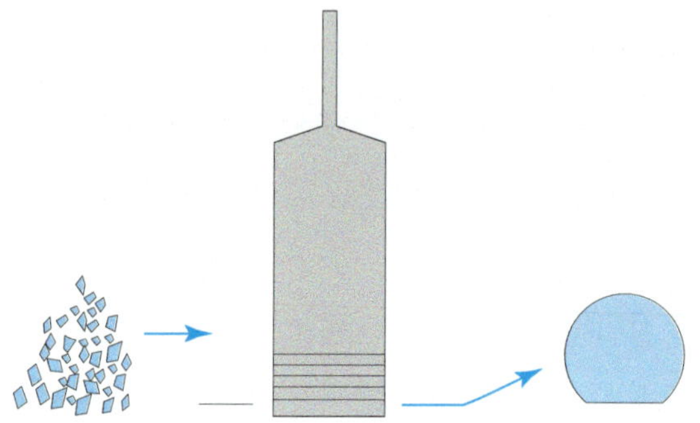

그림 Ⅳ-9 실리콘 웨이퍼의 제조

02. 결정 성장 및 웨이퍼 형성

다결정 실리콘으로부터 단결정 실리콘을 제조하는 과정을 **단결정 성장**이라고 하며, 성장된 단결정 봉을 얇게 절단한 것이 **실리콘 웨이퍼**(wafer)이다. 단

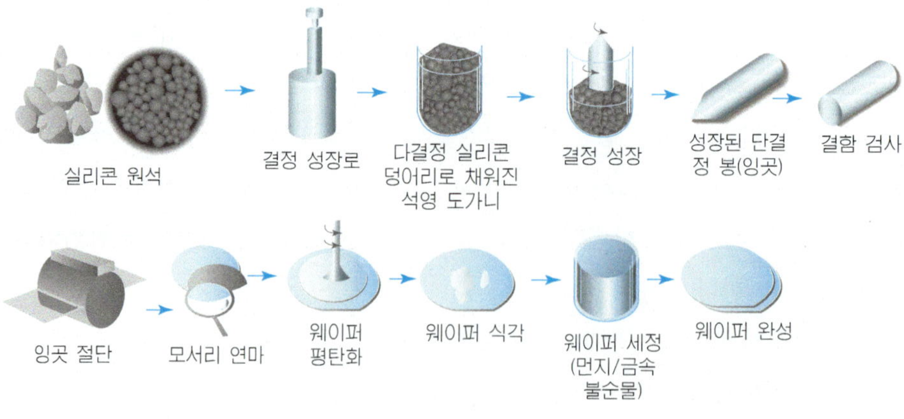

그림 Ⅳ-10 실리콘 웨이퍼의 제조 공정

결정 성장시 적절한 도핑제(dopant)를 첨가하여 N형 및 P형 실리콘(Si) 웨이퍼를 제조한다. 이 웨이퍼 생산은 별도의 회사에서 하기도 하고, 또 큰 회사에서는 자체 생산하기도 한다. 대부분은 웨이퍼 그 자체로도 상품이 된다.

(1) 단결정 성장(single crystal growing)

단결정 성장은 실리콘 웨이퍼 제조를 위한 첫째 번 공정이다. 고순도의 일정한 모양이 없는 다결정 실리콘이 고도로 자동화된 단결정 성장로 속에서 단결정 봉으로 만들어진다.

평가 기준을 통과한 단결정봉은 양 끝단부를 절단하고 측면을 연마한다. 또, 결정 방위를 표시하기 위하여 앞서 학습한 바와 같이 플랫(flat)이나 노치(notch)를 만든다.

용어 해설

노치(notch)

급격하게 형상이 변화하는 부위

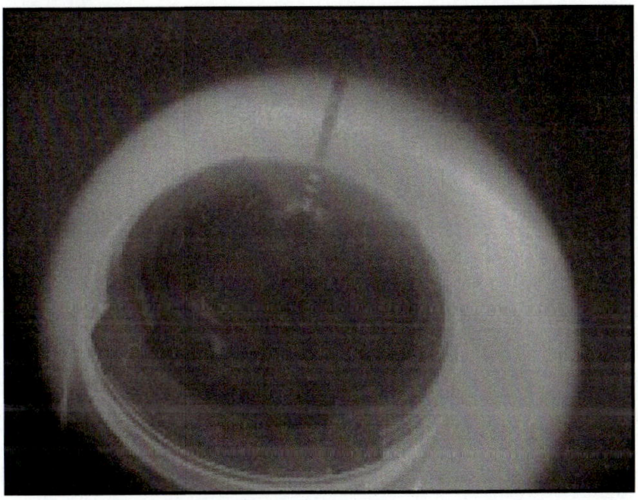

그림 Ⅳ-11 실리콘 단결정 성장

(2) 절단(slicing)

절단 작업은 실리콘 단결정 봉을 웨이퍼, 즉 얇은 판(웨이퍼)으로 변형시키는 공정이다. 단결정 조직이 정확하게 배열되도록 단결정 봉을 흑연 빔에 놓은 다음, 고도의 절단 기술을 사용하여 실리콘 단결정 봉을 웨이퍼로 만들게 된다. 절단 작업을 거치는 동안 웨이퍼의 가장자리 부분은 매우 날카롭고 깨지기 쉽게 되므로 라운딩(rounding) 작업을 하여 둥글게 만든다. 세척 과정을 거친 후, 정확한 모양과 치수로 가공해 손상되지 않도록 한다. 그 다음, 이 웨이퍼들은 글리세린에 현탁시킨 알루미나(Al_2O_3)를 사용하여 조연마하여 표면이 평탄

그림 Ⅳ-12 실리콘 단결정 절단

하고 두께가 일정하게 되어 표면의 질이 높아진다. 절단과 라운딩, 조연마(거친 연마) 과정에서 발생한 이물질과 표면 손상(damage)을 제거하기 위하여 질산과 불산, 아세트산을 혼합한 용액에 10㎛ 정도 식각한다. 여기서 질산은 실리콘을 산화시키고, 불산은 이 산화물을 용해하여 제거시키며, 아세트산은 반응 속도를 조절한다.

(3) 경면 연마(polishing)

웨이퍼를 평탄하고 결함이 없도록 만드는 일은 고객에게 대단히 중요하다. 이 목적을 이루기 위해 경면 연마 공정에서 여러 가지 단계를 거치게 된다. 뿐만 아니라, 고객의 요구를 충족시키기 위해 웨이퍼의 특성을 높이는 다른 작업들이 바로 이 부분에서 이루어진다. 조연마 과정을 거친 웨이퍼는 식각 공정을 거치면서 추가적인 표면 손상을 제거하고, 공정을 정밀하게 제어하는 완전 자동화된 장비인 CMP(chemical mechanical polishing)에서 수산화나트륨(NaOH)에 100Å 정도의 아주 미세한 실리카(SiO_2) 입자를 현탁시킨 연마제를 사용하여 가장자리 부분과 표면이 경면으로 연마된다. 그 결과 얻어지는 웨이퍼들은 극도로 평탄하고 결함이 없는 상태가 된다.

(4) 웨이퍼 에피택시얼 공정(wafer epitaxial processing)

에피택시얼 증착은 기판 위에 기판과 동일한 결정 구조를 가지도록 단결정층을 성장시키는 증착법이다. 이렇게 증착된 에피택시얼 층은 웨이퍼 표면 위에 전기적인 영향을 주는 불순물을 가능하면 적게 함유하는 고순도의 단결정층을 얻기 위한 것이다. 실리콘(Si) 에피택시얼 층은 사염화실리콘($SiCl_4$)을 1000~1100℃의 반응기 내에서 기상 증착하여 성장시킨다. 이 때, 에피층의

용어 해설

에피택시얼층(epitexial layer)
단결정 실리콘 기판 위에 기판과 동일한 결정 구조를 가지면서 증착된 단결정 실리콘 층을 말한다. 기판과 다른 도핑 특성 및 밴드 갭, 유전율 등의 물질 특성을 가질 수 있으며 기판보다 적은 결함 밀도를 보인다.

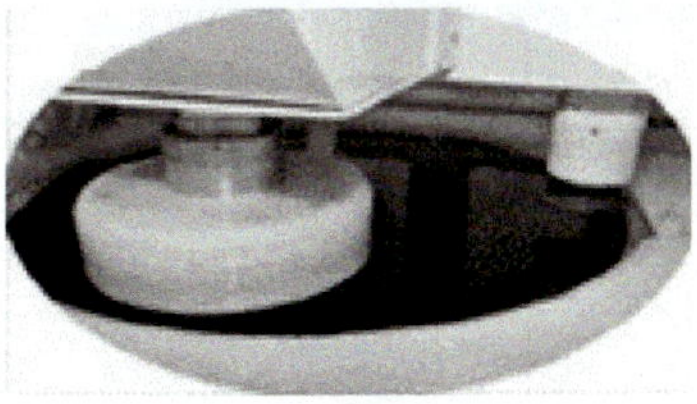

(a)

(b)

그림 Ⅳ-13 실리콘 단결정 연마

도핑을 위해 도핑제 역할을 하는 인화수소(PH_3), 붕화수소(B_2H_6) 등의 기체를 반응기 내에 넣는다. 에피택시얼 증착을 이용하는 예로는 발광 다이오드와 양극성(bipolar) 트랜지스터 등이 있다.

그림 Ⅳ-14 에피택시얼 성장

(5) 세척과 검사(cleaning & Inspection)

경면 연마 과정을 거친 웨이퍼는 표 Ⅳ-1에서 나타낸 바와 같이 황산과 과산화수소(또는 염산과 과산화수소)의 용액에서 세척한다. 이 공정에서 웨이퍼에 있는 미립자, 금속, 유기 오염 물질을 씻어 낸다. 이 공정은 미립자, 금속, 유기물에 대하여 대단히 엄격한 규정을 적용하는 청정실 환경에서 이루어진다. 마지막 세척 공정을 거친 웨이퍼들은 0.1㎛ 크기의 미립자까지 검출할 수 있는 레이저 검사 장치로 검사를 한다. 그리고 최종 검사가 끝나면 즉시 포장·출하되어 정해진 시간 안에 고객에게 전달된다.

03. 회로 설계 및 마스크 제작

반도체는 수백 개의 공정 단계를 거쳐 만들어진다. 각 단계마다 마스크라고

표 Ⅳ-1 웨이퍼 세척 용액

대상 물질	세척 용액	세척 온도
웨이퍼	탈이온수(DI water)	상온
	H_2SO_4/H_2O_2	110℃
	아세톤, 메탄올	상온
	HF	상온
확산/증착 전처리	$NH_4OH/H_2O_2/DI$ = 1:1:10	40~60℃
	H_2SO_4/O_3	110℃

부르는 2차원 설계도를 따라 패턴을 형성하며, 웨이퍼라고 하는 원판 위에 트랜지스터와 이를 서로 연결하는 회로로 제작된다. 따라서, 설계하고자 하는 반도체 칩의 기능에 따라 마스크를 먼저 설계하고 이를 이용해 칩이 제작된다. 마스크의 모양은 무수한 사각형의 형태가 조합된 것이며, 여러 개의 마스크가 공정별로 구분되어 있다.

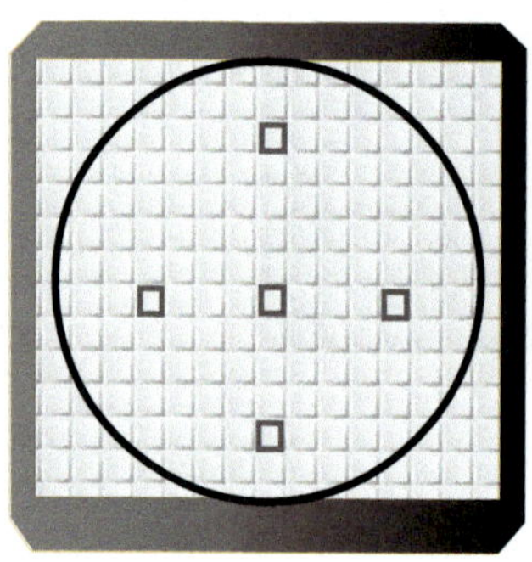

(a) 마스크

(b) 레티클

그림 Ⅳ-15 마스크와 레티클

04. 웨이퍼 가공

웨이퍼 가공은 웨이퍼 표면에 반도체 소자인 IC를 형성하는 제조 공정을 말한다. 웨이퍼를 가공할 때 웨이퍼에 회로를 형성하는 데는 많은 복잡한 공정이 필요하다. 공정 단계는 회로의 형태와 복잡도에 따라 다르다. 일반적으로 공정의 전(全) 단계는 30 단계 정도의 주 공정과 주 공정마다 15 단계 정도의 보조 공정으로 구성되어 있다. 그 중에 다음 세 가지의 기본 공정이 웨이퍼에 주로 적용된다.

용어 해설

확산(diffusion)

반도체 제조 공정 중, 고온의 전기로(furnace) 내에서 농도차를 이용하여 웨이퍼에 불순물을 확산시키는 과정으로, 반도체 층의 일부분에 대한 전도 형태를 변화시키기 위한 공정이며, 온도 및 시간과 밀접한 연관을 가진다. (참고:drive in)

건식 식각 (dry etching)

가스나 플라스마, 이온 빔 등을 이용하여 행해지는 일련의 식각 공정을 통틀어 일컫는 말

플라스마(plasma)

원자나 분자는 외부에서 높은 에너지를 가해 주면 최외각 전자의 결합이 떨어져서 양이온 상태의 원자와 비결합 상태의 자유 전자가 독립적으로 존재하게 된다. 이렇게 양이온과 음이온이 무작위로 흩어져 있는 상태를 물질의 제4상태인 플라스마라고 부르며, 전체적으로는 전기적으로 중성이다.

용어 해설

박막(thin film)

1 1이하의 얇은 층

- 박막 형성 : 여러 가지 물질의 박막을 웨이퍼 표면에 성장시킨다.
- 패턴 형성 : 웨이퍼로부터 박막을 선택적으로 제거한다.
- 도핑 : 웨이퍼의 저항과 전기 전도율이 도핑제(dopant) 첨가에 따라 변화한다.

표 Ⅳ-2는 세 가지 기본 웨이퍼 가공 공정의 개관을 나타낸 것으로, 그 기술도 함께 나타내었다.

표 Ⅳ-2의 세 가지 기본 공정은 반도체 소자 제조에서 가장 많이 쓰이는 단계이다.

표 Ⅳ-2 세 가지 기본 웨이퍼 가공 공정의 개관

분 류	목 적	기 술
박막 형성	웨이퍼 표면에 막 형성	산화 : 대기압 CVD : EPI, 저압 플라스마 촉진 증착 : 금속 스퍼터링 : 금속, 절연체
패턴 형성	웨이퍼 위의 층 선택적 제거	포토레지스트(양성, 음성) 노광 : 접촉(contact), 프로젝션, 근접(proximity) UV, deep UV, 전자 빔, X-ray 식각 : 습식, 건식(플라스마, 이온)
도 핑	전도율 변화	열확산, 이온 주입

(1) 박막 형성

실리콘 반도체 소자를 만드는 첫 과정은 실리콘 웨이퍼 표면에 SiO_2 박막을 성장시키는 일인데 이 막은 절연체에 속한다.

이 외에 다른 물질로 코팅을 하기도 하는데, 이러한 막들은 종류에 따라서 절연체, 반도체, 도체로 나눈다. 표 Ⅳ-3은 실리콘 반도체 제조 공정에서 쓰이는 박막의 종류와 박막 형성 기술을 나타내었다.

(2) 패턴 형성

웨이퍼 위에 형성된 박막을 부분적으로 제거하여 패턴을 형성한다(에피층은 다르다.). 이러한 패턴 형성 공정은 사진 석판(photo lithography)이라 불린다. 설계된 회로 패턴은 처음에 크롬이 도금된 석영 유리판에 스텝퍼를 사용하여 노광하고 현상 및 식각 공정을 통하여 마스크나 레티클을 제작한다. 이렇게

용어 해설

열산화(thermal oxidation)

산소나 질소 가스를 98~100℃의 물에 버블시켜 성장시키는 경우와 단순히 산소만을 이용해서 성장시키는 열산화막

증착(evaporation)

고온의 열을 이용하여 물질을 증발시켜 웨이퍼에 증착시키는 공정으로, 금속을 단시간에 고온으로 가열하여 증발시키면 증발한 금속이 사방으로 튀어나가서 가까이에 있는 온도가 낮은 물체(wafer)의 표면에 부착하여 얇은 금속 막이 형성되는 원리를 이용한 것이다. 반도체 제조 공정에서 전자 빔(electron beam)이나 필라멘트를 쓰는 것이 보통이며, 이 조작은 금속이 고온으로 산화해 버리기 때문에 진공 속에서 하게 되는데 이것을 진공 증착(vacuum evaporation)이라고 한다.

스퍼터링(sputtering)

1852년 그로브(Grove)에 의하여 처음 발견되었으며, 높은 에너지(〉 30eV)를 가진 입자들이 타깃(target)에 충돌하여 타깃 원자들에게 에너지를 전달해 줌으로써 타깃 원자들이 방출되는 현상을 스퍼터링이라 하며, 이 현상을 이용하여 박막을 형성하는 기술로 사용된다.

표 Ⅳ-3 반도체 공정의 박막 형성 기술

종류	열산화	화학 증착	증착	스퍼터링
절연체	SiO_2	SiO_2 Si_3N_4		
반도체		에피실리콘 다결정 실리콘		
도체		W Ti TiN WSi_2	Al Al/Cu Ni Au	Al Al/Si Ti w

제작한 마스크의 패턴은 회전 도포기에서 PR를 도포 후, 소프트 베이크된 웨이퍼와 함께 정렬기에 장착하고 UV(자외선)를 노광하고 현상하는 사진 석판 공정을 통해 웨이퍼 표면에 전사된다. 전사된 웨이퍼는 식각 공정을 통하여 표면의 산화물 층을 제거한다.

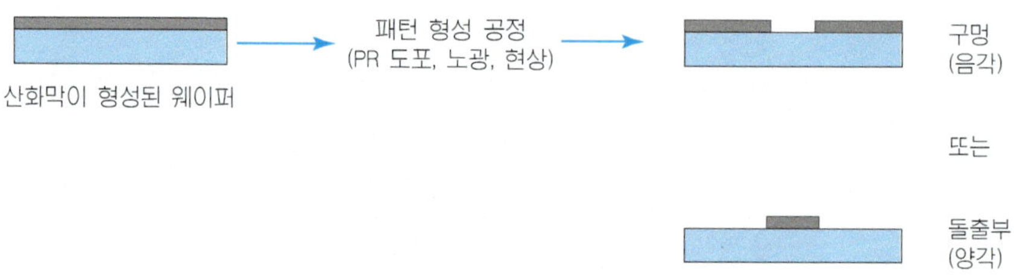

그림 Ⅳ-16 패턴 형성

(3) 도핑(doping)

IC는 실리콘 웨이퍼 내에 형성된 트랜지스터, 다이오드, 저항의 조합으로 이루어져 있다. 이러한 요소들은 웨이퍼 표면에 전도 형태와 저항성을 바꾸기 위해 표 Ⅳ-4와 같은 도핑제(dopant)가 첨가된 부분으로 구성되어 있다. 선택적인 도핑은 표면층에 형성된 확산 마스크(mask) 층(산화막)을 통해 이루어진다.

그림 Ⅳ-17과 같이 도핑 방법에는 열확산법과 이온 주입법의 두 가지가 있다.

1) 열확산법

열확산은 웨이퍼를 800~1,200℃ 가까이 가열하고, 도핑제(dopant)를 함유한 고체, 액체, 기체에 노출시킴으로써 이루어진다. 불순물 원자는 웨이퍼 표면으로 확산해 들어가 불순물 원자가 도핑된 N형 또는 P형의 반도체를 형성

용어 해설

PR(photoresist)

감광성 수지. 구성 성분은 다중체(polymer), 용제(solvent), 감응제(sensitizer)로 대표되며 현상되는 형태에 따라 양성(positive)과 음성(negative)으로 나뉜다. 양성인 경우는 sensitizer에 의하여 특징지어지며 음성인 경우는 polymer에 의해서 특징지어진다. 미세 패턴을 얻기 위해서는 막이 얇고 균일하고, 핀홀이 없고 밀착성이 좋으며 내산성이 좋고 자외선 등에 대해 감도가 좋아야 한다.

음성 PR(negative photoresist)

빛을 받지 않은 부분이 현상(develop)시에 제거되는 PR

양성 PR(positive photoresist)

빛을 받은 부분이 현상(develop)시에 제거되는 PR

표 Ⅳ-4 반도체 도핑 원소의 종류

도핑 원소	도핑제
B	B_2H_6(diborane, G), BBr_3(boron tribromide, L), BN(boron nitride, S), TMB(trimethy borate, L), B_2O_3(S),
P	PH_3(phosphine, G), $POCl_3$(phosphorous oxychloride, L), P_2O_5(S)
As	AsH_3(Arsine, G), As_2O_3(Arsenic Trioxide, S)
Sb	Sb_2O_3(Antimony Trioxide, S)

* G : 가스, L : 액상, S : 고상

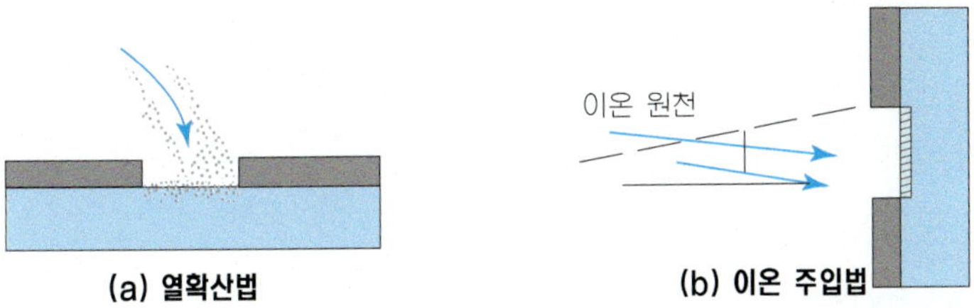

그림 Ⅳ-17 도핑 방법

한다.

2) 이온 주입(ion implantation)법

반도체 소자가 원하는 전기적 특성을 가지도록 반도체 기판 위에 필요한 부분에만 고전압으로 가속된 이온을 물리적으로 주입하는 기술이다. 이온 주입은 열확산보다 훨씬 낮은 온도인 200~400℃에서 일어난다.

> **용어 해설**
>
> **이온(ion)**
>
> 원자가 전자를 얻거나 잃은 상태를 말하며, 원자가 전자를 얻게 되면 음의 전하를 띠게 되고, 전자를 잃으면 양의 전하를 띤다. 음전하를 띠는 이온을 음이온, 양전하를 띠는 이온을 양이온이라고 한다.

05. 칩 선별

웨이퍼 가공 공정 후에 웨이퍼는 개개의 칩으로 나뉘어 겉을 싸고 패키지로 연결한다. 이것을 **조립**(assembly) 또는 패키지(package)라고 하는데, 마운팅과 결선 공정은 노동 집약적 공정이다. 사실 어셈블리하는데 소요되는 경비는 칩 제조 단가와 비슷한 경우도 있다. 칩 중의 상당수는 작동하지 않기 때문에 이를 조립하는 것은 낭비이다. 칩의 기능을 검사하는 일을 **칩 선별**(EDS : electrical die sort)이라고 한다. 이 시험을 위해 웨이퍼는 진공 척에 고정되고, 다이의 각 본딩 패드는 금속 프로브(probe)로 연결된다. 접촉되면 다이의

DC 파라미터와 기능을 검사한다. 실제 검사는 컴퓨터로 진행되며, 1 초에서 수분 정도의 시간이 소요된다.

06. 조립 공정

웨이퍼 선별 후 거치는 주요 조립 공정은 다음과 같다.

(1) 뒷면 처리

웨이퍼는 패키지에 맞도록 기계적으로 얇게 연마하거나 패키지 다이에 붙도록 금속 박막을 증착한다.

(2) 선별(pick)

전기적 특성이 불량한 다이(die)는 색을 칠해 표시하여 조립 공정으로 보내진다(레이저 수술 공정을 통해 재생도 실시함.).

> **용어 해설**
>
> **다이(die)**
>
> 웨이퍼상에 소자 가공이 끝난 상태의 개개의 IC(=chip, pellet)

(3) 다이 분리(die separation)

웨이퍼는 스크라이빙이나 톱질에 의해 절단되어 분할된다.

(4) 다이 부착(die bonding)

페키지 제작을 위해 칩을 리드 프레임에 접착시키는 과정이다.

다이를 패키지에 붙인다.

(5) 도선 접착(wire bonding)

금이나 알루미늄의 가는 선으로 본딩 패드와 패키지의 접속 단자를 연결한다.

(6) 밀봉

다이를 밀봉해서 보호하기 위해 패키지에 껍질을 씌운다.

(7) 환경 및 기계적 실험

회로와 패키지의 고온, 습도, 기계 충격 등에 대한 저항을 실험한다. 고 신뢰도(high reliability) 회로 소자는 더 엄격한 시험을 받는다.

(8) 최종 시험

완성된 제품은 웨이퍼 선별에서처럼 전기적 시험을 받는다.

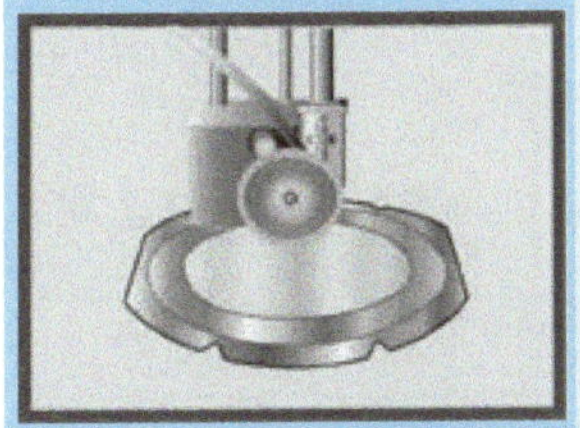

절단(sawing)

테이프에 접착된 웨이퍼를 고속으로 회전하는 다이아몬드 휠을 이용하여, 개별의 반도체 칩으로 절단시키는 공정

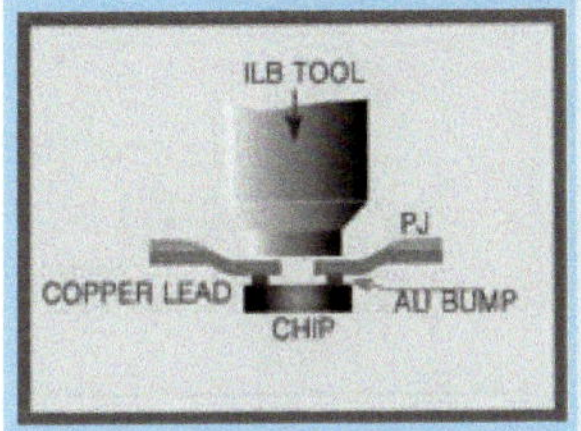

리드 부착(ILB, inner lead bonding)

절단한 웨이퍼의 각각의 칩들의 금(Au) 범프(bump)의 내부 리드를 리드 부착 도구를 사용하여 온도, 압력, 시간을 주어 연결시키는 공정

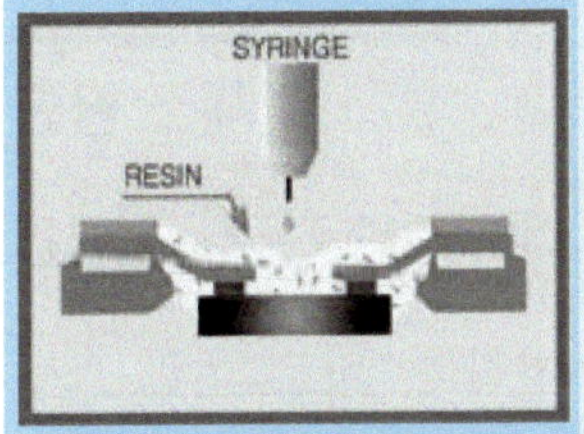

밀봉(potting)

리드 부착 공정 이후 칩(chip)의 표면에 액상 수지로 도포하여 외부 환경으로부터 칩(chip)을 보호시키기 위한 패키지 형성 공정

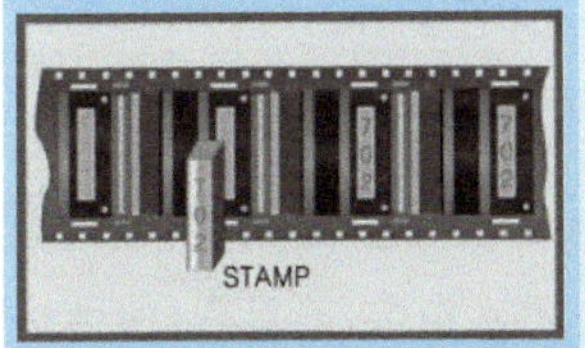

마킹(marking)

패키지의 수지 도포 표면 위에 UV 잉크로 제품의 명칭이나 제조 시기 등 제품을 구분, 관리하기 위해 활자로 인쇄하는 공정

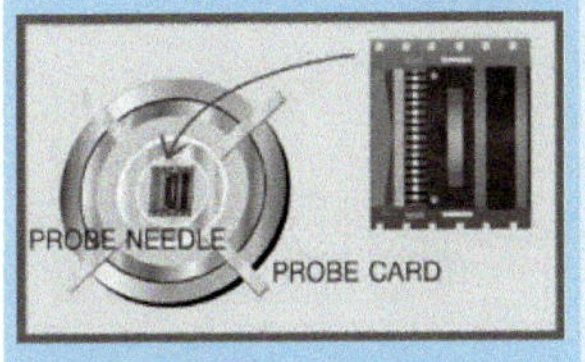

프로브 검사(probe testing)

컴퓨터를 이용하여 패키지의 외부 전극에 프로브(probe) 바늘을 접촉시켜, 제품의 전기적 특성의 이상 유무를 판별, 양품만을 선별해 내는 공정

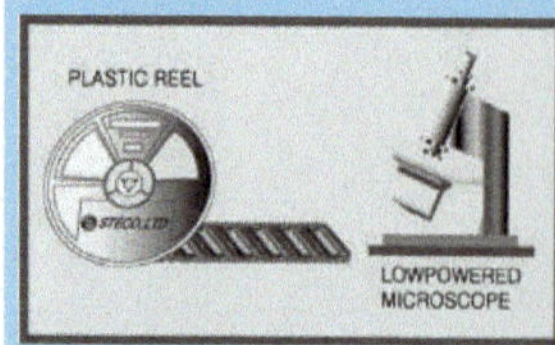

육안 검사(visual inspection)

전기적 특성을 판별하여 양품의 제품을 최종적으로 이물질의 부착, 오염, 흠집 등의 외관 검사를 하는 공정

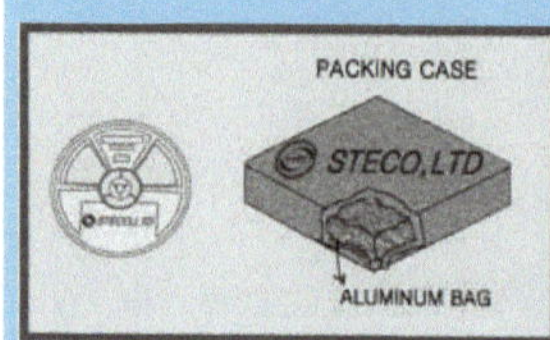

포장(packing)

모든 공정이 끝난 제품을 정전기, 습기 등으로부터 보호하기 위한 개별 포장 및 운송 포장 공정

그림 Ⅳ-18 조립 공정도

07. IC 제조 공정

트랜지스터의 종류에 따라 집적 회로를 분류하면 양극성(bipolar)과 단극성의 MOS(metal-oxide-semiconductor)형으로 나누어진다. 바로 이런 트랜지스터, 저항, 커패시터가 웨이퍼 위에 만들어지며 서로 연결되어 반도체 IC로서의 기능을 발휘하게 된다.

IC의 제조 공정은 전공정과 후공정으로 나눌 수 있다. 전공정은 실리콘의 기판에 트랜지스터, 저항 등을 만들어, 이른바 IC 칩을 만드는 공정이고, 후공정은 칩을 패키지에 밀봉해서 IC로 만드는 공정이다. 여기에서는 간단한 양극성 트랜지스터와 단극성의 MOS FET를 예로 하여 전(全)공정의 기본을 설명한다. 실제의 IC에서는 이러한 트랜지스터가 하나의 칩에 수백 개로부터 수만 개, MOS LSI의 경우 많은 것에는 수천만 개나 들어가 있다. 또, 1 매의 웨이퍼에 이런 칩이 수십 개로부터 수천 개도 들어가 있다.

(1) 양극성 트랜지스터 제조 공정

두 개의 극성(極性)을 가진 전하(전자와 정공)가 주로 수직으로 이동하며 그 작용에 관여하는 트랜지스터이다.

Bi(두 개) + Polar(극성)

양극성 트랜지스터는 이미터, 베이스, 컬렉터의 3개 부분이 서로 접촉하고 있는 형태로 되어 있으며 이미터-베이스, 베이스-컬렉터 간에 두 PN 접합을 가지고 있다. 일반적으로 양극성 트랜지스터는 고속이기는 해도 전력 소비가 많고 제조 공정이 복잡하기 때문에 VLSI급 이상에서는 많이 사용되지 않는다.

> **용어 해설**
>
> **매립층(buried layer)**
>
> 에피층을 키우기 직전에 P형 기판에 P, As와 같은 N+ 확산을 하는 것, 소자 전류 경로에 저저항을 제공한다. 보통의 매립층 도핑제는 Sb나 B이다.

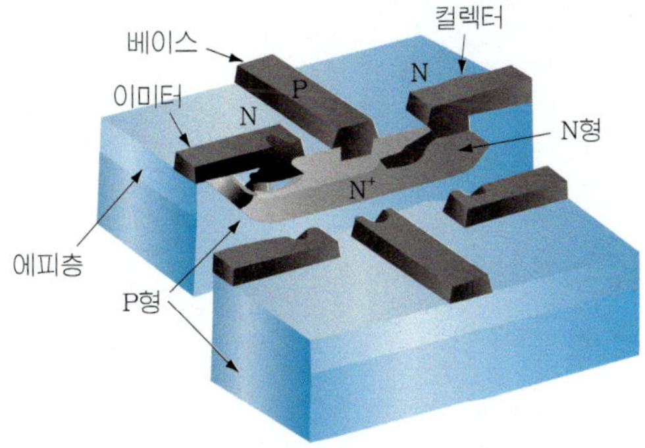

(a) 양극성 접합 트랜지스터(BJT)

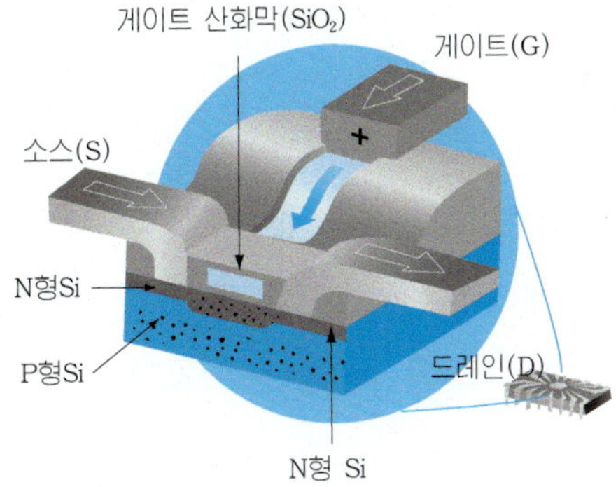

(b) 단극성 트랜지스터(MOS FET)

그림 Ⅳ-19 트랜지스터의 구조

1) 실리콘 웨이퍼

NPN형 트랜지스터의 기판으로서 P형 실리콘 단결정을 원반상으로 절단한 것을 사용한다.

2) 매립층의 형성

컬렉터용 전극을 형성하기 위해 높은 농도의 N형층(N^+)을 만들어 저항을 감소시킨다. 이 층은 에피택시얼층 아래에 파묻히므로 **매립층**(buried layer)이라고 말한다.

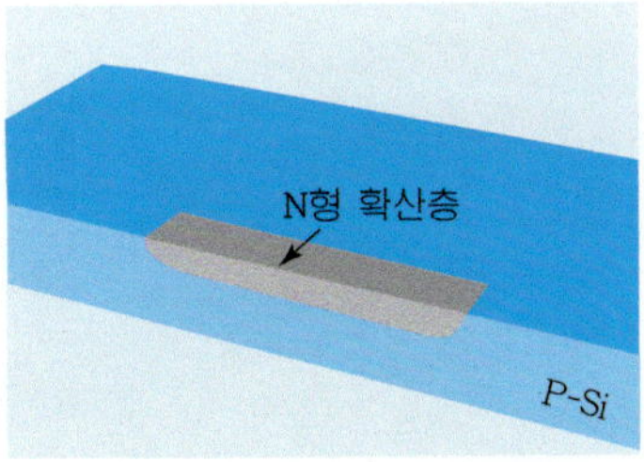

그림 Ⅳ-20 매립층 형성

3) 에피택시얼 성장

기상 증착법으로 웨이퍼 위에 N형의 실리콘 단결정층을 성장시킨다.

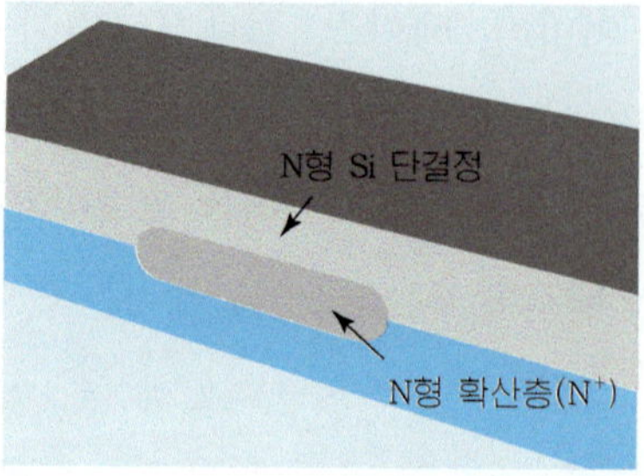

그림 Ⅳ-21 에피택시얼 성장

4) 고립(isolation) 확산

1개의 트랜지스터를 형성하는 영역을 분리하기 위해서, 높은 농도의 P형 불순물(P^+)을 확산시킨다. 이곳에 역바이어스가 작용되게 된다.

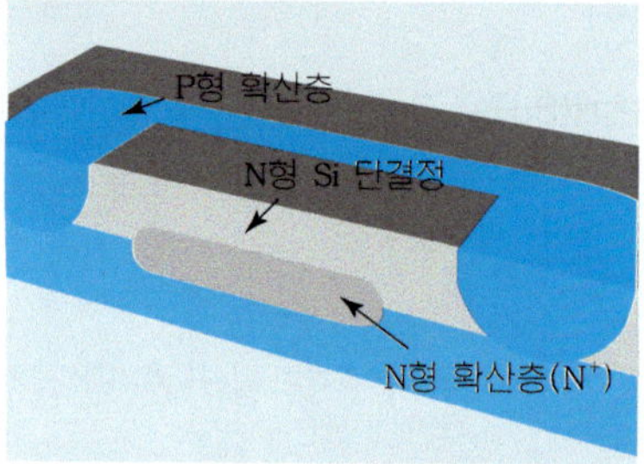

그림 Ⅳ-22 불순물의 고립 확산

5) 컬렉터 형성

컬렉터가 되는 매립층으로 연결되는 높은 농도 N형 불순물(N^+)을 열확산 또는 이온 주입시킨다.

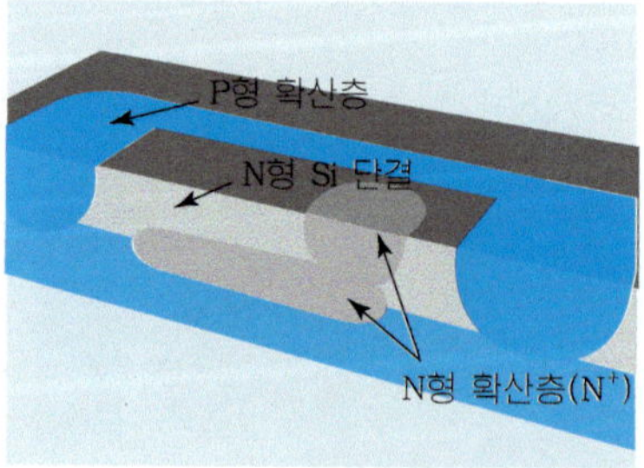

그림 Ⅳ-23 N형 불순물의 확산

6) 베이스 형성

베이스 영역과 고립 확산층에 P형 불순물을 열확산 또는 이온 주입시킨다.

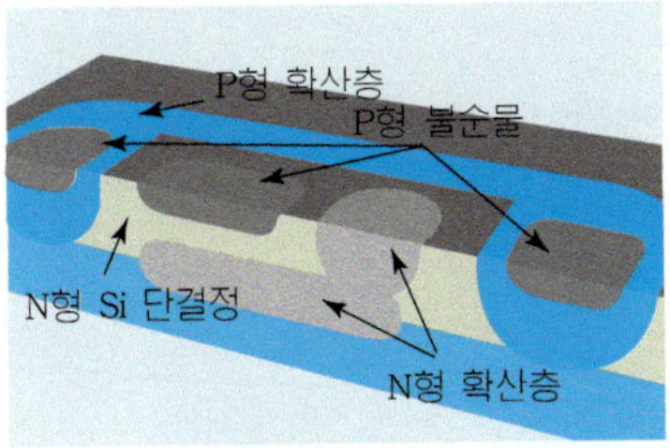

그림 Ⅳ-24 P형 불순물의 확산

7) 이미터(emitter) 형성

이미터(emitter) 영역에 높은 농도의 N형 불순물(N^+)을 열확산 또는 이온 주입시킨다.

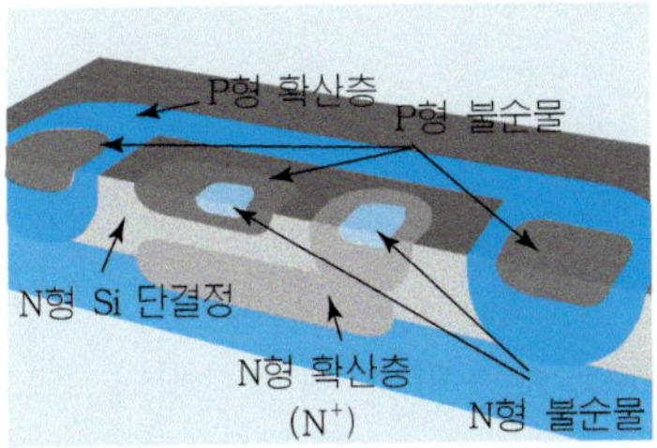

그림 Ⅳ-25 N형 불순물의 확산

8) 산화막 형성

상층면에 산화막을 형성한다.

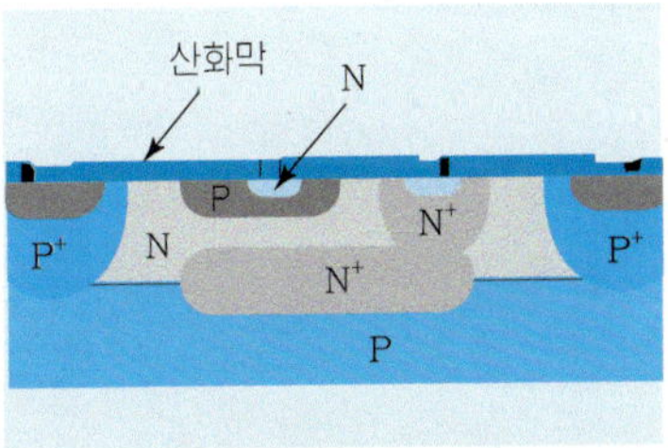

그림 Ⅳ-26 산화막 형성

9) 콘택트 홀 형성

전극을 연결하기 위해 웨이퍼 표면의 실리콘 산화막에 구멍을 뚫는다.

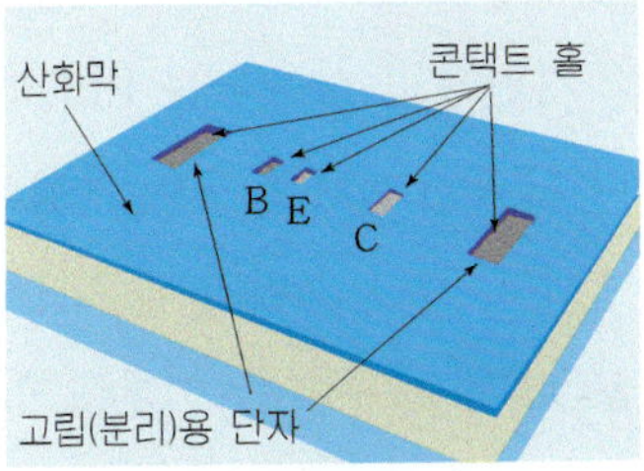

그림 Ⅳ-27 콘택트 홀 형성

용어 해설

P^+

P형 불순물(B)을 과잉으로 도핑하여 전도성을 좋게 한 것

N^+

N형 불순물(P)을 과잉으로 도핑하여 전도성을 좋게 한 것

10) 알루미늄 배선

콘택트 홀을 통해 알루미늄의 박막으로 배선을 한다. 이것은 일단 전면에 알루미늄 막을 증착시킨 후, 부분적으로 식각(etching)을 해 배선 부분을 남긴다.

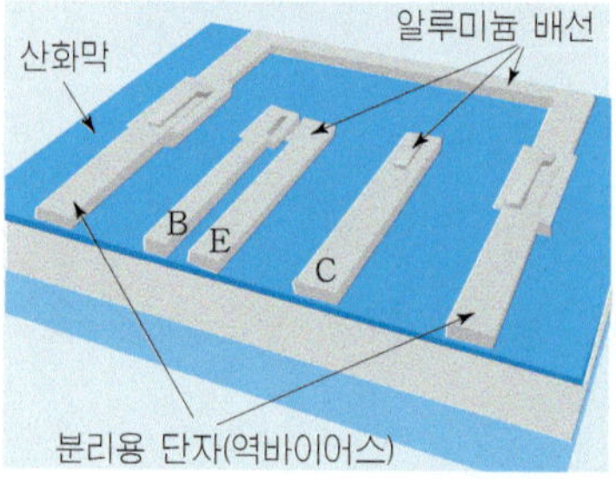

그림 Ⅳ-28 알루미늄 배선

11) 보호막의 형성

밖으로부터 더러운 오염물이라든지 기계적인 손상을 막기 위해, 칩의 표면에 CVD법을 사용하여 SiO_2 보호막을 형성시킨다. 그 후 사진 석판 기술에 의해 칩의 전극(bonding pad)을 식각하고 PR를 박리한다.

12) 검사

제작된 IC 칩이 정상적으로 동작하는지 여부를 1 개씩 검사(test)하고, 동작하지 않는 칩에는 잉크로 점을 찍어 표시를 한다.

13) 칩의 절단 분리

통상 1 매의 웨이퍼 위에 동시에 수십~수천 개의 칩이 만들어진다. 이것들을 다이아몬드 커터로 1 개씩 칩을 분리한다.

(2) MOS FET 제조 공정

> **용어 해설**
> **MOS FET(metal oxide semiconductor field effect transistor)**
> 실리콘 위의 얇은 산화막 위에 금속 게이트를 가진 전계 효과 트랜지스터

MOS 트랜지스터는 산화막에 의하여 전기적으로 절연된 게이트(gate: 제어 목적으로 쓰이는 전극)에 전압을 걸어 수평으로 흐르는 전류의 통로를 제어하는 전기장 효과 트랜지스터(field effect transistor)이다. 제조 공정이 비교적 간단하고 전력 소비가 적어서 대규모 집적에 적합하다. 처음에는 제조하기가 쉽다는 점에서 N형 실리콘을 기판으로 사용하는 PMOS형이 사용되었으나 동작 속도가 느리기 때문에, 보다 고속인 NMOS형이 채용되기 시작하였다.

그렇지만 VLSI급 이상에서는 전력 소비가 많으므로, 이들을 조합한 형태인 CMOS(complementary MOS)형이 주류를 이루고 있다.

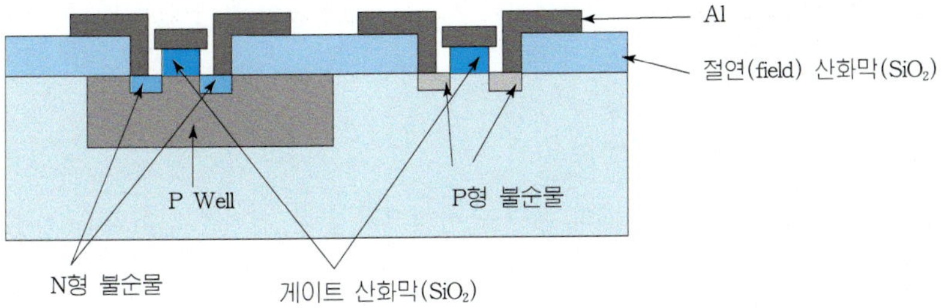

그림 Ⅳ-29 CMOS의 구조

그림 Ⅳ-30은 NMOS형 트랜지스터의 제조 공정을 나타낸 것이다.

1. 자연 산화막

대기 중의 산소에 의해 실리콘이 산화되어 형성된 막(약 30Å)

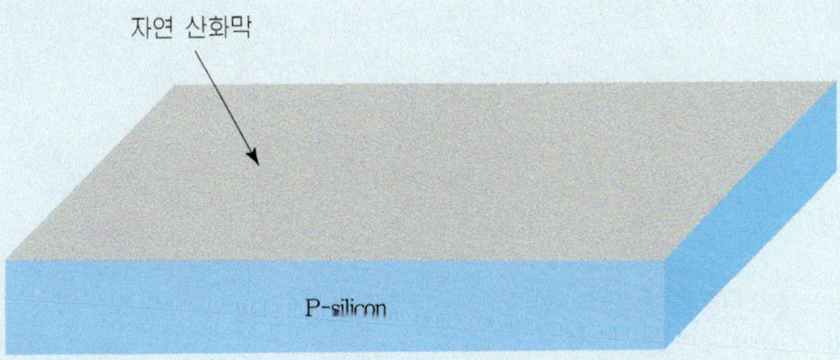

2. 초기 세정(wet station에서 작업)

아세톤(유기물 제거), 5분

메탄올(아세톤 잔류물 제거), 5분

황산(황산 : 과산화수소= 3 : 1) 무기물 제거, 2분

탈이온수, 5분

불산 세정(탈이온수 : HF = 10 : 1), 식각 속도 : 5~10 Å/초

규소는 소수성, 산화규소는 친수성이므로 세정 상태를 물이 묻어 있는 상태로 확인 가능

> **용어해설**
>
> **습식 산화(Stream oxide)**
>
> 산소나 질소가스를 98~100℃의 물에 버블시켜 키우는 열 산화막

3. 습식 산화(furnace에서 작업)

P형 실리콘으로 형성된 웨이퍼의 표면을 산화시켜 얇은 실리콘 산화막(SiO_2)을 만든다.

승온 단계 : 400℃ → 700℃ → 1,100℃

시험편의 장입과 배출시는 3분 정도의 시간 동안 서서히 이동하여 열충격을 방지한다.

1,100℃ × 50분 (4,000 Å이상 성장)

고순도(99.999 %) 질소가스 분위기(4 mL/min)

산화막의 성장 속도는 질소 분위기일 경우는 5,700 Å/시간이고, 산소 분위기에서는 4,900~5,000 Å/시간이다.

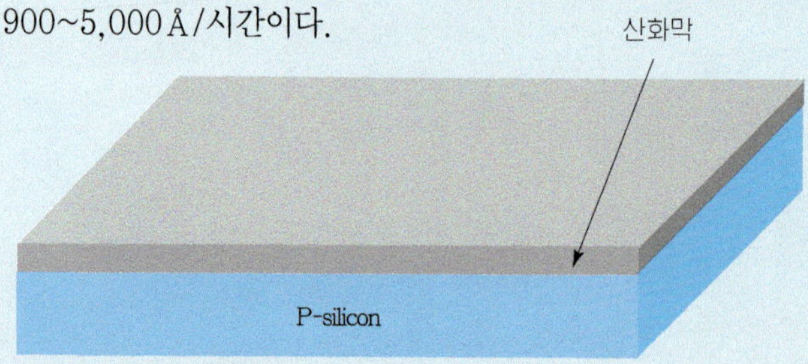

4. 세정(초음파 세척기에서 작업, 상온)

아세톤(5분) → 메탄올(5분) → 탈이온수(5분)

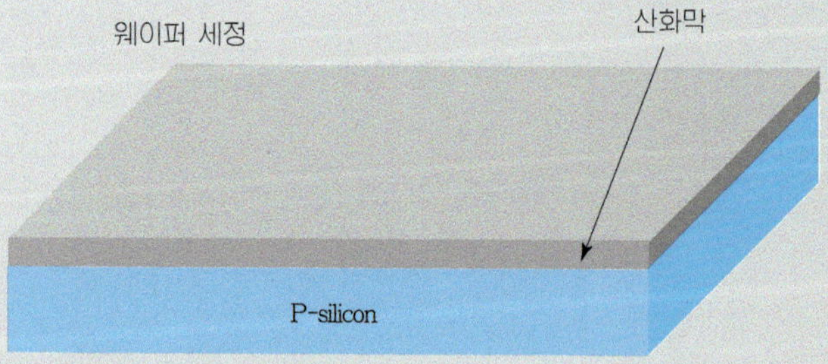

5. PR 도포(Yellow room에서 작업)

회전 도포기의 회전 속도(2,500 rpm × 5 초(PR 펴 줌), 3,500 rpm × 25 초(두께 조절), 2,500 rpm × 5초)

사용 PR : AZ 1512 양성(감광 부분이 분해하여 현상시 소실됨.)

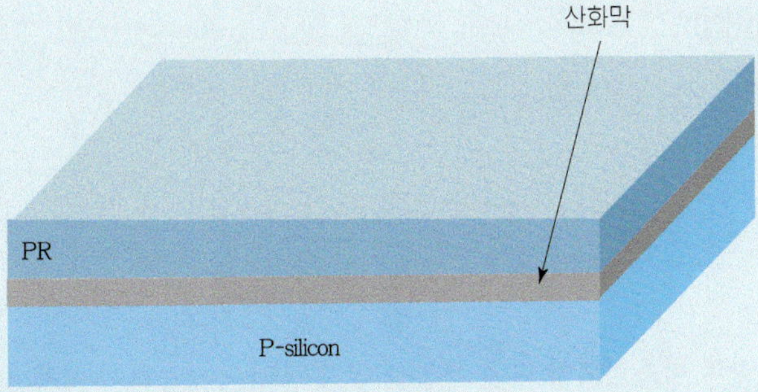

6. 소프트 베이크

PR에 포함된 용제의 양을 감소시켜 변형에 대한 강도와 밀착력을 향상시킨다.

90℃ × 10 min

7. 노 광

PR막에 적절한 노광을 하여 선택적으로 고분자화한다.

정렬기에서 마스크(#1)를 통해 노광한다. 노광 시간 : 45 초, gap : 180 ㎛

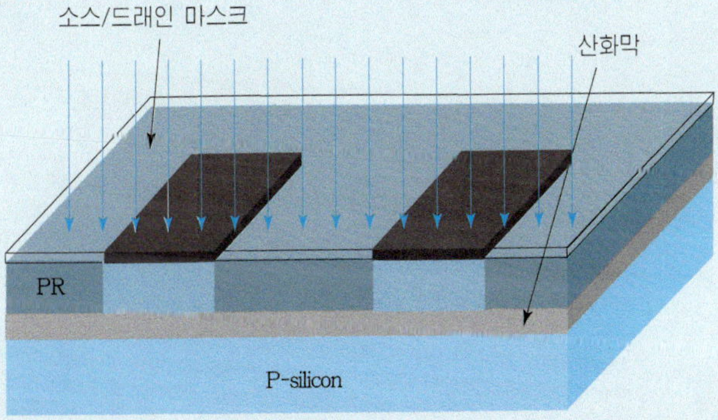

8. 현 상

마스크 패턴에 의해 노광된 부분이 분해하여 소실된다(양성 PR).

사용 시약 : MIF 300

시각적으로 보면서 현상을하고 최종적으로는 건조 후, 현미경으로 현상 상태를 확인한다(×50).

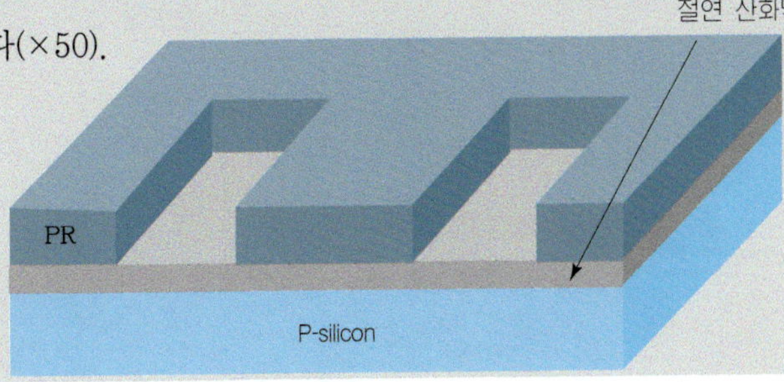

용어해설

베이크(bake)

PR 도포 후 열에 굽는 것으로 식각이나 현상시 PR의 접착력을 증가시키기 위한 목적으로 이용되며, soft bake, hard bake, post bake가 있다. ① soft bake : 웨이퍼에 PR를 도포하고 나서 약 100℃로 굽는 것. ② hard bake : 식각 공정 이전에 130~140℃로 베이크 오븐에서 굽는 것, ③ post bake : PR가 도포된 웨이퍼를 정렬기로 노광(exposure)한 다음 약 100℃로 굽는 것.

9. 하드 베이크

잔류 용제를 제거하여 막의 밀착력을 향상시키고 경도를 높여 식각 용액에 대한 내구성을 높인다.

120℃ × 12 분

10. 식각

PR에 의하여 마스킹되지 않은 부분을 식각 용액을 사용하여 식각하여 필요한 패턴을 얻는다.

BHF(NH_4F : HF = 6 : 1) 4 분, 식각 속도 : 800~1,000 Å/분

현미경으로 현상 상태를 확인한다(×50).

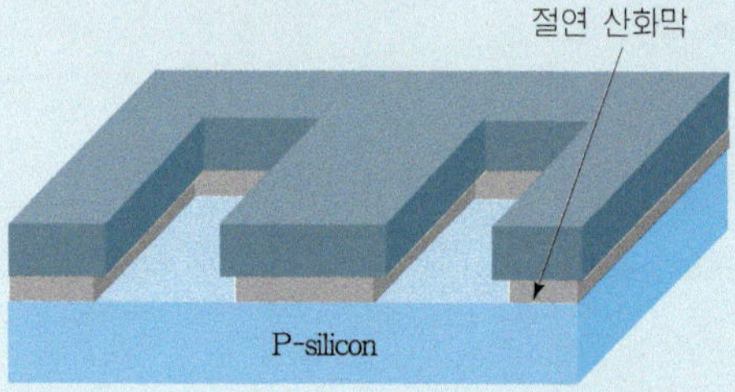

11. PR 박리

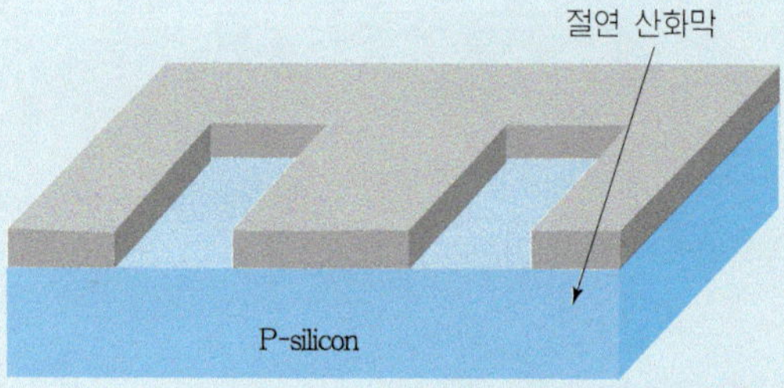

12. 세정

13. 불순물 도핑

N형의 소스와 드레인을 만들기 위해 게이트 부분의 양쪽에 N형 불순물인 인(P)을 침투시키고, 가열하여 확산 및 산화막을 생성한다.

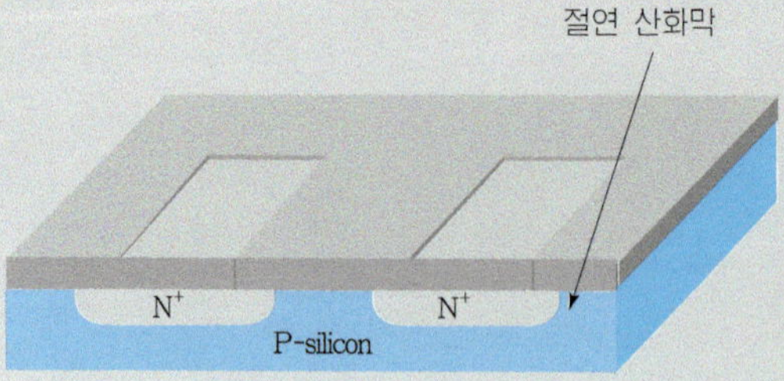

회전 도포기(spinner)를 사용하여 액체 상태인 P_2O_5를 도포한다.

회전 속도(2,500 rpm × 5 초, 3,500 rpm × 25 초, 2,500 rpm × 5 초)

소프트 베이크(110℃ × 10 분) : 수분, 휘발 성분 제거

14. 프리데포지션(predeposition)(100Å)

1,050℃ × 10 분

분위기 : 질소로 전기로 내 분위기를 잡은 후, 고순도 산소(5 mL/min.)

15. PSG 식각

BHF(6 : 1) 1 분 30 초

16. 세정(초음파, 상온)

아세톤(5 분) → 메탄올(5 분) → 탈이온수(5 분)

17. 드라이브 인(drive in)

1,100℃ × 20 분

분위기 : 습식, 캐리어 가스는 산소(또는 질소)

18. 세정(초음파, 상온)

아세톤(5 분)→메탄올(5 분) →탈이온수(5 분)

19. PR 도포

회전 도포기 속도(2,500 rpm × 5 초, 3,500 rpm × 25 초, 2,500 rpm × 5 초)

사용 PR : AZ 1512 양성(감광 부분이 분해하여 현상시 소실됨.)

20. 소프트 베이크

90℃ × 10 min

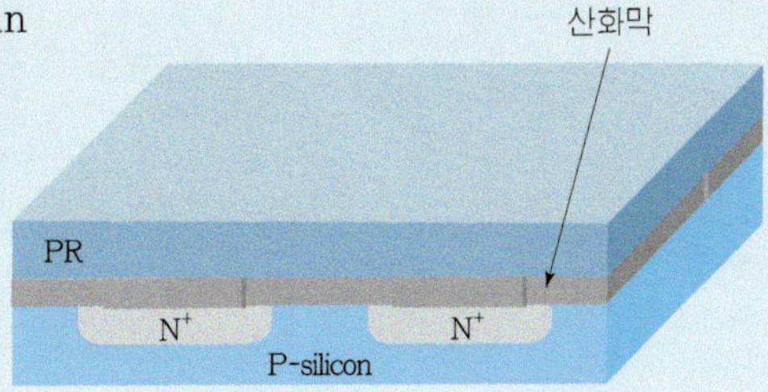

용어해설

프레데포지션(pre-deposition)

정해진 양의 도핑제가 반도체 결정에 들어가는 공정

BSG(boro-silicate glass)

반도체 표면의 안정화 등에 사용되는 silicate 유리의 일종으로 B과 Si이 결합한 유리질의 혼합물이다. 이 물질은 열확산 과정, 고주파 스퍼터링, CVD법 등으로 생성된다.

드라이브 인(drive in)

공정의 하나로 웨이퍼 표면에 주입된 B, P 등의 불순물을 전기로에서 고온으로 장시간 열처리하여 웨이퍼 기판 내부로 침투시키는 공정

PSG(phospho silicate glass)

산화실리콘의 표면에 P를 확산할 경우 산화실리콘의 표면은 P를 다량 함유한 층으로 바뀐다. 이 층을 PSG라고 한다. PSG는 수분이나 그 밖의 불순물을 흡착하는 성질이 있고, 또 PR의 밀착성을 나빠지게 하므로 P 확산 후에 이것을 제거해 버리는 경우가 있으며, 또 gattering 효과를 위해 남겨 놓는 경우도 있다.

21. 노 광

정렬기에서 마스크(#2)를 통해 노광한다.

노광 시간 : 52 초

마스크-웨이퍼 간극 : 100 ㎛

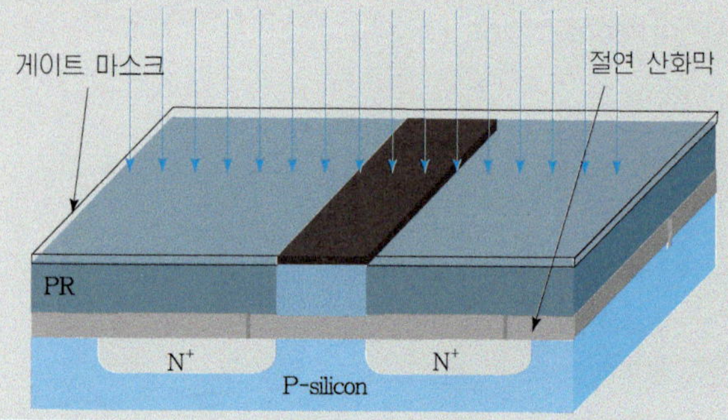

22. 현 상

사용 시약 : MIF 300 (5~10 초)

23. 하드 베이크

120℃ × 12분

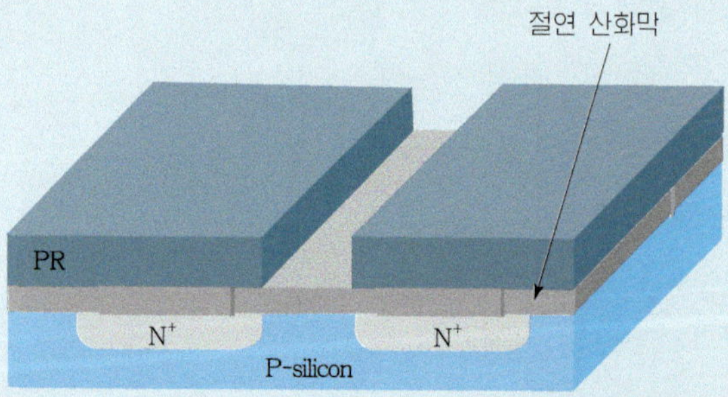

24. 식 각

BHF(6 : 1) 4 분

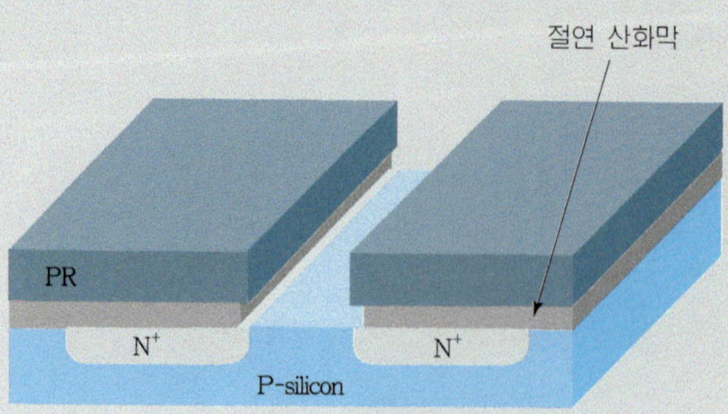

25. PR 박리

PR 박리제(80℃에서 약 1분 30초)

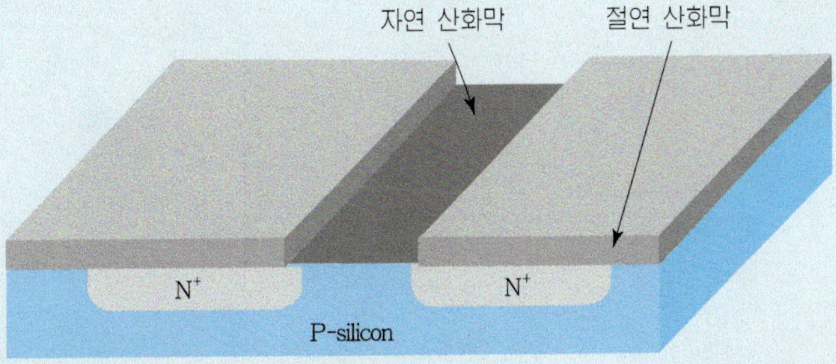

26. 세정(초음파, 상온)

아세톤(5분)→메탄올(5분) →탈이온수(5분)

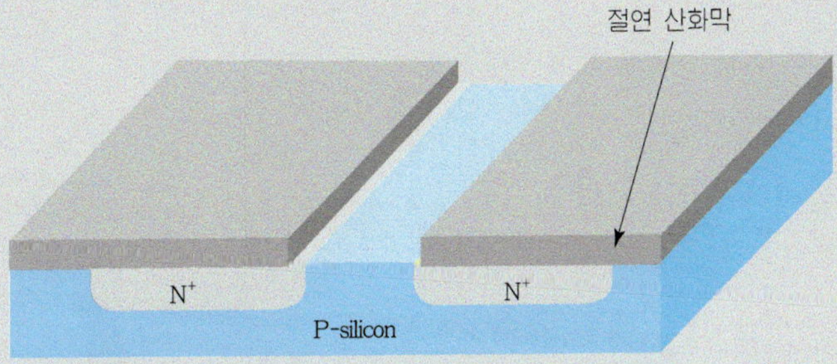

27. 건식 산화(700 Å)

1,100℃ × 30분

분위기 : 산소(5 mL/min)

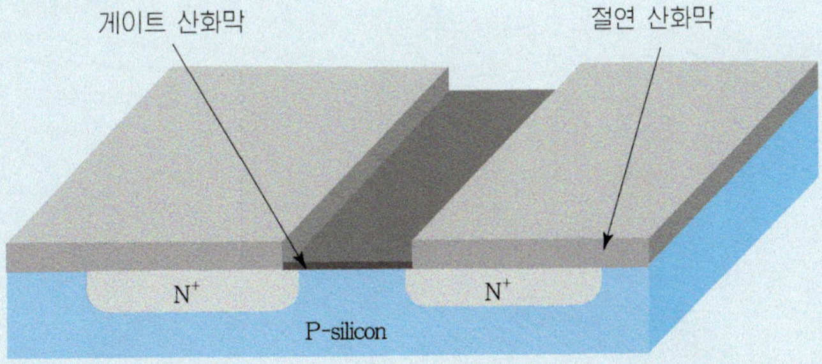

28. 세정(초음파, 상온)

아세톤(5분)→메탄올(5분) →탈이온수(5분)

29. PR 코팅

회전 도포기 속도(2,500 rpm × 5 초, 3,500 rpm × 25 초, 2,500 rpm × 5 초)

사용 PR : AZ 1512 양성(감광 부분이 분해하여 현상시 소실됨.)

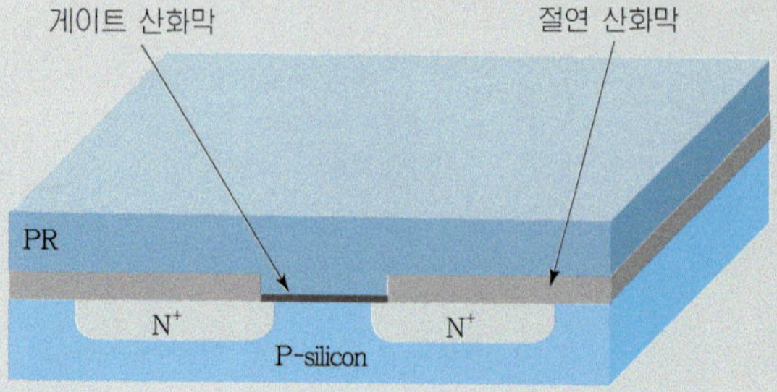

30. 소프트 베이크

90℃ × 10 min

31. 노광

정렬기에서 마스크(#3)를 통해 노광한다.

노광 시간 : 52 초

마스크-웨이퍼 간극 : 100 μm

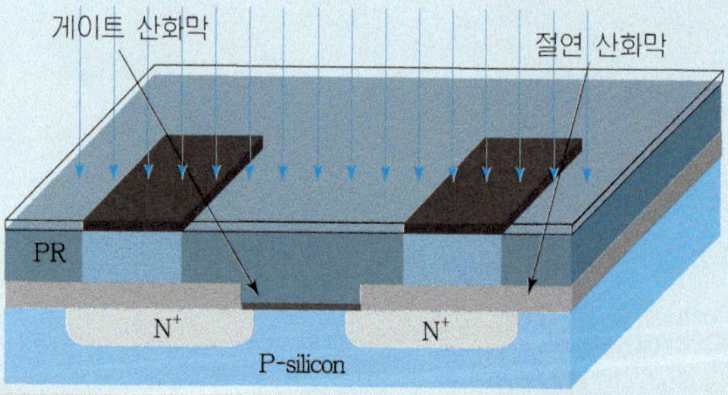

32. 현 상

사용 시약 : MIF 300 (15 초)

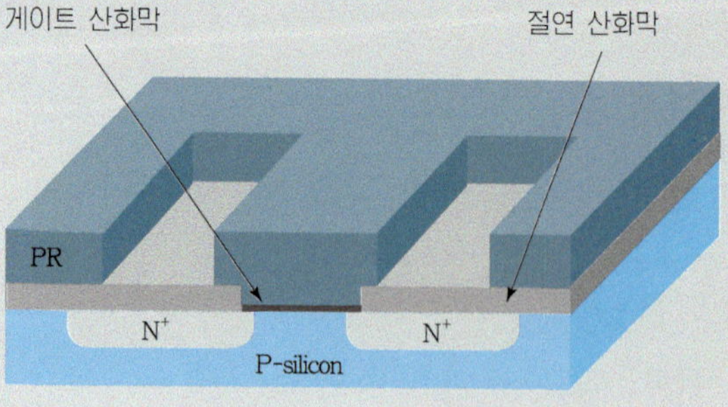

33. 하드 베이크

120℃ × 15분

34. 식 각

BHF(6 : 1) 5 분

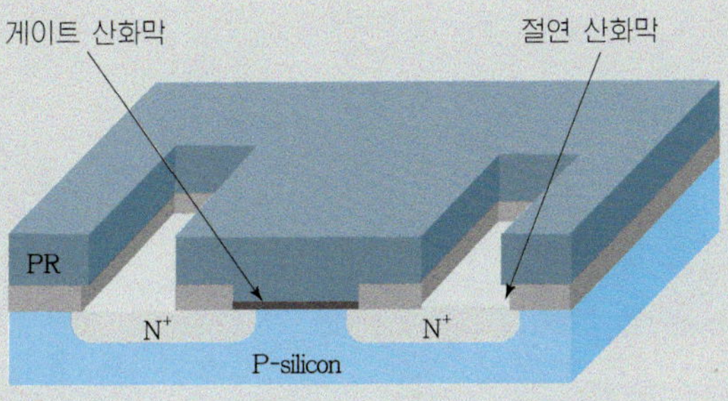

35. PR 박리(1분, 80℃)

36. 세정(초음파, 상온)

아세톤(5분)→메탄올(5분) →탈이온수(5분)

37. Al(99.99%) 또는 Al Si 증착

진공 증착 조건 : 로터리 펌프 + 터보 펌프(10^{-5} Torr), 4 A

Al : 두께 2,000Å 이상 요망

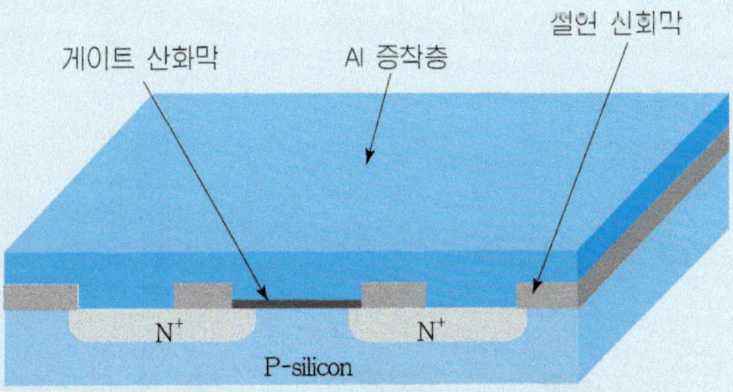

38. 세정(초음파, 상온)

아세톤(5 분) → 메탄올(5 분) → 탈이온수(5 분)

39. PR 코팅

회전 도포기 속도(2,500 rpm × 5 초, 3,500 rpm × 25 초, 2,500 rpm × 5 초)

사용 PR : AZ 1512 양성(감광 부분이 분해하여 현상시 소실됨.)

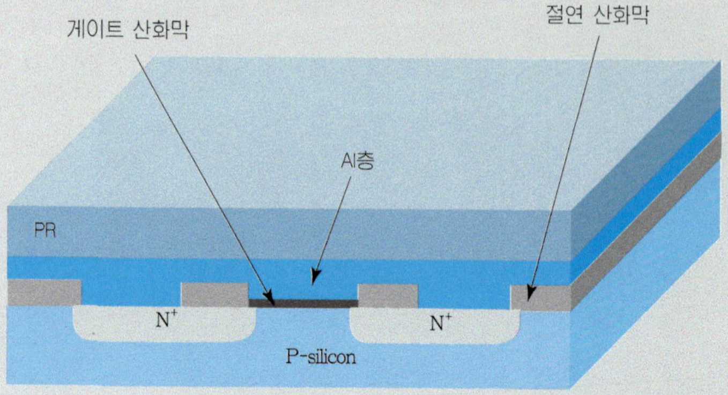

40. 소프트 베이크

90℃ × 10 min

41. 노 광

정렬기에서 마스크(#4)를 통해 노광한다.

노광 시간 : 52 초

마스크-웨이퍼 간극 : 100 ㎛

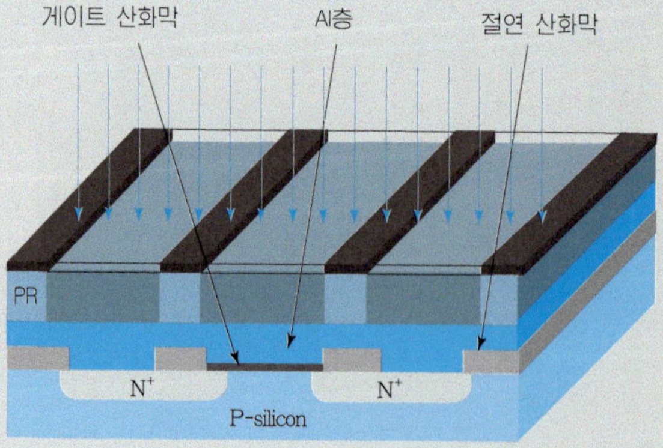

42. 현 상

사용 시약 : MIF 300 (15 초)

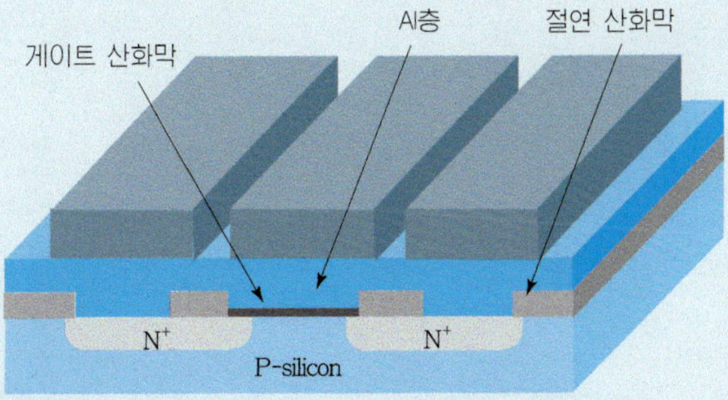

43. 하드 베이크

120℃ × 15 분

44. 알루미늄 식각(aluminium etch)

Aluminium ETCHⅢ를 적당히 가열하여 10~15초간 부식한다.

수세 후 현미경(×50) 관찰을 통하여 식각이 완료되었는지 검사한다.

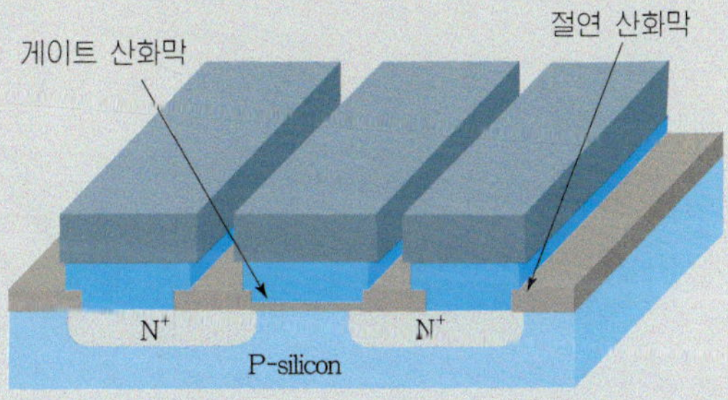

45. PR 박리

PR 박리제(AZ 400T)(1 분, 80℃)

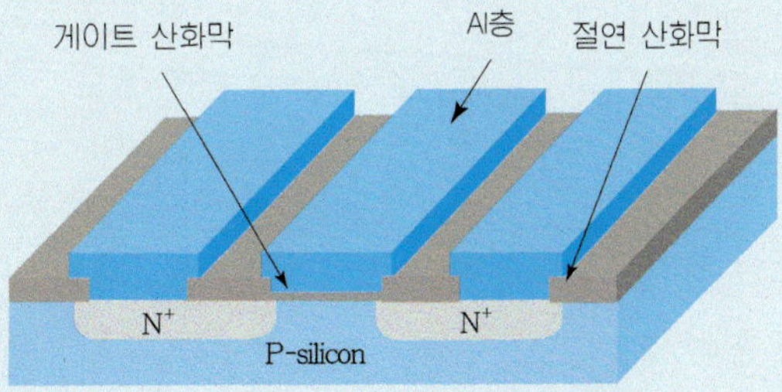

46. 세정(초음파, 상온)

아세톤(5 분) → 메탄올(5 분) → 탈이온수(5 분)

용어 해설

증착(deposition)

물리적 혹은 화학적 반응을 이용하여 박막을 웨이퍼 표면에 붙도록 침적시켜 놓는 과정

47. 어닐링(전극의 밀착력과 저항 접촉 형성)

450℃ × 30분

질소가스 분위기 : 3 mL/min.

48. 보호 산화막 코팅(표면 긁힘 방지)

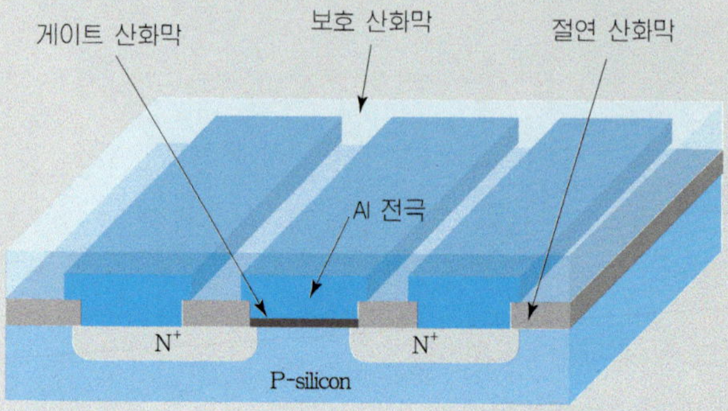

49. PR 도포

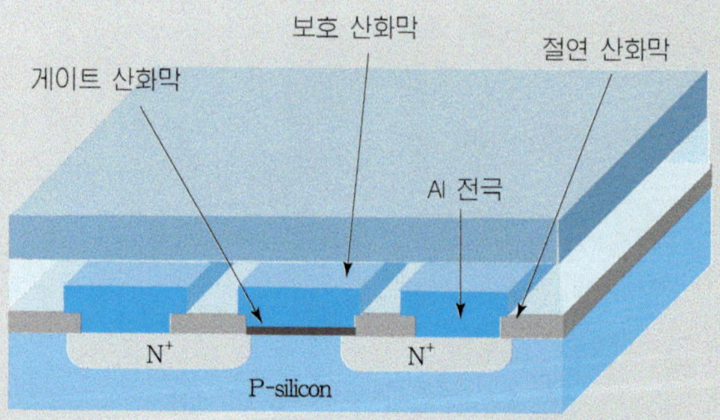

50. 소프트 베이크

51. 노광(마스크# 5) : 패드 패턴 형성

52. 현상

53. 하드 베이크

54. 식각 : 패드 형성

55. 뒷면(back side) 알루미늄(99.99 %Al) 증착 : 접지 전극 형성(역바이어스용)

로터리 펌프 + 터보 진공 펌프(10^{-5} Torr), 4 A 전류

56. 소자 특성 측정

① I-V 특성(east 150M, east technologies Co. LTD)

도핑 농도

저항 접촉(TLM, transmission line measurement)

게이트 산화막의 하전 특성

② C-V 특성 곡선(HP 4280)

전도성 측정

정전 용량 측정

③ 홀(hall) 측정(전자 농도, 저항, 이동도, 반도체 형태(홀 계수가 -이면 N형, +이면 P형)

57. 패키지 후 최종 검사

그림 Ⅳ-30 NMOS 트랜지스터 제조 공정

(3) 후공정 편

후공정은 칩을 패키지에 밀봉해 IC로 만드는 공정이다. 여기에서는 DIP형 IC를 예를 들어 후공정의 기본을 설명하기로 한다.

용어 해설

DIP(dual inline package)

가장 보편적인 IC 포장의 한 형태로 직사각형 모양이며, 내부 회로와의 연결 도선이 양쪽 측면에 수직으로 붙어 있는 패키지 형태

표 Ⅳ-5 주요 리드 프레임(lead frame) 재료

형 식	재 질	성 분	인장 강도 (kgf/mm^2)	연신율(%)	전기 전도율
고도전형	TEC-3	Cu-0. 15Sn-P	40	3	85
	KFC	Cu-0. 1Fe-P	41	7	90
	Cu-Zr	Cu-0. 18Zr	40	8	90
중도전형 중강도	CDA195	Cu-1.5Fe-0.8Co-0.6Sn-P	63	3	50
	TEC-5	Cu-1Fe-0.5Sn-0.5Zn	60	5	45
	KLF-5	Cu-2Sn-0.1Fe-P	60	5	35
고강도형	CDA725	Cu-9Ni-2.3Sn	60	15	12
	6%인청동	Cu-6Sn-P	65	15	14
Fe계	42합금	Fe-42Ni	68	7	3

1) 프레임

우선 프레임을 준비한다. **프레임**이라고 하는 것은 칩을 싣는 기판이 되는 부분과 최종적으로 리드(IC의 다리)가 되는 부분을 맞춘 것이다. 1 매의 프레임으로 몇 개~수십 개의 IC가 탑재되기도 한다. 프레임의 재질은 표 Ⅳ-5와 같이 철계와 동계의 합금이 사용된다.

2) 칩의 마운트

리드 프레임에 칩을 접착하는 것을 **마운트**라고 말한다. 접착의 방법으로서는 전도성 에폭시 수지로 접착하는 것과 땜납으로 붙이는 방법이 있다. 전력(power) IC는 방열을 잘 되게 하기 위해 땜납 마운트와 구리 프레임을 사용한다.

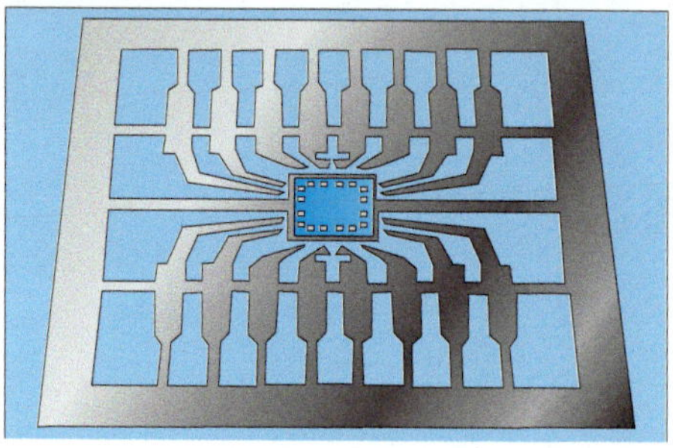

그림 Ⅳ-31 칩의 마운트

3) 배선 연결

칩의 전극(bonding pad)과 리드를 매우 가는 선으로 전기적으로 접속시키는 것을 **접착**(bonding)이라고 한다. 이 선에는 보통 30 ㎛ 정도의 금선(gold wire)이 사용되지만, 구리와 알루미늄도 사용되고 있다.

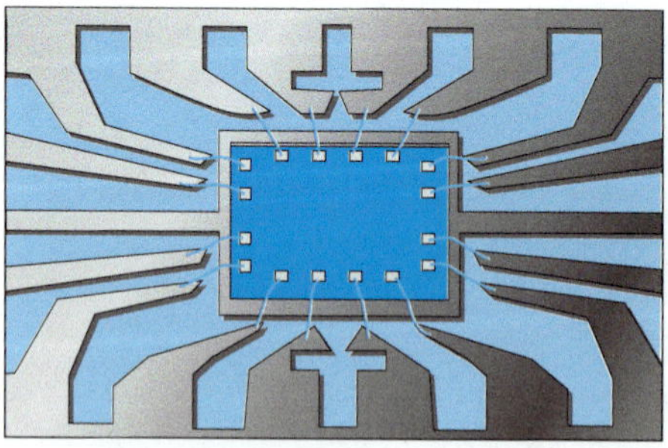

그림 Ⅳ-32 배선의 연결

4) 칩의 성형

접착이 끝난 프레임을 금형에 설치해서, 열경화성의 에폭시 수지를 흘려 넣어 성형한다. 보통 IC는 검은 수지에 들어가 있는데, 이것은 빛이 칩에 쪼이면

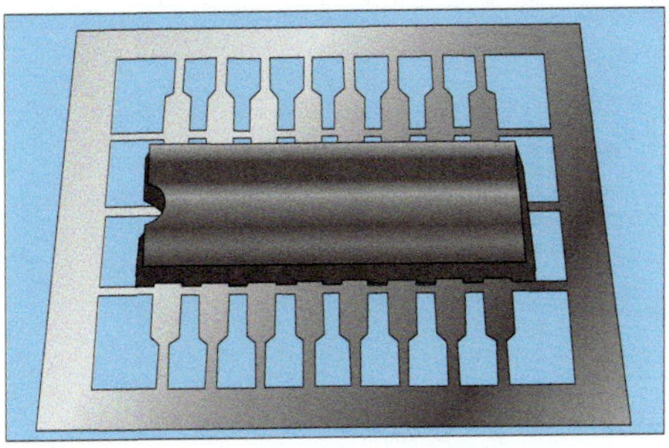

그림 Ⅳ-33 칩의 성형

광 여기 전류가 발생해 문제를 일으키기 때문이다.

5) 리드 절단과 성형

프레임으로 연결된 IC를 떼어 내 리드를 굽혀 주면, 지네발의 형태가 생긴다.

6) 최종 검사

불량품이 없는지를 검사하며, 일반적으로 불량품은 수리할 수 없기 때문에 폐기된다.

7) 마크 인쇄

IC의 표면에 형명 등을 인쇄한다. 잉크로 인쇄하는 방법과 레이저로 몰드 표면을 새기는 방법이 있다. 레이저 마크는 마멸되지 않고 작업성이 좋기 때문에 사용량이 증가하고 있지만, 미관이 나쁜 것이 단점이다.

그림 Ⅳ-34 칩의 마크 인쇄

4. 반도체 제조 라인

학|습|목|표

- 반도체 제조 라인의 모양을 그릴 수 있다.
- 청정실에서의 복장을 착용할 수 있다.
- 각 공정별 작업 모습을 통해 작업 내용을 설명할 수 있다.

01. 제조 라인의 개관

FAB 라인	조립 라인	검사 라인
웨이퍼 가공 (fabrication) 공정이 진행되는 라인	웨이퍼상의 칩을 개개로 잘라서 리드 프레임과 결합하여 완제품으로 조립하는 라인	완성된 제품이 제대로 동작하는지를 검사하는 라인

그림 Ⅳ-35 반도체 제조 라인

02. FAB 라인 모양

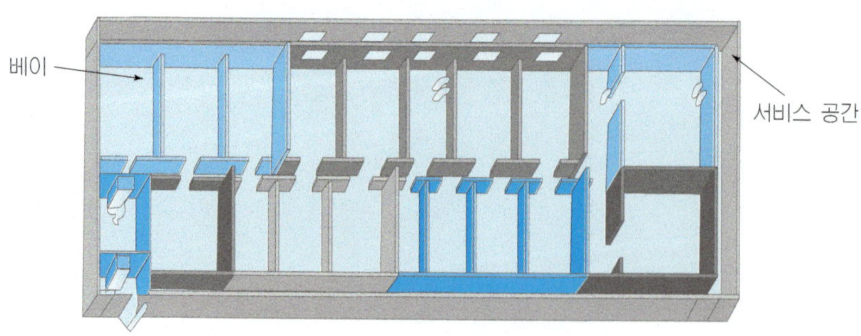

그림 Ⅳ-36 FAB 라인 모양 예시

용어 해설

FAB(fabrication)
웨이퍼 일괄 가공 라인

베이(bay)
베이란 원래 만(灣)이란 뜻인데, 라인 내부의 각 방(room)들이 마치 해안의 만처럼 생겼기 때문에 이런 이름으로 불리게 되었다. 베이의 양 벽을 기준으로 설비의 조작 부분은 베이 안에, 나머지 부분은 베이 밖에 놓이도록 설치되어 있다.

서비스 공간(service area)
베이 밖으로 설비가 돌출된 부분이나 외곽의 복도를 말하는데, 이곳에서 공정 작업이 아닌 설비 수리나 공구 이동이 이루어진다. 베이보다는 조금 낮은 청정도로 관리된다.

03. 청정실 복장

생산 라인은 초청정 환경을 유지해야 생산 수율을 높일 수 있다. 따라서, 생산 라인의 모든 작업자들은 우주복 같은 방진복을 입어 몸에 붙은 먼지가 생산 공정으로 유입되거나 옷감끼리 마찰에 의해 먼지가 발생하는 것을 방지해야 한다.

(1) 마스크 착용 상태 검사 기준

- 알루미늄 부위를 위로하여 착용하고, 콧등을 눌러주었는지 확인한다.

(2) 방진복 착용 상태 검사 기준

- 개인 방진복을 착용하며, 없을 경우에는 공용 방진복을 착용한다.
- 지퍼 불량, 손목 부위 고무줄 상태를 확인한다.
- 반드시 자기 신체에 맞는 방진복을 착용한다.

(3) 방진화 착용 상태 검사 기준

- 지퍼 상태가 올바른지 확인한다.
- 무릎 밑까지 올렸는지 확인한다.
- 고무줄 조임 상태, 청결 상태를 확인한다.

(4) 방진 모자 착용 상태 검사 기준

- 눈썹이 보이지 않게 착용한다.
- 마스크의 양 끝을 방진 모자 속으로 넣고 목 끈을 조여서 착용한다.
- 속살이 보이지 않게 접착 부위 상태 확인한다.
- 방진복 위로 방진 모자의 밑 부분이 나오지 않게 한다.
- 착용 전에 낡음, 보푸라기 등을 확인한다.

(5) 방진 장갑 착용 상태 검사 기준

- 속장갑을 먼저 착용한 후, 비닐 장갑을 착용한다.
- 장갑 목 부위가 반드시 방진복 소매 끝의 속으로 들어가도록 착용한다.

그림 Ⅳ-37 청정실 복장 착용 상태

(1) 에어 샤워 룸

FAB 라인 출입시, 방진복, 방진화 등에 부착된 먼지나 이물질을 제거하기 위한 장치로서, 밀폐된 박스(box)에 사람이 들어가면, 양쪽 벽에서 강한 공기를 불어 내어 먼지를 제거하도록 되어 있다.

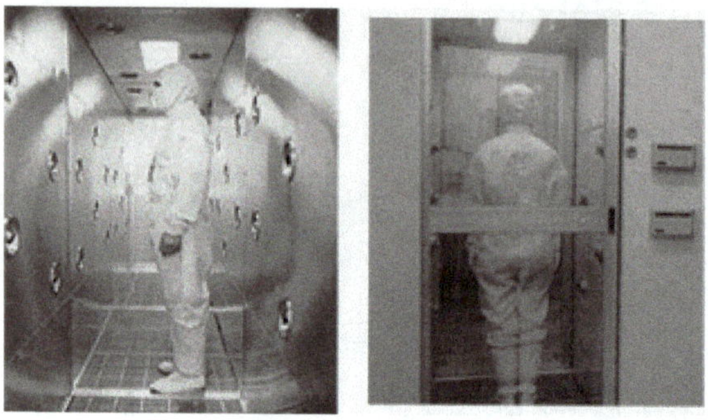

그림 Ⅳ-38 청정실 출입구의 에어 샤워

(2) 내부 전경

그림 Ⅳ-39 청정실 내부 전경

반도체 산업을 청정 산업이라고 하는 것처럼 웨이퍼가 가공되는 청정실은 먼지 입자가 최대의 적이다. 그림 Ⅳ-39를 보면 투명한 판이 일렬로 두 줄이 걸려 있는데, 이를 파티션이라고 한다. 이 파티션을 기준으로 하여 안쪽을 작업 공간(working area)라고 하여 작업자(오퍼레이터)가 활동을 하게 되고, 바깥쪽을 프로세스 공간(process area)라고 하여 장비들이 놓여 있으며 제반 공정이 진행된다. 물론 두 공간 간의 청정도도 차별 관리된다. 라인 바닥을 보면 구멍이 많이 뚫려 있는 모습이 보이는데, 이는 라인 공조를 위한 것으로 라인 내부의 공기가 바닥으로 흡입되면 천장 위의 필터로 보내서 정화된 공기가 다시 라인 안으로 유입되도록 되어 있다.

05. 각 공정별 작업 장면

그림 Ⅳ-40은 주요 공정의 작업 장면을 나타낸 것이다.

그림 Ⅳ-40 각 공정별 작업 장면

막 형성을 위한 CVD와 PVD, 사진 석판(photo lithography)과 현상, 세정과 식각, 이온 주입과 확산 등이 장비들과 함께 나타내져 있어 현장감을 다소 느낄 수 있다.

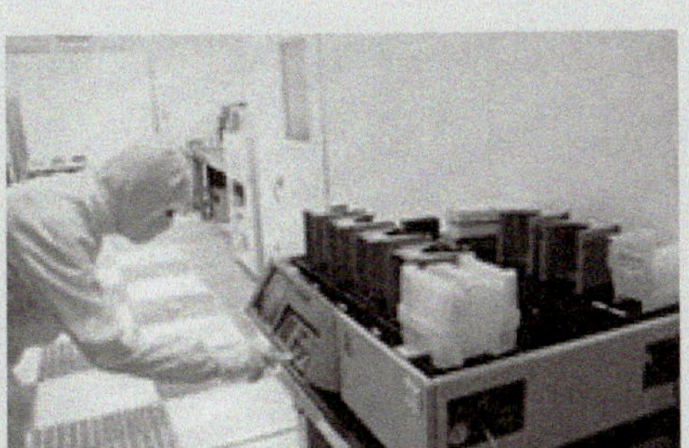

그림 Ⅳ-41 작업자(오퍼레이터)가 설비의 조작 버튼을 누르고 있는 모습

설비에 장착된 백색 캐리어와 청색 캐리어가 보인다.

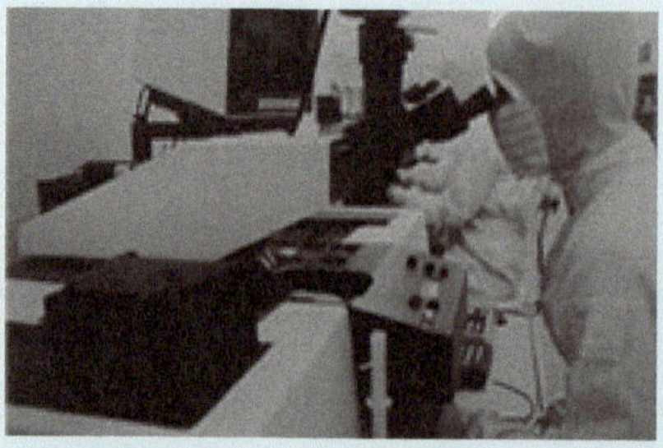

그림 Ⅳ-42 검사(inspection)를 하고 있는 작업자의 모습

공정이 진행되면서 웨이퍼 위에는 전자 회로의 미세한 패턴(문양)이 형성된다. 다음 공정으로 보내기 전에 현미경을 이용하여 정상 여부를 검사하게 된다.

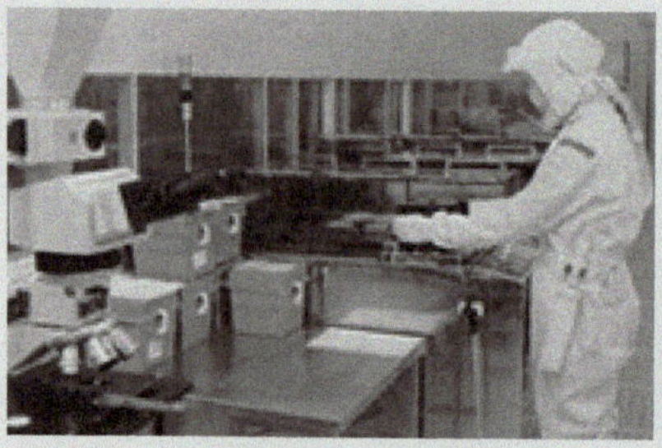

그림 Ⅳ-43 웨이퍼가 담긴 캐리어를 설비에 장착하고 있는 모습

웨이퍼가 담긴 캐리어를 설비에 장착하고 있는 작업자의 모습으로 여러 설비와 검사 장비들이 보인다.

그림 Ⅳ-44 클린 페이퍼에 작업 내용을 기록하고 있는 모습

라인 안에서의 기록은 일반 종이와 펜이 아닌 클린 페이퍼와 특수펜을 사용하며, 이는 종이와 펜에서도 먼지와 오염 입자가 발생되기 때문이다.

단원 종합 문제

1. 반도체 제조시 기본 요소 기술은 어떠한 것들이 있으며, 각각은 어떠한 작용을 하는가?

2. 반도체 공정을 3단계로 구분할때 각 단계별 공정은 어떻게 나뉘는가?

3. 웨이퍼 제조 및 회로 설계 과정은 어떻게 구성되어 있는가?

4. 웨이퍼 가공 과정은 어떤 공정으로 구성되어 있으며, 각 공정에서 행해지는 작업은 무엇인가?

5. 웨이퍼의 도핑에 사용되는 이온 주입법이란 무엇이고, 어떠한 원리로 진행되는가?

6. 트랜지스터의 종류에 따른 반도체 제조 공정의 차이점은 무엇인가?

7. 후공정인 조립 및 검사 과정은 어떠한 공정으로 구성되어 있는가?

8. 반도체 제조 라인에는 어떠한 것들이 있으며, 어떠한 일들이 행해지고 있는가?

9. 청정실에서의 작업 복장과 착용상의 검사 기준은 무엇인가?

V

반도체 공정 실습

실습을 통하여 반도체 공정의 요소 기술을 이해하고 숙지할 수 있도록 공정별 순서에 따라 관련 지식과 함께 전체적인 반도체 공정을 학습한다.

1. 회로 설계 실습

실습 목적 가장 간단한 인버터 회로를 이용하여 배치(layout) 이미지를 작성할 수 있다.

실습 재료 인버터(inverter) 도면, CAD 소프트웨어

실습 기기 컴퓨터

안전 및 유의 사항
① 인버터 회로를 먼저 이해하고 설계에 임한다.
② 정렬을 위한 마크도 고려해서 제작한다.

관계 지식

잭킬비(Jack Kilby)가 맨 처음 집적 회로를 설계할 때에는 5개의 소자를 수작업으로 그렸다. 오늘날에는 1억 개 이상의 소자가 포함되어 컴퓨터와 전용 설계 도구를 사용하지 않고는 설계가 불가능하게 되었다. 이러한 설계와 시험, 배치도 설계를 위해서는 수십 명의 설계 기술자들이 몇 달씩 작업을 해야 가능하다. 설계할 때 주된 고려 사항은 성능과 다이 크기, 설계 시간, 시험성 등이다. IC 설계는 항상 적당한 성능과 좋은 결과를 얻을 수 있도록 위의 요소들을 서로 가감한다. IC 설계는 시스템(architectural) 설계와 논리 회로 설계, 배치 설계(트랜지스터 레벨)로 구분된다.

시스템 설계(architectural) → 기능 실현의 논리 회로(logic design) 설계 → 논리 실현의 전자 회로(schematic design) 설계 → 회로의 공간적 배치 설계(layout design) → 시험 검사

시스템(architectural) 설계는 응용 동작 시스템을 정의하고 시스템에 대한 모듈을 구분한다. 논리 회로 설계는 모듈에 가산기, 게이트, 인버터, 레지스터와 같은 논리 단위를 넣고, 각 모듈을 반복(subroutine)하여 실행한다. 배치(트랜지스터 레벨) 설계에서는 개개의 트랜지스터가 각 논리 단위에 배열된다. 설계된 회로를 시험하기 위해 논리 단위에 2진 명령어를 대입한다. 설계를 시험하여 버그(bug) 요소를 제거하고, 배치도는 크롬이 도금된 석영 유리에 인쇄하여 마스크나 레티클을 만든다. 마스크나 레티클은 설계 패턴을 반도체 웨이퍼에 사진 석판 공정을 통하여 노광에 의한 광화학 반응에 의해 PR가 전사되도록 한다.

1980년대 이전에는 대부분의 반도체 업체들이 설계와 제조 및 시험까지 일괄 공정으로 하는 종합 반도체 업체였으나, 1990년대에는 설계는 하지 않고 외부에서 주문해 오면 제조만 해 주는 파운드리(foundry) 업체와 설계와 시험 부분만을 가지고 제조는 외부에 위탁하는 임가공 위탁(fabless) 업체가 생겨났다.

① VHDL

VHDL은 very high speed integrated circuit hardware description language의 약자로서 상위의 동작 레벨에서부터 하위의 게이트 레벨까지 하드웨어를 기술하고 설계하도록 하는 CAD 업계 및 IEEE 표준 언어이며, 미국 정부가 지원을 공인한 하드웨어 설계 언어이다.

HDL 이전의 하드웨어 설계에서는 주로 배치도 편집기(layout editor)나 전자 회로 편집기(schematic editor)를 이용해 작은 블록을 설계하고 이것을 이용해 큰 블록을 설계하는 상향식 설계(bottom-up)를 했다. 하지만 설계해야 할 회로의 규모가 커지고 복잡해짐에 따라 이러한 방법은 한계에 도달하게 되었다. 따라서, 알고리즘이나 기능 레벨에서 설계가 가능하도록 하는 하향식(top-down) 설계 방식의 HDL이 출현하게 되었다.

표 V-1 IC 설계 환경의 변천

설계 단계	제 1 단계 (1960~1970년대)	제 2 단계 (1980년대)	제 3 단계 (1990년대)
설계 방법	트랜지스터 레벨의 배치도(layout) 설계(상향식 설계)	게이트나 RTL 레벨의 논리 설계	알고리즘이나 기능 레벨의 고급 설계(하향식 설계)
설계 도구	배치도(layout) 편집기	전자 회로(schematic) 편집기	HDL과 합성기(실리콘 컴파일러)
설계 범위	SSI, MSI(10^3 게이트 이하)	LSI, VLSI(10^3~10^5 게이트)	VLSI, GSI(10^5 게이트 이상)
설계 예	게이트, 카운터, 멀티플렉서, 가산기	마이크로프로세서, 주변 장치	고성능 마이크로프로세서, 실시간 영상 처리기

현재는 VHDL을 실제 회로로 만들어 주는 합성 도구(synthesis tool)의 발달로 설계자의 생각을 VHDL로 표현하면 합성 도구가 실제 회로로 전환시켜 준다.

② 배치도 설계 방법

대부분의 IC 칩들은 CMOS가 기본이고, 인버터가 가장 간단한 CMOS 회로이기 때문에 인버터를 사용하여 배치도를 설계해 보도록 하겠다.

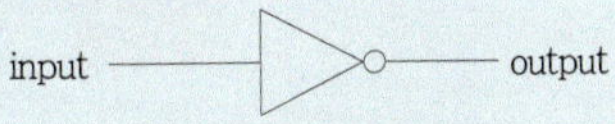

(a) 기호(logic)

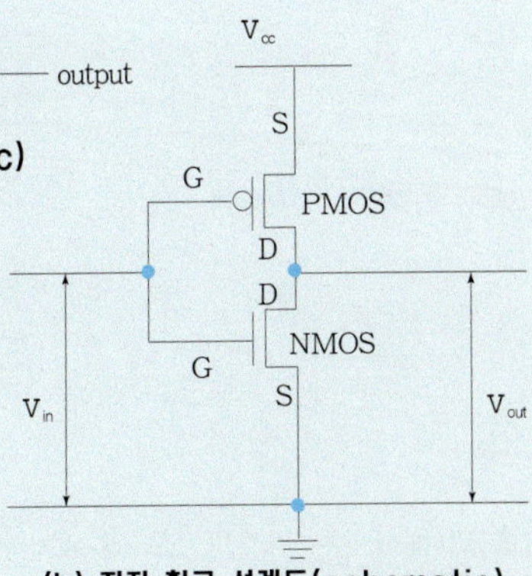

(b) 전자 회로 설계도(schematic)

그림 V-1 인버터 기호 및 전자 회로 설계도

용어해설

IEEE(Institute of Electrical and Electronics Engineers)
미국 전기 전자 기술자 협회

RTL
register transter level

GSI(Giant Scale Intergrated Circuit)
초고밀도 직적 회로

표 V-2 IC CMOS 소자 제조시 설계 요소

요소 성분	색 상	저 항	기판과 위치 관계	용 도
금속 1		매우 낮음.	상	전원과 신호선
금속 2		매우 낮음.	상	전원선
다결정 실리콘		낮음	상	신호선, 트랜지스터 게이트
n형 확산		중간	하	신호선 트랜지스터 소스와 드레인
p형 확산		중간	하	신호선 트랜지스터 소스와 드레인
접 점	■	매우 낮음.	상	신호 연결
비아(via)	□	매우 낮음.	상	금속층 간의 연결
절연체	표시 없음.	매우 높음.	상	층간 절연 및 보호

인버터의 회로도부터 단계적으로 막대 배치도(stick layout)를 작성할 수 있다.

- 배선은 가느다란 선으로 표시
- 접점은 작은 정사각형으로 표시
- 색상은 동일하게 표시

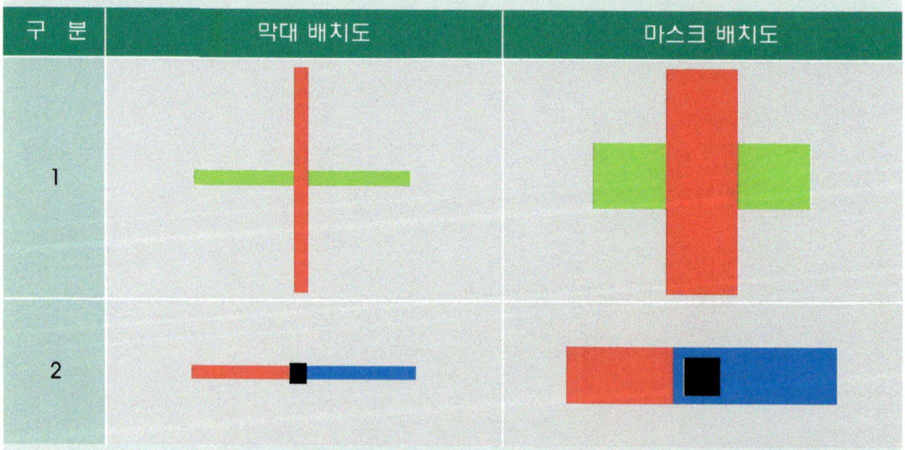

그림 V-2 인버터 기호 설계 방법

③ 트랜지스터 구조

고밀도 집적 회로(VLSI)의 배치도는 소자의 크기와 위치, 필요한 상호 연결을 결정하는 마스크의 설계로 구성되어 있다. 설계와 검사를 손쉽게 하기 위하여 필요한 각각의 독립된 마스크에 대하여 다른 색상을 사용한다. 확산대를 지나가는 다결정 실리콘은 트랜지스터 스위치를 만든다.

즉, 적색과 녹색의 교차점은 n형 트랜지스터가 만들어지고, 적색과 노란색의 교차점은 p형 트랜지스터가 만들어진다. 트랜지스터는 a부호의 소스와 b부호의 드레인, c부호의 게이트의 3단자가 있다.

n형 트랜지스터는 게이트 전압이 높을 때에 동작하며, 기호로는 게이트에 원표시가 없다.

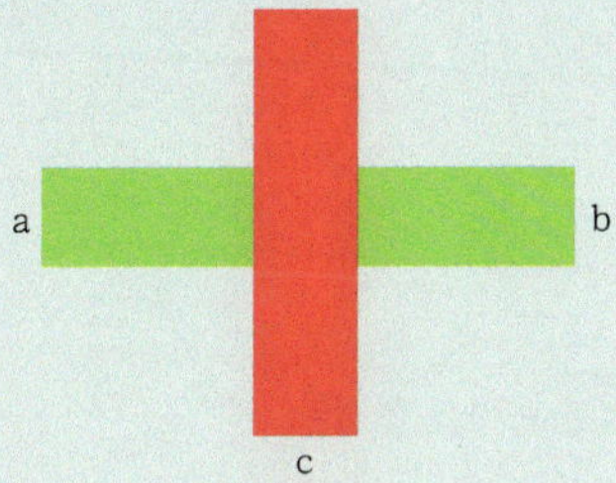

배치도

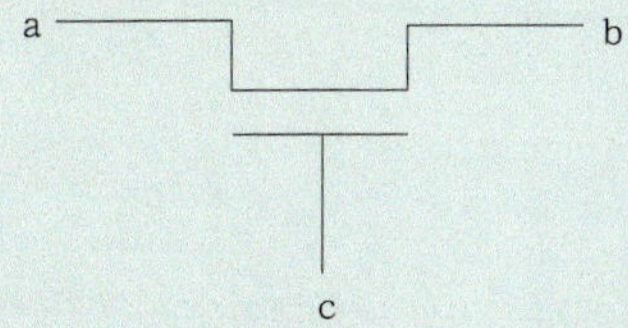

회로 기호

p형 트랜지스터는 게이트 전압이 낮을 때에 동작한다. 회로 기호는 게이트에 원표시가 있다.

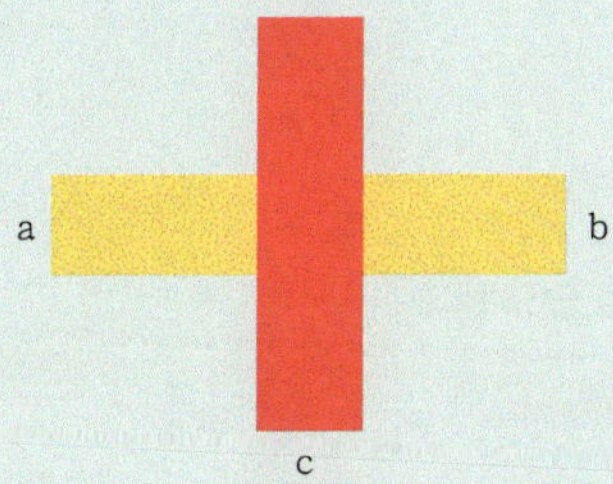

배치도

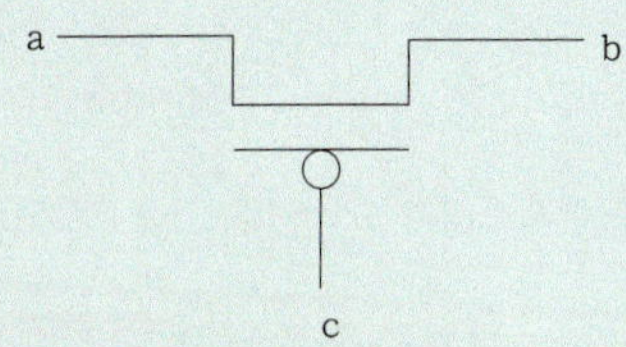

회로 기호

CMOS 인버터 배치도 설계 방법

인버터 전자 회로도(schemetic)

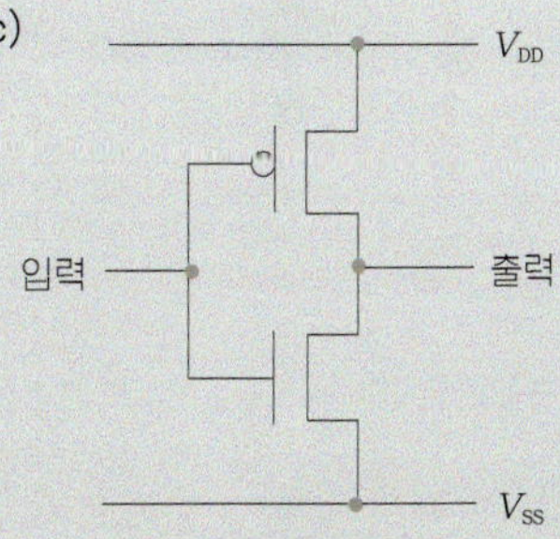

1. 두 수평 배선은 V_{SS}와 V_{DD}를 연결하기 위해 사용된다. 일반적으로, 금속2가 사용되며 금속1도 사용할 수 있다.

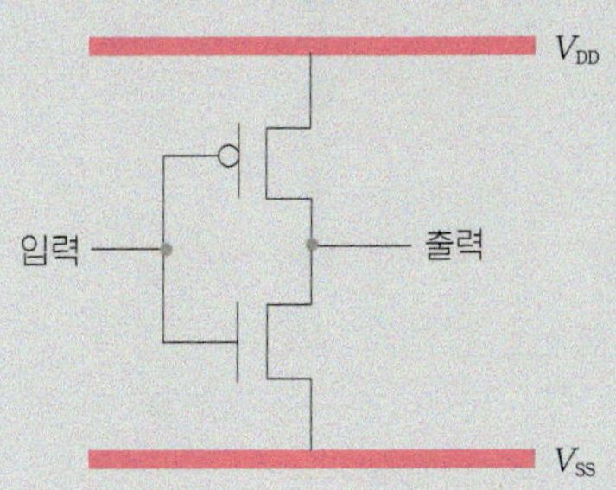

용어해설

V_{DD} 또는 V_{CC}

전원(공급) 전압

V_{SS}

V_{DD}의 그라운드 (접지 전원)

2. 두 수직선상의 선은 p형 트랜지스터(노란색)와 n형 트랜지스터(녹색)를 나타낸다.

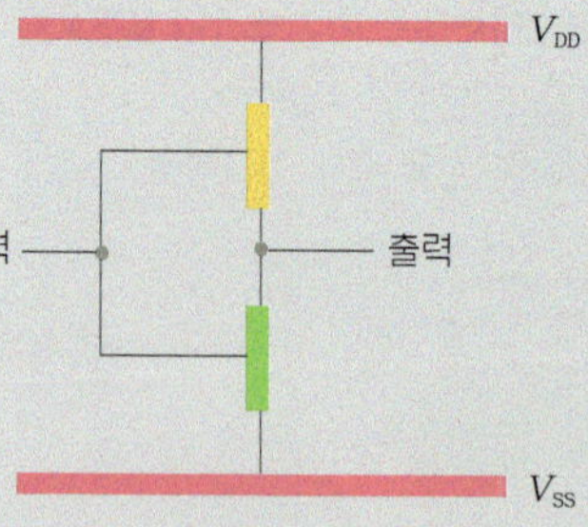

3. 트랜지스터의 게이트(입력)는 다결정 실리콘 배선으로 입력과 연결된다.

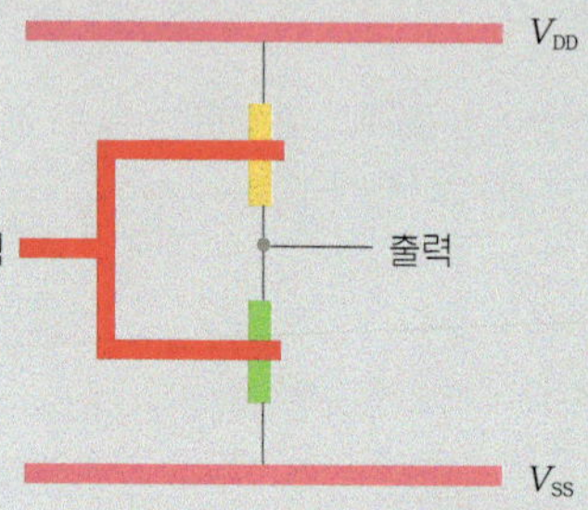

4. 두 트랜지스터의 드레인은 금속1로 배선하여 출력에 연결된다.

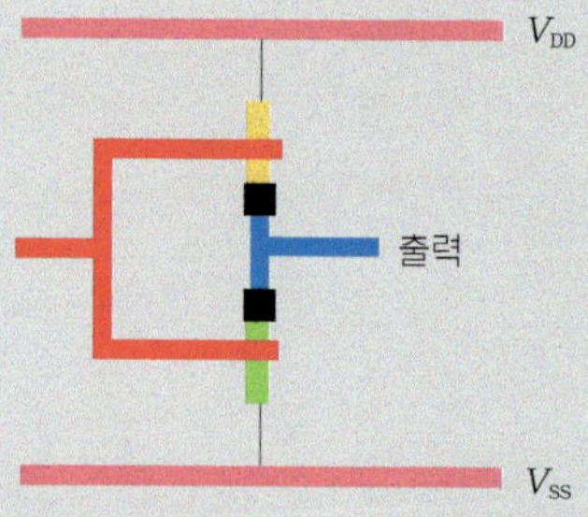

5. 두 트랜지스터의 소스는 금속1로 연결하여 V_{SS}와 V_{DD}에 연결된다.

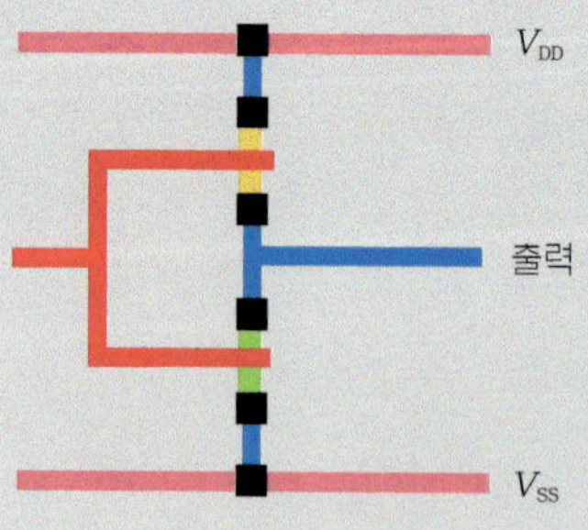

6. 막대 배치도(stick layout)(금속1이 금속2 대신 V_{SS}와 V_{DD} 연결에 사용됨.)

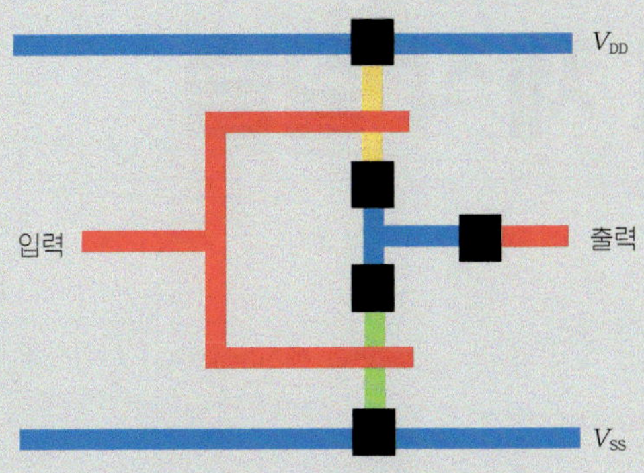

7. 마스크 배치도(layout)

그림 V-3 인버터 배치도 설계

2. 마스크 제작 실습

실습 목적

전자 설계 자동화(EDA) 소프트웨어로 만들어진 배치도(layout) 이미지를 유리 기판 위에 형상화시키는 방법을 익힌다.

실습 재료

배치도(layout) 이미지, 유리 기판, PR

실습 기기

스텝퍼

안전 및 유의 사항

① 배치(layout) 이미지를 먼저 이해하고 제작에 임한다.
② 정렬을 위한 마크도 고려해서 제작한다.

관계 지식

IC 설계가 끝나면, 전자 설계 자동화(EDA) 소프트웨어로 만들어진 배치도(layout) 이미지는 크롬 도금된 석영 유리에 인쇄된다. 컴퓨터로 제어되는 레이저 빔은 배치도 이미지를 PR가 도포된 크롬 도금 석영 유리 표면에 투사하게 된다. 광자는 광화학 반응에 의하여 노광된 PR의 화학적 성질을 변화시킨다. 이것은 현상 용액에서 용해되어 없어진다. 따라서, 배치도의 이미지는 크롬이 도금된 석영 유리에 전사되게 된다. 전자 빔은 UV보다 파장이 짧기 때문에 높은 해상도의 정밀한 이미지를 얻을 수 있다. 크롬 도금된 석영 유리의 이미지가 웨이퍼 전체를 한 번에 전사할 수 있으면 마스크라고 부르고, 웨이퍼의 일부를 전사하고 반복 작업을 통해 전체 웨이퍼에 전사가 되는 것을 레티클(reticle)이라고 한다. 레티클은 큰 이미지를 가지며 4:1, 5:1, 10:1의 비율로 축소해서 웨이퍼에 투영시킨다. 이러한 작업을 하는 장비를 스텝퍼(stepper)라 한다. 스텝퍼는 해상도가 높은 장점이 있어 첨단 반도체 제조 공정에서 많이 사용된다. 또, 레티클에 오염된 불순물들이 있어도 축소 투영되기 때문에 불량이 감소하게 된다.

사진 석판 기술에서는 해상력을 높이기 위해 우선 광원 파장이 i-line(365 nm), KrF(248 nm)에서 ArF(193 nm), CaF(157 nm) 등으로 점점 짧아지고 있으며, 렌즈의 구경(NA ; numerical aperture)도 0.6 nm, 0.7 nm, 0.8 nm 등으로 크게 하고 있다.

그러나 파장을 짧게 하고 렌즈의 구경을 크게 하면 초점 심도가 깊지 않아 실용적인 해상력이 한계점에 이른다. 이러한 노광 장비에서 오는 한계를 극복하여 디자인 룰(design rule) 0.18 μm, 0.15 μm, 0.13 μm 수준의 반도체 양산에 주목받기 시작한 기술이 바로 위상 변이 마스크(phase shift mask)를 활용한 사진 석판 기술이다.

위상 변이 마스크는 기존의 일반 마스크 기판에 위상 반전층을 형성하여 이 부분을 투과한 빛의 위상(phase)을 반전 또는 변이시킴으로써 해상력을 높이고자 만든 것이다.

실습 방법

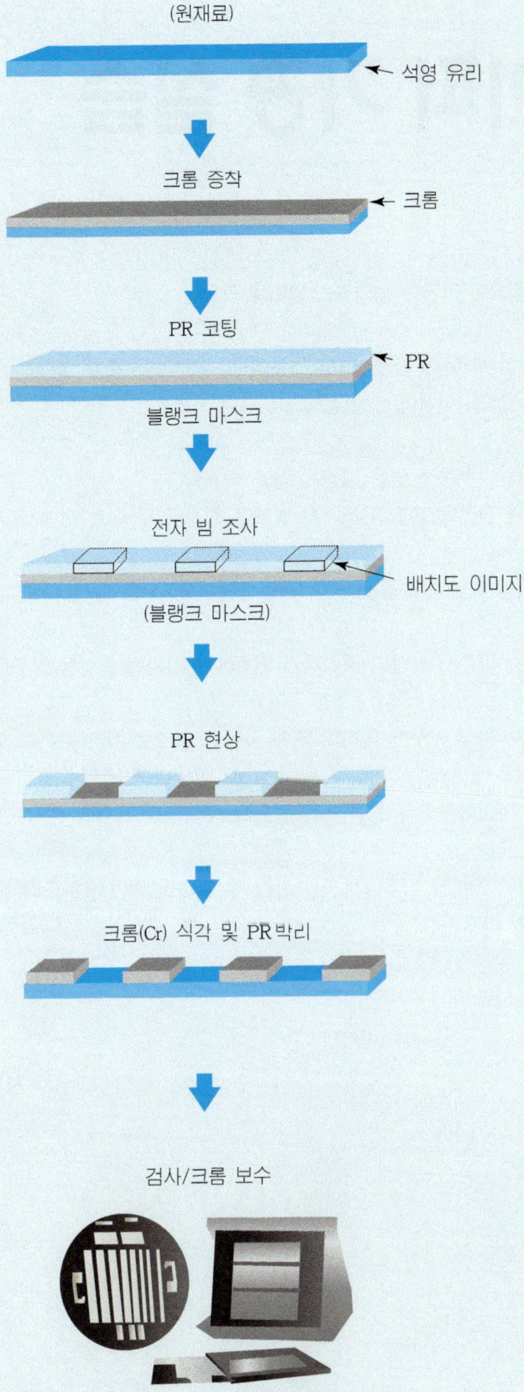

그림 V-4 마스크 제작 방법

용어해설

블랭크 마스크 (blank mask)

패턴이 형성되기 전에 석영 위에 Cr과 포토레지스트가 코팅된 것.

조사(irradiation)

전자 빔 또는 레이저를 사용하여 마스크 위의 PR에 패턴을 전사하는 공정

PR 현상

전사된 PR를 형상화하는 공정

크롬(Cr) 식각 및 PR 박리

현상 후 생성된 PR 패턴을 막으로 하여 Cr을 식각한 후 남은 PR를 제거

검사 / Cr 보수

PR 스트립 및 세정을 실시한 후 마스크 상의 결함을 검사하여 이를 보수하면 최종 마스크(mask)가 완성된다.

3. 웨이퍼 가공 실습

실습 목적

웨이퍼를 필요한 크기로 절단하는 방법을 익힌다.

실습 재료

웨이퍼, 핀셋, 웨이퍼 집게, 에어 스포이드, 알루미늄 포일, 자, 다이아몬드 팁(tip), 격자 용지, 유산지, 보호 장갑, 앞치마, 보안경

안전 및 유의 사항

① 웨이퍼를 다루는 동안은 항상 장갑을 착용한다.
② 웨이퍼의 전면에 흠집이 생기지 않도록 항상 고무 매트 위에서 깨끗한 와이퍼(종이)를 깔고 작업을 한다.
③ 모든 가공은 웨이퍼 플랫 면에 수평 또는 수직으로 실시하여 벽개면을 따라 절단되도록 한다.
④ 웨이퍼는 파손시 산산이 조각나기 때문에 장갑과 보안경을 착용해야 한다.

실습 방법

① 웨이퍼는 항상 깨끗한 와이퍼 위에 앞면이 밑으로 가도록 하여 위치시켜, 뒷면이 위쪽에 오도록 한다.
② 뾰족한 다이아몬드나 초경(WC) 팁으로 웨이퍼의 플랫에 수직 또는 수평으로 선을 그어 흔적을 만든다.
③ 그은 선의 한쪽을 바닥에서 이격시킨 후 충격을 주면서 두드려(눌러) 웨이퍼를 두 조각으로 절단한다.

4. 초기 웨이퍼 세정 실습

실습 목적

웨이퍼 표면의 이물질을 제거하기 위한 세정 방법을 익힌다.

실습 재료

트리클로로르에틸렌(TCE), 아세톤, 메탄올, 황산, 불산(HF), 과산화수소(H_2O_2), 탈이온수(D. I. water), 질소(N_2), 웨이퍼용 핀셋(wafer tweezers), 비커(600 mL)

실습 기기

핫플레이트, 초음파 세척기, 후드(hood)

안전 및 유의 사항

① 이 실습은 600 mL의 비커에서 2″웨이퍼를 세정하기 위한 것으로 크기가 다른 경우에는 실습 방법에서 사용되는 시약의 양을 가감할 필요가 있다.

② 초기 세정용이라고 적혀 있는 전용 실험 비품을 사용한다.

③ 시약과 수용액을 취급할 때에는 보호구(앞치마, 앞면 보호대, 장갑)를 착용해야 한다.

④ 고농도의 강산(HF, HCl), 강알칼리(NH_4OH)와 과산화수소(H_2O_2)는 심한 화상을 일으킬 수 있다.

⑤ 수용액을 혼합하거나 취급할 때에는 항상 후드(hood) 내에서 작업하여 인체에 해가 없도록 한다. 불산(HF)과 황산을 취급할 때에는 특별히 화상에 주의해야 한다.

⑥ 산과 용매(solvent)는 혼합하지 말고, 동일한 핫플레이트에서 함께 가열하지 말아야 한다. 갑작스럽게 증기가 서로 반응하는 경우가 있다.

⑦ 시약은 천천히 붓고 정확한 시약인지 확인한다. 항상 물에 산을 붓는 방식으로 수용액을 제조해야 하며, 산에 물을 부어서는 절대로 안 된다.

⑧ 특별한 내용이 없으면 사용된 시약은 동일한 이름의 폐수 통에 천천히 붓는다(적어도 산, 용매 등의 동일 유형의 통에 붓는다.). 부득이한 경우는 사용된 시약의 빈병을 세정하여 사용하고 위험 물질(시약명)이라고 표기한다.

⑨ 아세톤이나 다른 용매를 과산화수소 용액과 함께 동일한 핫플레이트에서 가열하면 절대로 안 된다. 가열된 용매의 증기는 매우 발화성이 높으며 가열된 과산화수소 용액은 많은 양의 산소를 공급하여 폭발이나 화재의 위험이 있다.

⑩ 과산화수소 수용액은 차가운 상태에서도 다량의 가스를 발산하며 급격하게 분해하므로 후드 내에서 각 단계마다 사용 전에 바로 혼합하여 사용해야 한다. 이러한 용액은 수명이 상온에서는 1일 이내이고, 가열된 경우에는 30분도 되지 않기 때문에 후드 내에 저장할 필요가 없다. 폐기시에는 많은 양의 수돗물을 배수구에 같이 흘려 보낸다.

실습 방법

① 웨이퍼의 표면에 지문이나 다른 이물질이 심하게 묻어 있으면 TCE를 묻힌 면봉으로 깨끗하게 닦는다(새 웨이퍼는 보통 이 단계는 생략할 수 있다.).
② 따뜻한 TCE 용액에 5분 동안 담근다(새 웨이퍼는 상온에서도 가능하다.).
③ 아세톤에 5분 동안 담가서 TCE 잔류물을 제거하고 유기물을 세정한다.
④ 메탄올에 5분 동안 담가서 아세톤의 잔류물을 제거한다.
⑤ 탈이온수를 이용해 여러 번 세정한다.

6~8 단계는 용제 세정과 전 공정에서 남아 있는 유기 이물질을 제거하기 위한 것이다.
⑥ $H_2O/H_2O_2/NH_4OH$(5 : 1 : 1)의 용액을 준비한다.
65 mL의 NH_4OH(27%)와 325 mL의 탈이온수 혼합물을 핫플레이트에서 70±5 ℃로 가열한다. 비커를 핫플레이트에서 내리고 65 mL의 H_2O_2(30%)를 첨가한다. 1~2분 후 심하게 거품이 발생한다.
⑦ 위 용액에 15분 동안 담근 후, 탈이온수로 비커 내에서 몇 차례 씻는다.
⑧ 흐르는 물(unbroken water)에서 웨이퍼를 꺼내면 유기물을 웨이퍼 표면에 다시 오염시킬 수 있다.

9~12 단계는 '암모니아수와 과산화수소' 세정시에 생긴 얇은 산화막을 제거하기 위한 것이다.
⑨ 수파 실험(water break test)을 통하여 웨이퍼의 표면이 친수성(표면 위에 물을 부으면 전면이 젖게 됨.)인지를 확인한다.
⑩ 25 mL의 49% 불산(HF)과 475 mL 탈이온수를 혼합하여 2.5%의 묽은 불산 용액을 준비한다. 불산은 유리질을 식각하므로 항상 폴리프로필렌 재질의 비커와 눈금이 있는 메스실린더를 사용한다.
⑪ 1분간 웨이퍼를 위에서 만든 묽은 불산 용액에 담근다.
⑫ 탈이온수로 수세하고 수파 실험(water break test)을 통하여 웨이퍼의 표면이 다시 소수성(표면 위에 물을 부으면 전면이 젖지 않음.)인지를 확인한다. 실리콘은 소수성이고 산화실리콘은 친수성이다.

13~15 단계는 이온과 금속성 이물질을 제거하기 위한 것이다.
⑬ $H_2O/H_2O_2/HCl$(4 : 1 : 1)의 용액을 준비한다.
  a) 65 mL의 HCl(37%)과 260 mL의 탈이온수 혼합물을 70±5 ℃로 가열한다.
  b) 비커를 핫플레이트에서 내리고 65 mL의 H_2O_2(30%)를 첨가한다.
⑭ 위 용액에 웨이퍼를 15분 동안 담그고 탈이온수로 수세한다.
⑮ 수파 실험(water break test)을 통하여 웨이퍼의 표면이 다시 친수성(표면 위에 물을 부으면 전면이 젖게 됨.)으로 되었는지 확인한다. 그렇지 않으면 13번부터 다시 시작한다.

⑯ 흐르는 탈이온수로 웨이퍼를 수세한다.
⑰ 건조된 질소가스로 웨이퍼를 건조시킨다.

5. 공정 중 웨이퍼 세정 실습

실습 목적

공정 중간에 웨이퍼 표면의 이물질을 제거하기 위하여 실시하는 세정 방법을 익힌다.

실습 재료

아세톤, 이소프로필알코올, 탈이온수(DI water), 웨이퍼용 핀셋(wafer tweezers), 비커(600 mL)

실습 기기

초음파 세척기

안전 및 유의 사항

① 세정액은 몇 차례 다시 사용할 수 있다.
② 용액이 오염되지 않도록 동일한 용기를 항상 사용한다.
③ 유기 용제가 부족하여 다시 교체할 때에는 사용한 용제는 적절한 용기에 넣어서 처리한다.
④ 유기 용제를 배수구에 버려서는 안 된다.
⑤ 실험실 내의 모든 비커들은 정확하게 라벨을 붙인다.

실습 방법

① 웨이퍼를 홀더에 위치시키고 아세톤이 들어 있는 비커에 담근다.
② 초음파 세척기에 비커를 넣고 5분 동안 세척한다.
③ 이소프로필알코올이 들어 있는 비커에 시편 홀더를 넣고 5분 동안 초음파 세척을 한다.
④ 흐르는 탈이온수에서 수세한다.
⑤ 질소 건(gun)을 사용하여 건조시킨다.

6. 회전 도포 실습

실습 목적 회전 도포기를 사용하여 웨이퍼 표면 위에 포토레지스트를 도포하는 방법을 익힌다.

실습 재료 PR(포토레지스트)

실습 기기 회전 도포기

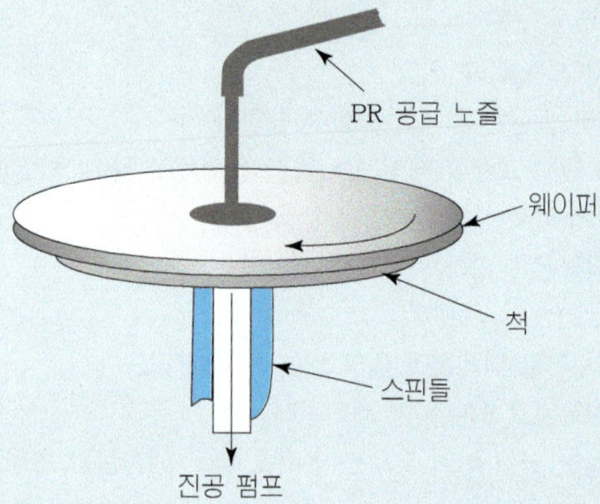

그림 Ⅴ-5 회전 도포기(spinner)

안전 및 유의 사항

① 실험실이 밀폐되어서는 안 된다.
② PR 용액도 자극성이 강할 뿐만 아니라 식각 과정에 사용되는 불산은 호흡기 계통에 치명적인 영향을 끼칠 수 있다.
③ 노광기의 광원은 자외선이므로 외부에 노출되지 않도록 한다.
④ 회전 도포기 사용시 주위 환경에 유의한다.
⑤ 식각시에는 반드시 후드(hood) 시설을 사용한다.
⑥ PR나 식각 용액 및 세정 물질 등이 몸에 묻지 않도록 주의한다.
⑦ 회전 도포기의 회전 속도와 도포 두께는 사용하는 PR 참고 자료에 따른다.

관계 지식

PR 코팅의 목적은 표면에 적당한 두께의 PR를 입히는 것이다. 액체는 보통 담그거나 뿌리거나 굴려서 입히는 데 가장 적합한 방법으로 회전 도포기를 이용한다.

PR는 빛이나 방사선, 열 등 여러 형태의 에너지에 노출되었을 때에 내부 구조가 바뀌는 특성을 가진 혼합물이다. 양성 PR는 노발락(NOVALAC) 수지가 카르복실산으로 변화하여 광연화 또는 광

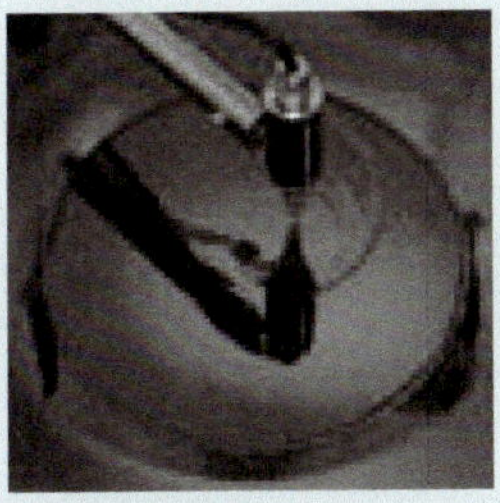

(a) 도포 장면

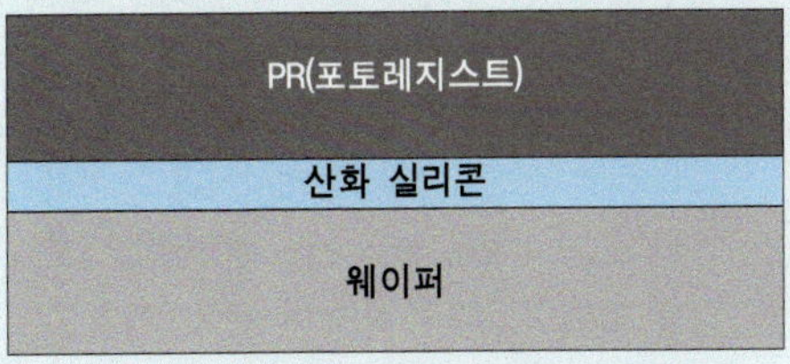

(b) PR 도포 단면

그림 V-6 회전 도포 공정

용융화 되는 것이다. 음성 PR는 광경화 또는 광고분자화에 의해 화학적으로 안정한 막을 형성한다. PR는 복사업계에서 쓰여 왔는데, 1920년에 인쇄 회로 기판업계에서 먼저 응용하기 시작했다. 반도체 산업은 1950년대에 웨이퍼 공정에 이 기술을 적용시켰다. 반도체에 쓰이는 PR는 Eastman Kodak 회사에서 최초로 개발되었다.

1950년대 말, KPR와 KMER 등의 음성(negative) PR가 만들어졌다. 비슷한 시기에 Shipley 회사에서는 양성(positive) PR를 만들었다. 그 뒤에 더 미세한 패턴을 균일성 있고 공정에 너무 민감하지 않게 형성할 수 있는 PR를 개발하면서 많은 회사들이 시장에 뛰어들었다. PR는 패턴 크기나 공정을 생각하지 않고는 선택할 수 없다. 한 번 공정이 설정되었으면 PR를 바꿀 때에는 충분한 테스트가 선행되어야 한다.

표 V-3 원소의 구성과 질량

PR 성분	기 능
다중체(polymer)	에너지에 반응하여 구조를 바꾼다(고분자화 또는 광분해).
용제(solvent)	박막을 회전 도포법으로 도포할 수 있게 다중체 분자를 분리한다.
감응제(sensitizer)	노광되었을 때, PR의 광화학적 반응을 일으키고 조절한다.

실습 방법

① 새 웨이퍼를 사용하여 작업할 때에는 초기 세정을 실시한다.
② 웨이퍼를 탈수 베이크한다.
③ 회전 도포기용 진공 펌프를 작동시킨다.
④ 회전 도포기에 전원을 넣는다.
⑤ 회전축에 적당한 크기의 진공 척을 설치한다.
  a) 웨이퍼보다 척이 커야 한다.
  b) 척은 회전 도포기에서 위쪽으로 당기면 빠진다.
  c) 새 척은 축에 올려놓고 위에서 아래로 수직 방향의 힘을 가하면 고정된다.
  d) 척 안쪽에 있는 O-링은 이탈되지 않고, 정 위치에 있도록 해야 한다.
⑥ 웨이퍼는 척의 중심에 무게 중심이 일치하도록 해야 한다.
⑦ 진공 버튼을 눌러 진공을 건다.
  a) 척에 웨이퍼를 안정되게 고정한다.
  b) 기판이 최종 회전 속도까지 빨리 도달하도록 한다.

c) 회전 도포 후, 기판이 천천히 감속되도록 한다.

⑧ 시작 버튼을 누르고 속도 노브를 시계 방향으로 천천히 돌려 기판이 척의 중앙에 오도록 한다.

⑨ a. 만일 기판이 요동하거나 중앙에 오지 않으면

i) 리셋 버튼을 눌러 정지시킨다.

ii) 진공 버튼을 눌러 진공을 해제한다.

iii) 요동이 없도록 기판을 재설치한다.

iv) 7단계로 가서 계속 진행한다.

b. 만일 기판이 요동 없이 정확하게 위치한다면 속도를 높여 적당한 회전 속도까지 올린다.

⑩ 리셋 버튼을 눌러 정지시킨다.

⑪ 가속 노브와 감속 노브를 반시계 방향으로 완전히 돌려 원위치시킨다.

a) 가속을 천천히 해서 PR가 급속하게 기판에서 이탈되는 것을 방지한다.

b) 감속을 느리게 하여 갑작스런 정지로 PR가 뭉치는 것을 방지한다.

⑫ 회전 도포 시간을 설정한다(PR에 따라 별도로 주어진다.).

⑬ PR를 기판 중앙에 스포이드를 이용하여 도포한다.

⑭ 시작 버튼을 누른다(PR가 튀어나오는 것을 방지하도록 덮개를 덮는다.).

⑮ 리셋 버튼을 눌러 진공을 해제한다.

⑯ a) 6번부터 시작하여 다른 기판을 작업한다.

b) 모든 작업이 종료되었으면 회전 도포기의 전원과 진공 펌프의 전원을 끈다.

7. 진공 탈수 베이크 실습

실습 목적

웨이퍼 표면의 수분을 증발시켜 PR의 밀착력을 좋게 하는 진공 탈수 베이크 방법을 익힌다.

실습 재료

웨이퍼, 웨이퍼 집게

실습 기기

진공 오븐(oven)

안전 및 유의 사항

① 200±5℃에서 사용할 수 있는 전용 오븐을 사용한다.
② 사용 전에 진공 상태에 있지 않았다면, 진공 상태에서 온도를 안정화시킨 다음, 작업을 시작한다.
③ PR 공정과 웨이퍼 준비(산화, 증착) 공정 사이에 작업이 중단되었을 경우, 탈수 공정은 반드시 실시해야 한다.

실습 방법

① 오븐의 진공 밸브를 잠그고 배기(vent)시켜 대기압이 되면 문을 연다.
② 웨이퍼의 앞면이 위로 오도록 오븐 내에 설치한다.
③ 다시 문을 닫고 배기 밸브를 잠그고 진공 펌프를 작동시켜 오븐을 진공 상태로 한다.
④ 약 380 Torr(0.5 atm)의 기압으로 배기한 후, 밸브를 잠그고 오븐을 진공 상태에서 외기와 차단한다.
⑤ 웨이퍼를 200℃에서 30분 동안 베이크한다.
⑥ 베이크 후에 진공을 풀어 오븐의 문을 열고 핀셋으로 웨이퍼를 꺼낸다.

8. 소프트 베이크 실습

실습 목적

PR에 포함된 용제의 양을 감소시켜 변형에 대한 강도와 밀착력을 향상시키는 방법을 익힌다.

실습 재료

구 분	PR 품명	PR 형태
A	microposit S 1800	양성
B	microposit S 1600	양성
C	OGC SC	음성
D	OGC HNR-120	음성

실습 기기

핫플레이트(hot plate), 오븐(oven)

안전 및 유의 사항

① 노의 열에 의한 화상에 주의한다.
② 가열 온도와 시간을 정확하게 지킨다.

관계 지식

소프트 베이크는 PR의 용제를 증발시키는 열처리 공정이다. 용제를 증발시키는 이유는 세 가지이다. 첫째, 용제가 PR에 남아 있으면 폴리머의 노광에 의한 화학 반응이 방해를 받는다. 둘째, PR가 웨이퍼 표면에 잘 붙게 하기 위함이다. 이는 페인트가 마른 후에 표면에 붙게 되는 것과 같은 원리이다(90℃의 오븐에서는 약 10분 정도 베이크하면 된다.). 이 때, 부피는 10% 정도 감소된다. 셋째, 감응제(PAC)를 작용시킨다.

실습 방법

① 회전 도포법에 의해 PR가 도포된 웨이퍼를 준비한다. 이 때, 이물질이나 공기 방울이 없어야 한다. 그렇지 않은 경우는 PR를 박리시키고 탈수 베이크를 실시하고 다시 작업을 시작한다.
② 오븐에 장입한다.
③ 오븐 문을 닫는다.

④ PR의 종류에 따라 다음과 같은 온도와 시간에서 베이크를 한다.

구 분	PR 품명	온 도	설정 시간
A	microposit S 1800	90~100℃	30 min
B	microposit S 1600	90~100℃	30 min
C	OGC SC	90~100℃	25 min
D	OGC HNR-120	90~100℃	25 min

⑤ 설정된 시간이 경과하면 웨이퍼를 꺼내고 문을 닫는다.

⑥ 다음 공정으로 웨이퍼를 보낸다.

9. 포토마스크 세정 실습

실습 목적

보관 중인 포토마스크를 재사용하기 위해 오염된 이물질을 세정하는 방법을 익힌다.

실습 재료

면봉, 이소프로필알코올, 탈이온수, 세정 용액(Kodak photo Flo), 웨이퍼용 핀셋, 비커

안전 및 유의 사항

① 화학 약품의 취급시에는 인체에 묻지 않도록 주의한다.
② 사용한 화학 약품은 지정된 용기에 넣어 보관한다.

실습 방법

① 이소프로필알코올(2-propanol) 용액을 준비한다.
② 탈이온수가 반쯤 채워져 있는 비커에 세정제(Photo Flo 200)를 몇 방울 첨가하여 세정 용액(Kodak photo Flo)을 만든다(Photo Flo 200 : 탈이온수 = 1 : 200).
③ 마스크를 2분 동안 흐르는 탈이온수에 수세한다.
④ 마스크를 10분 동안 이소프로필알코올(2-propanol)에 담근다.
⑤ 마스크를 2분 동안 흐르는 탈이온수에 수세한다.
⑥ 세정 용액(Photo Flo)에 2분 동안 마스크를 담근다.
⑦ 면봉을 세정 용액에 담그고 마스크의 양쪽 면을 문질러 깨끗하게 닦는다.
⑧ 세정 용액에 2분 동안 마스크를 담근다.
⑨ 마스크를 5분 동안 흐르는 탈이온수에 수세한다.
⑩ 질소 건(gun)으로 마스크를 건조시킨다.

10. 마스크 정렬과 노광 실습

실습 목적

마스크 정렬과 노광을 통해 마스크의 형상(패턴)이 웨이퍼 위에 도포된 PR층에 형성시키는 방법을 익힌다.

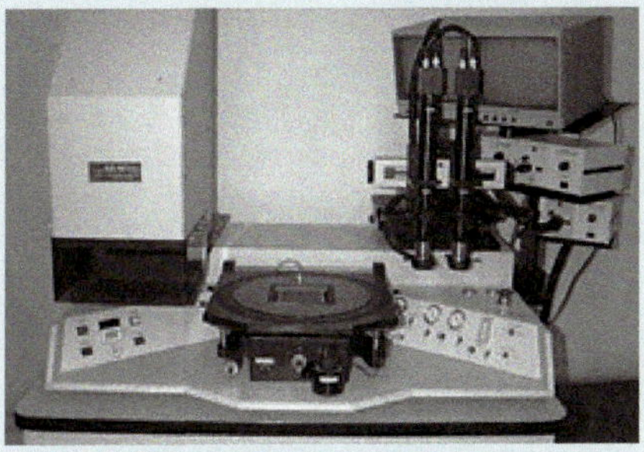

그림 V-7 마스크 정렬기

실습 재료

마스크, PR 도포 웨이퍼, 웨이퍼 집게

실습 기기

마스크 정렬기(Kasper 2001 mask aligner)

안전 및 유의 사항

① 실험실의 모든 빛을 노란색 셀로판 테이프를 이용하여 차단한다.
② 창문에서 빛이 새어 들어오지 못하도록 테이프를 잘 붙인다.
③ 형광등이나 기타 조명을 이용할 경우에는 조명등을 셀로판 테이프로 감싸서 노란색 빛만 나오도록 한다.

관계 지식

정렬과 노광은 두 가지 목적의 공정이다. 한 가지 목적은 마스크에 웨이퍼를 정확히 정렬시키는 것이고, 다른 한 목적은 정렬 후에 마스크를 통해 PR 막에 적절한 노광을 하여 선택적으로 고분자화하기 위한 것이다. 이 두 공정의 결과로 마스크의 패턴이 PR 위에 옮겨진다.

① 노광 방법

접촉형(contact) – 웨이퍼가 마스크에 밀착되어서 노출과 복사의 회절을 줄이게 되어 마스크 패턴을 정확히 전달할 수 있는 장점이 있지만, 밀착으로 인하여 마스크와 PR층이 손상을 입을 수 있다. 이 경우는 5㎛ 이상의 회로에 적합하다.

근접형(proximity) – 마스크가 웨이퍼 10~250㎛ 정도 가까이 가지만 닿지는 않는다. 이 방법은 마스크 주변에서의 빛의 회절 때문에 5㎛ 이상의 패턴에 적합하다. 따라서, 간격이 좁을수록 해상도가 높다.

투사형(projection) – 마스크나 PR에 손상이 없고, 마스크의 수명이 길며 마스크를 갈아줄 필요가 없다는 장점을 가지고 있다.

스텝퍼(stepper) - 레티클의 큰 이미지를 4:1~10:1 정도로 축소 투영하는 자동 정렬 노광 장치라고 할 수 있다.

② 노광 광원

- 자외선(UV) : G-Line(436 nm), H-Line(406 nm), I-Line(365 nm)
- DUV(deep ultraviolet) : KrF(248 nm)→ ArF(193 nm) → CaF(157 nm)
- E-beam
- X-ray

일반적으로 노광 광원의 파장이 짧으면 해상도(분해능)는 더 좋다.

실습 방법

① 실험실은 노란 테이프를 이용하여 다른 빛은 대부분 차단한다.

② 웨이퍼는 가능하면 손상이 작은 것을 사용하고, 회전 도포기에 맞는 크기로 웨이퍼를 절단한다.

③ PR의 경우에는 AZ1512 200 mL와 물 200 mL를 혼합하여 코팅 용액을 만들고, 미리 가열시켜 놓은 120℃ 오븐에서 8분간 베이크한다.

④ 노광을 실시한다. 노광에 있어서는 두 가지 방법을 이용한다. 하나는 스텝퍼를 이용하여 ;4!;로 축소된 상을 얻어내기 위해 실시하며, 다른 하나는 접촉(contact)으로 마스크와 웨이퍼를 밀착시킨 후 수은 등에 직접 노광시킨다.

⑤ 현상한다. 현상액은 1:1의 희석 비율을 이용한다. 현상에 있어서 가장 중요한 것은 용액의 온도이다. 상온에서는 적어도 15분 정도 지나야 현상을 확인할 수 있고, 온수에서는 3분 정도 지나면 상이 나타난다.

⑥ 현상 후 세척을 하고 포스트 베이크의 시간은 110℃에서 8분 이상 실시한다.

⑦ 식각 용액에 담가서 패턴을 각인시킨다.

⑧ 육안 및 현미경으로 패턴의 정밀도를 측정하고 분석한다.

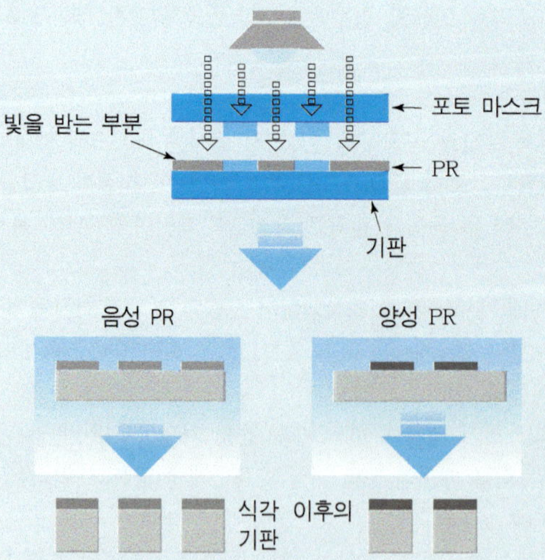

그림 V-8 사진 공정

11. PR 현상 실습

실습 목적

마스크 패턴에 의해 노광된 부분의 PR(양성, 음성)를 선택적으로 제거하여 웨이퍼 위의 PR층을 형상화하는 방법을 익힌다.

실습 재료

현상제(Microposit MF-319), 웨이퍼 집게, 비커

실습 기기

광학 현미경

안전 및 유의 사항

① 현상제(Microposit MF-319)는 테플론 재질의 비커에서 사용하면 안 된다.

② 현상 시간이 길면 노광 시간이 짧아도 되고, 현상 시간이 짧을수록 노광되지 않은 부분의 침식이 적다.

관계 지식

① 현상(development)

정렬 및 노광 후에 마스크에 있던 패턴에 의해 PR층은 고분자화된 부분과 안 된 부분으로 구분되어 PR층에 옮겨지게 된다. 다음 단계는 PR 중 고분자화가 안 된 부분을 제거하는 것이다. 음성(negative)과 양성(positive) PR 현상액은 다르다. 정렬 및 노출 후에 음성(negative) PR는 노광된 부분이 다중체로 바뀐다. 현상액은 고분자화된 부분을 용해하지 못하지만, 나머지 부분은 용해시킨다. 양성(positive) PR는 이와 반대이다. 경우에 따라서는 현상 전에 PR의 유동점 이하 온도의 핫플레이트에서 포스트 베이크를 30초 동안 실시한다. 이러한 포스트 베이크의 목적은 잔류 휘발분을 제거하고 밀착력을 더 견고하게 하며 측면과 표면을 균일하게 하기 위한 것이다.

② 현상 방법

침적(Immersion)과 분사(spray)법이 있다. 침적의 경우에는 현상액 용기와 세척액 용기를 나란히 설치하고 현상액에 웨이퍼를 담근 후, 세척액에 담갔다가 건조시키면 된다. 분사법의 경우에는 PR를 코팅할 때처럼 설치하고 PR 대신 현상액과 세척액을 웨이퍼에 분사시킨다.

③ 검 사

검사의 목적은 수율이 낮을 것 같은 웨이퍼를 골라 내는 것이다. 이 시점에서 결함이 발견된다면 PR를 제거하고 다시 공정을 할 수 있게 된다. 이것은 결함이 치명적이지 않고 재작업이 가능한 경우에만 한다. 검사 과정으로는 나안 검사를 한 후, 현미경 검사를 통해서 현상 패턴을 자세히 관찰하여 목적하는 크기의 패턴이 나왔는가를 확인하는 것이다. 포토마스킹의 목적이 마스크 패턴을 PR 표면에 정확히 옮기는 것이기 때문에 가장 중요한 작업이다.

실습 방법

① 비커에 MF-319 현상제를 준비한다.
② 웨이퍼 홀더에 웨이퍼를 설치한다.
③ 현상제에 웨이퍼 홀더를 담근다. 서서히 지속적으로 교반하고 40~60초간 진행한다.
④ 2분 동안 흐르는 탈이온수에 수세한다.
⑤ 질소가스로 건조시킨다.
⑥ 현미경으로 PR 패턴을 관찰한다.
⑦ 노광된 PR가 잔존하면 5~15초 동안 현상을 반복한다.
⑧ 2분 동안 탈이온수로 수세하고 현미경으로 다시 관찰한다.

12. 하드 베이크 실습

실습 목적

PR 중의 잔류 용제를 증발시켜 밀착력을 향상시키고 막의 경도를 높여 식각 용액에 대한 내구성을 향상시키는 방법을 익힌다.

실습 재료

구 분	PR품명	PR형태
A	Microposit S 1800 series	양성 PR
B	Microposit S 1600 series	양성 PR
C	OGC SC	음성 PR
D	OGC HNR-120	음성 PR

실습 기기

핫 플레이트

안전 및 유의 사항

① PR의 밀착력은 시간이 경과함에 따라서 감퇴되므로 하드 베이크 후, 4시간 내에 식각이나 도금 공정이 완료되어야 한다.

실습 방법

① PR가 현상된 웨이퍼를 준비한다(만약 재작업이 필요하면 PR 박리와 탈수 베이크 공정으로 보낸다.).
② 오븐 내에 웨이퍼의 전면이 위쪽으로 오도록 장입한다.
③ 오븐의 문을 닫는다.
④ 아래의 온도와 시간에 따라 베이크한다.

구 분	PR 품명	온 도	설정 시간
A	Microposit S1800	100℃~110℃	30 min
B	Microposit S1600	110℃~120℃	30 min
C	OGC SC	140℃~150℃	20 min
D	OGC HNR-120	140℃~150℃	20 min

⑤ 설정된 시간이 되면 웨이퍼를 꺼내고 오븐의 문을 닫는다.
⑥ 다음 공정으로 웨이퍼를 넘긴다.

13. 실리콘 식각 실습

실습 목적

PR에 의해 마스킹되지 않은 부분을 식각 용액을 사용하여 식각하여 목적하는 패턴을 완성시키는 방법을 익힌다.

실습 재료

식각 용액, 마스킹된 웨이퍼 또는 금속, 비커, 웨이퍼 집게

실습 기기

광학 현미경

안전 및 유의 사항

① PR 자체가 완전히 제거되어야 한다.

② 웨이퍼 표면이나 기판을 손상시켜서는 안 된다.

③ 실리콘의 경우에는 산에 의해 쉽게 부식이 되지 않지만, 알루미늄의 경우에는 부식이 될 수 있으므로 시간 조절이 필요하다.

④ NH_4F에 HF를 첨가하는 방법으로 식각 용액을 만든다.

⑤ 하드 베이크 후, 30분 이내에 식각을 시작한다.

관계 지식

식각(etching)이란 피가공물의 표면을 물리적, 화학적 방법으로 제거하는 방법으로 이방성 식각에 주로 사용되는 건식과 등방성 식각에 사용되는 습식이 있다.

가. 식각 가공의 특징

① 기계 가공이 어려운 재료의 가공

② 가공 변질층이 아주 적다.

③ 3차원 가공에서는 큰 제약이 있다.

나. 등방성 식각 가공

습식 식각에서 식각액에 접촉된 부분은 모든 장소에서 모든 방향으로 같은 속도로 식각되는 것을 말한다. 식각 진행시 측면이 노출되면 PR의 보호를 받지 못하므로 재료 표면에 수직 방향과 동시에 수평 방향으로도 진행하므로 가공 깊이의 증가에 따라 언더컷도 커진다. 방지 대책으로는 가공물에 언더컷이 생기지 않을 정도로 식각한 후, 측면에 피복시키는 방법을 반복한다.

다. 이방성 식각 가공

마스크 패턴(mask pattern)에 따라 측면 식각(side etch)을 작게 하면서 표면으로부터 깊게 가공할 수 있다. 이와 같은 식각 특성을 이방성 식각이라 하며, 가공 재료(wafer)와 식각액의 배합, 가공 조건 등을 조절한다.

→ 건식 식각 : 가스 사용

용어해설

언더컷(under cut)

표면보다 깊은 곳에서 횡방향 식각이 많이 되어 입구보다 큰 식각층이 형성되는 것.

→ 이방성 화학 식각 : 액체 사용

라. 건식 식각의 분류

용액 중의 식각을 습식 식각이라 하고, 가스를 사용한 식각을 건식 식각(dry etch)이라고 한다. 가스 식각(gas etch)의 예로는 반도체 소자 제작시 SiO_2의 구멍 뚫기에 불산(HF)의 증기를 상온에서 식각제(etchant)로 사용한다.

- 가스 식각(gas etch)
- 플라스마 식각(plasma etch)
- 스퍼터 식각(sputter etch)
- 이온 식각(Ion etch)
- 플라스마 스퍼터 복합 식각

마. 플라스마 식각의 특징 및 응용

① 공정이 기체 상태에서 행해진다(무해, 저가, 폐액 발생 없음).

② 언더컷이 적고 보다 미세하며 정밀 가공이 가능하다.

③ 공장의 간략화, 자동화가 쉽다.

바. 플라스마 식각의 실용화 특성

① 이방성 식각(anisotropic etch)

세로 방향의 식각 속도가 가로 방향의 식각 속도에 비하여 크다. 즉, 측면 식각(side etch)이나 언더컷이 작아 미세 패턴의 정밀도 높은 가공이 가능하다.

② 선택 식각(selective etch)

재료에 대하여 식각 속도의 선택성을 가지는 것을 말한다.

사. 선택 식각의 실례

① 단결성 Si, 다결정 Si, SiO_2, Si_3N_4 및 배선용 Al 식각에 가스 식각제(echant gas)로 CF_4를 사용하면 식각 속도는 Si 〉 SiO_2 〉 Al 순이다.

② 초기 SiO_2막이 천천히 식각 되어도 밑바탕의 실리콘이 나오는 즉시 실리콘만 식각되어 사용할 수 없게 되므로 선택성 식각이 필요하게 된다.

③ 방지법으로 SiO_2의 식각 속도가 단결정 실리콘보다 상당히 큰 선택성이 있는 가스를 사용한다.

아. 이방성 식각의 특성

① 터널 식각기(tunnel etcher) 방식은 중성 라디칼에 의한 화학 반응으로 언더컷이 적다.

② 플레이너 리액터 방식은 이온 및 전자의 충돌을 받으면서 화학 반응 상태가 되어 스퍼터링(sputtering)이 일어날 정도의 에너지는 되지 못하나 충돌 작용에 의하여 화학 반응을 현저히 촉진하여 이방성을 강하게 하며 가공면에 수직면에서 강하므로 언더컷이 거의 발생하지 않아 식각의 측면은 거의 수직이다.

③ 면심 입방 격자(FCC) 금속의 스퍼터링은 〈100〉 방향으로 일어나기 쉽고, 그 다음이 〈111〉 방향이며 그 외의 방향은 어렵다.

④ BCC 금속에서는 〈110〉, 〈100〉, 〈111〉 순으로 일어나기 쉽다.

⑤ HCP 금속에서는 〈2023〉, 〈1120〉 순으로 일어나기 쉽다.

⑥ BOE(buffered oxide etch) 부식액의 SiO_2 식각 속도는 22℃에서 1,200 Å/min이고, 40% NH_4F와 49% HF를 6 : 1로 혼합한 용액이다.

⑦ 실리콘은 소수성이고 산화실리콘은 친수성이기 때문에 식각 용액에 담근 후 꺼내면 물이 묻어 있는 형태를 보고 식각의 진행 과정을 판단할 수 있다. 초기 식각 후에는 BOE 용액으로부터 웨이퍼 홀더를 꺼내서 웨이퍼의 뒷면을 관찰한다. 앞면과 뒷면의 산화층의 두께는 동일하다. 만약 산화막이 완전히 식각되어 제거되지 않았다면, 웨이퍼의 전체 표면에 용액이 균일하게 묻어 있을 것이고, 산화막이 완전히 제거되었다면 뒷면에 몇몇 물방울 외에는 용액이 묻어 있지 않아 웨이퍼는 마른 상태의 암회색을 나타낼 것이다. 이러한 현상은 SiO_2는 친수성이고 실리콘은 소수성이기 때문이다. 수백 Å 정도의 아주 얇은 산화막은 어떠한 색상도 없이 투명하므로 20초 이상 더 식각하는 것이 필요하다.

표 V-4 식각 물질과 식각제 조성

구 분	습식 식각	건식 식각
SiO_2	BHF/H_2O = 6~50 : 1 (800~1,000 Å/s)	$30CHF_3+90Ar+3CF_4$ ($3x10^{-2}$ Torr)
자연 산화막	HF : H_2O = 1 : 10(5~10 Å/s)	
Si_3N_4	H_3PO_4/D.I. Water = 13 : 3 (170℃)	$30CHF_3+60Ar+2CF_4$ ($2.2x10^{-1}$ Torr)
Au, Pt	HCl : HNO_3 = 3 : 1 (60℃)	
다결정 실리콘	HF(20%)+HNO_3(45%)+CH_3COOH(35%) (30~50℃)	$30CHF_3+60Ar+2CF_4$ ($2.2x10^{-1}$ Torr)
Al	염화 제2철 HNO_3 : HCl : CH_3COOH : H_2O = 85 : 5 : 5 : 5	$45BCl_3+35Cl_2+35N_2$ ($1.8x10^{-1}$ Torr)
PR 박리	H_2SO_4 : H_2O_2 = 4 : 1(110℃)	O_2

* BHF(buffered HF) : HF + NH_4F + H_2O

실습 방법

1. SiO_2식각

① BHF(6 : 1) 용액을 준비한다.

② 4분(식각 속도 : 800~1,000 Å/min) 동안 식각시킨다.

③ 현미경으로 현상 상태를 확인한다.(X 50)

2. Al 식각

① 식각 용액(Aluminium ETCH Ⅲ)을 준비한다.

② 식각 용액을 적당히 가열하여 10~15초간 부식한다.

③ 수세 후 현미경(X 50) 관찰을 통하여 식각이 완료되었는지 검사한다.

3. PR 제거하기

① PR 박리제(stripper) : AZ 400T를 준비한다.

② PR 박리(strip)를 위해 80℃에서 1분 동안 유지한다.

③ 세정(초음파, 상온)

아세톤(5분) → 메탄올(5분) → 탈이온수(5분)순으로 세정한다.

④ 검사하기

현상 검사와 동일한 방법으로 최종 검사를 한다.

14. 확산 실습

실습 목적

사진 석판 공정에서 형성된 패턴을 갖는 웨이퍼의 표면 위에 불순물을 도핑시키는 방법을 익힌다.

실습 재료

질소(N_2), 질화붕소(BN) 웨이퍼

실습 기기

확산로, 광학 현미경, 4-포인트 프로브(probe)

안전 및 유의 사항

① 전기적 안전 사항을 준수한다.
② 각종 기계의 조작은 올바른 순서로 해야 한다.
③ 작업대 위의 물, 기타 도전성이 높은 액체 등에 의한 감전에 주의해야 한다.
④ 용기의 운반이나 사용시에는 충격을 주지 말아야 한다.
⑤ 가열된 시험편을 취급할 때에는 화상에 주의하여야 한다.
⑥ 안전복, 안면 보호 장비를 필히 착용하고 작업한다.
⑦ 노 주변에서 작업시는 고온에 특별히 주의하고, 보트, 노 튜브, 장입 봉 등은 모두 석영(quartz)으로 깨지기 쉬우므로 주의해야 한다.

관계 지식

열확산 공정은 실리콘 웨이퍼 안으로 불순물을 도입하기 위한 공정에서 사용된다. 이 공정은 실리콘 기판을 아주 높은 온도(900~1,200℃)로 가열하여 기판 표면의 고체나 액체, 기체 상태인 불순물 원자를 실리콘 결정 내부로 이동시킨다. 본 실험에서는 P형 실리콘 웨이퍼에 붕소(B)를 확산시키기 위하여 고체 상태의 불순물 원을 사용한다. 고체 상태인 웨이퍼 형태의 불순물 원은 실험이 아주 간단한 장점이 있다. 사용되는 가스는 단지 질소만 있으면 되고, 공정도 일반적으로 2단계를 요구하는 가스 상태의 불순물 원과는 달리 1단계로 작업이 완료된다.

① 확산의 두 가지 방법(가스, 고체) 사이의 차이점을 이해한다.
② 아래의 식을 사용하여 붕소(B)의 확산 계수를 계산한다.

$$D = D_0 \exp(-E_A/KT)$$

D : 확산 계수 K : 볼츠만 상수
D_0 : 상수 T : 온도
E_A : 활성화 에너지

③ 계산된 확산 계수에 의하여 1㎛ 접합 깊이를 얻을 수 있는 시간을 결정한다.(표 V-5 참조)

실습 방법

① 질소가스의 유량을 조절한다.
② 질화붕소(BN) 웨이퍼를 노에 장입하여 1~2시간 동안 어닐링 처리하여 활성화시킨다.
③ 웨이퍼를 설치한다.

바깥쪽에 실리콘 웨이퍼를 위치시키고 실리콘 웨이퍼와 붕소(B) 원판을 교대로 위치시킨다. 한쪽 면을 도핑하기 위하여 붕소 원판 사이에 2개의 웨이퍼를 위치시킨다. 웨이퍼와 붕소 원판은 서로 접촉되지 않도록 하고 얇은 웨이퍼는 쐐기가 필요하다.

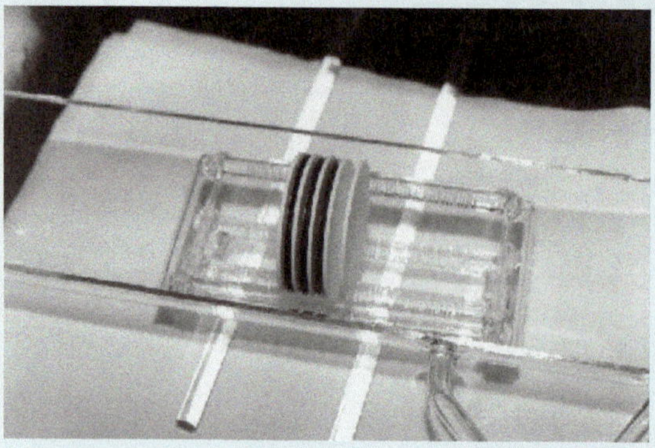

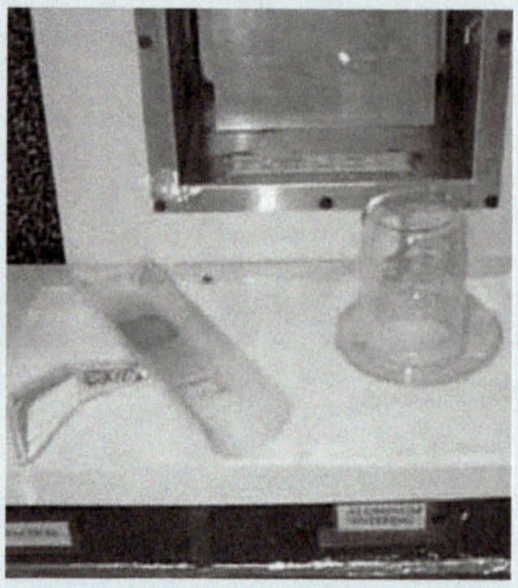

그림 V-9 석영 보트와 웨이퍼의 설치

용어 해설

석영(quartz)

실리콘 산화물의 다른 이름으로 높은 내열성을 가지고 있어 확산 튜브 등의 반도체 공정 장치에 많이 쓰인다.

④ 5mm/s의 속도로 천천히 보트의 튜브 중심으로 밀어 넣는다.

⑤ 노 내에 웨이퍼 보트를 장입한다.

질소가스 분위기 중에서 10℃/min 속도로 400℃에서 1150℃로 승온(6L/min. N_2+1% O_2)

⑥ 2.5㎛ 정도의 막이 형성되도록 질소가스 분위기 중에서 1,150℃에서 60분 동안 유지시킨다.

⑦ 800℃로 온도를 내린다.(10℃/min)

⑧ 100% 건조된 산소 분위기 중에서 800℃에서 30분 동안 유지시킨다.

⑨ 100% 질소 분위기 중의 400℃로 온도를 내린다.

⑩ 웨이퍼를 꺼낸다.

⑪ 불산(HF)에서 유리를 식각한다.

(확산 후 산화 단계(⑧번)는 표면의 SiBx 층을 BSG(boro-silicate glass)로 변화시킨다. 따라서, 불산으로 식각할 수 있다.)

표 V-5 실리콘에서의 확산도와 고용도(1,200℃)

도핑제	확산도(cm^2/s)	고용도($atoms/cm^3$)
B	10^{-12}	3.3×10^{20}
P	5×10^{-12}	1.3×10^{21}
As	10^{-13}	1.8×10^{21}
Sb	10^{-13}	6.0×10^{19}

15. 산화 실습

실습 목적

열 확산이나 이온 주입과 같은 후속 공정에서 절연층이나 마스크의 기능을 부여하기 위한 초기 실리콘 산화막을 열 산화법으로 성장시키는 방법을 익힌다.

실습 재료

웨이퍼용 보트(wafer boat), 보트 홀더(boat holder), 밀대(push rod), 산소가스, 질소가스, 불산(HF), 불화암모늄(NH_4F), PR(양성 또는 음성), PR 박리제(stripper)

실습 기기

산화로, 진공 오븐, 표면 조도계(profilometer)

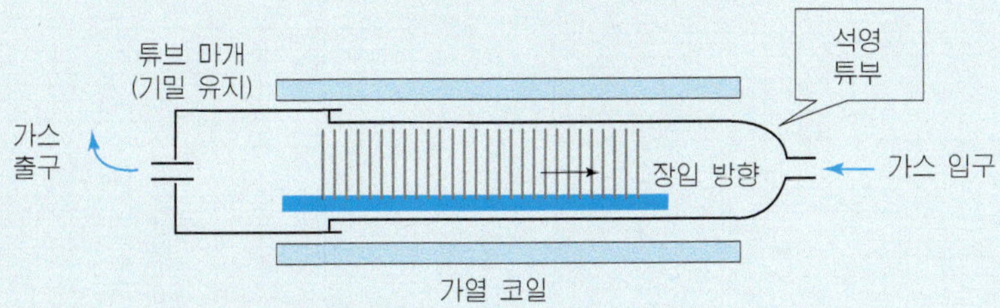

그림 V-10 산화로의 구조

관계 지식

SiO_2막은 여러 가지 방법으로 형성시킬 수 있지만, 여기서는 열산화법으로 산화막을 성장시킨다. 그림 V-11과 같이 산화막의 성장에 있어서 45%는 실리콘 웨이퍼 내부로 성장하고 55%는 외부로 성장한다.

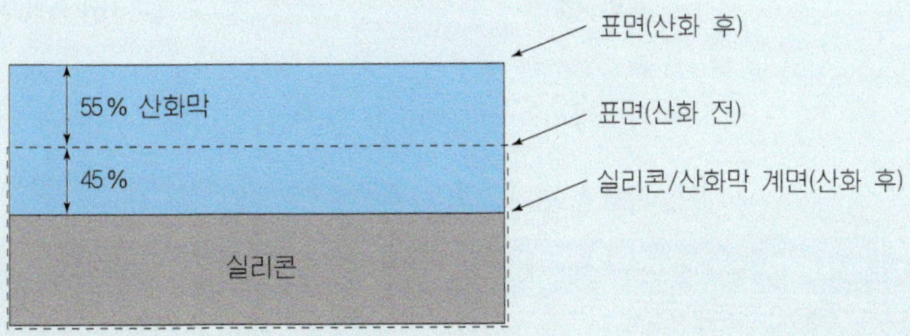

그림 V-11 웨이퍼 산화시 체적 변화

가열로와 산소가스, 거품 발생 장치(bubbler system)를 통하여 특정한 두께로 SiO_2막을 형성시킬 수 있다. 산화막이 형성되면 확산이나 이온 주입, 식각(etching) 등의 마스킹 물질로 사용될 수 있고, 반도체 소자 공정(capacitor 또는 MOSFET)에서 유전체로 사용될 수 있다.

이 산화 공정은 마스킹이나 절연층을 만들기 위하여 SiO_2막을 형성하는 것이다. 웨이퍼에 산화막을 형성시킨 후, 두께를 측정하기 위하여 두 가지 방법이 사용된다. 한 가지 방법은 SiO_2 산화막의 색상표(color chart)를 사용하는 비파괴 방법이고, 다른 한 가지 방법은 수작업으로 PR를 사용하여 산화막이 형성된 웨이퍼에 어떠한 패턴을 형성시키고 불산(HF) 용액으로 식각(etching)하여 단차를 형성시킨 후, 접촉형 표면 조도계(profilometer)로 두께를 측정하고, 시험 후 두 결과를 비교할 수 있다.

안전 및 유의 사항

① 산화로는 미리 프로그램화시키고 사용자는 수정할 수 없도록 한다.

② 1000℃까지 2시간 30분 동안 승온(+7°C/min)시키고 1시간 유지 후, 2시간 30분 동안 실온까지 냉각(-7°C/min)시킨다.

③ 노의 승온 시간이 오래 걸리기 때문에 먼저 노의 전원을 넣고 프로그램에 따라 승온을 시키고 나서, 가습용 거품기(bubbler)를 95~98℃로 가열시킨다.

④ 웨이퍼는 유지 시간 동안에 노 내에 30 cm/min의 속도로 장입했다가 꺼낸다. 만일 작업자가 유지 시간을 더 연장하고 싶으면 HOLD 버튼을 누르면 되고, 다시 누르면 다시 원래의 프로그램으로 복귀된다.

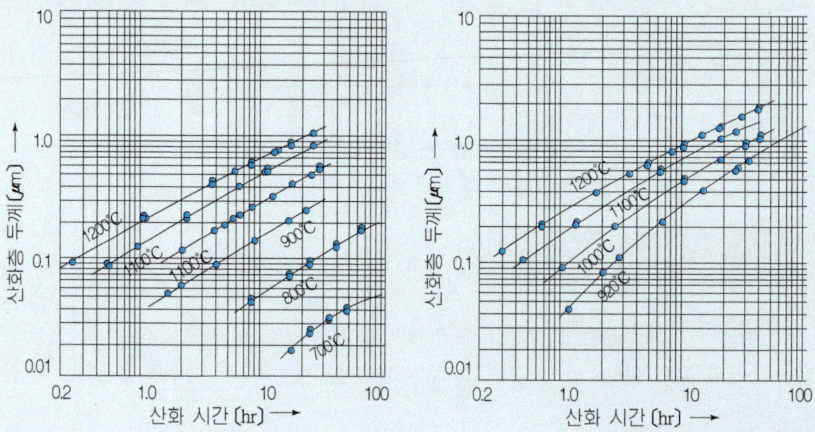

(a) 건식 산화 (b) 습식 산화

그림 Ⅴ-12 Deal-Grove 모델로 계산한 실리콘 산화막의 두께에 미치는 온도와 시간 (결정 방위 무시)

표 Ⅴ-6 SiO_2의 색상표

차수	두께(μm)	색 상
I	0.05	tan(황갈색)
	0.07	brown(갈색)
	0.10	dark violet to red violet (어두운 보라~ 자주색)
	0.12	royal Blue(감청색)
	0.15	light blue to metallic blue (담청색~ 금속빛 청색)

차수	두께(μm)	색 상
I	0.17	metallic to very light yellow green(금속빛 색~아주 연한 황록색)
	0.20	light gold to yellow; slightly metal-lic(연한 황금색~금속빛 노란색)
	0.22	gold with slight yellow orange (오렌지 빛 황금색)
	0.25	orange to melon(오렌지색~메론색)
	0.27	red violet(자주색

차수	두께(μm)	색 상
II	0.30	blue to violet blue (청색~자청색)
	0.31	blue(청색)
	0.32	blue to blue green (청색~청록색)
	0.34	light green(연한 녹색)
	0.35	green to yellow green (녹색~황록색)
	0.36	yellow green(황록색)
	0.37	green yellow(연두색)
	0.39	yellow(노란색)
	0.41	light orange(연한 오렌지색)
	0.42	carnation pink(담홍색)
	0.44	violet red(자적색)
	0.46	red violet(자주색)
III	0.47	violet(보라색)
	0.48	blue violet(남색)
	0.49	blue(청색)
	0.50	bluo green(청록색)
	0.52	green (broad)(밝은녹색)
	0.54	yellow green(황록색)
	0.56	green yellow(연두색)
	0.57	yellow to 'yellowish' (노란색~노르스름한색)
	0.58	light orange or yellow to pink borderline (연노랑~분홍색부근)
IV	0.60	carnation pink(담홍색)
	0.63	violet red(자적색)
	0.68	bluish(푸르스름한 색)
	0.72	blue green to green (quite broad) (청록색~아주 밝은 녹색)
	0.77	'yellowish' (노르스름한색)
	0.80	orange (rather broad for orange)(밝은 오렌지색)

차수	두께(μm)	색 상
	0.82	salmon(살색-연어빛)
	0.85	dull, light red violet (연한자적색)
V	0.86	violet(보라색)
	0.87	blue violet(남색)
	0.89	blue(청색)
	0.92	blue green(청록색)
	0.95	dull yellow green (탁한 황록색)
	0.97	yellow to 'yellowish' (노란색~노르스름한색)
	0.99	orange(오렌지색)
	1.00	carnation pink(담홍색)
	1.02	violet red(자적색)
	1.05	red violet(자주색)
VI	1.06	violet(보라색)
	1.07	blue violet(남색)
	1.10	green(녹색)
	1.11	yellow green(황록색)
	1.12	green(녹색)
	1.18	violet(보라색)
	1.19	red Violet(자주색)
VII	1.21	violet red(보라빛적색)
	1.24	carnation pink to salmon (담홍색~연분홍)
	1.25	orange(오렌지색)
	1.28	'yellowish' (노르스름한색)
	1.32	sky blue to green blue (하늘색~녹청색)
	1.40	orange(오렌지색)
	1.45	violet(보라색)
VIII	1.46	blue violet(남색)
	1.50	blue(파란색)
	1.54	dull yellow green (탁한 황록색)

실습 방법

① 가열시 질소가스는 900 mL/min으로 조절한다.
② 거품기에 탈이온수를 $\frac{1}{2}$이나 $\frac{3}{4}$정도 채우고 덮개는 열어 놓는다(잠글 경우는 가열시 폭발의 위험이 있다.).
(주의 : 이 단계에서 사용되는 탈이온수의 저항은 매우 중요하다. 토출구에서 최소한 17MΩ이상이 되어야 한다.)
③ 거품기의 온도를 1시간 정도 95~98℃에서 유지시킨다.
④ 산소가스를 연다. 산소 봄베를 확인하여 작업 시간 동안 사용할 가스양이 충분한지 확인한다. 만약 300 psi보다 낮다면 작업을 시작해서는 안 된다.
⑤ 노의 스위치를 켜고 7°C/min 속도로 승온시켜 2시간 20분 후, 노의 온도가 1000±5℃인지를 확인한다.
⑥ 산화 작업이 시작되기 약 15분 전에 질소 밸브를 잠그고 산소 밸브를 열어 건조된 산소가 2L/min의 속도로 거품기를 통해 확산로의 튜브로 투입시킨다.
⑦ 노의 컨트롤 패널에서 HOLD 버튼을 눌러 유지 시간 동안 설정 온도에 있도록 한다.
⑧ 초기 세정된 웨이퍼를 핀셋을 사용하여 석영 보트의 중앙 부분에 설치한다.
⑨ 보트 홀더와 밀대를 사용하여 노의 입구에 5분 동안 유지시켜 예열되도록 한다.
⑩ 5분후 밀대를 사용하여 5 mm/s의 속도로 로의 중앙 부분으로 서서히 이동시킨다. 이 속도가 초과되면 웨이퍼가 뒤틀릴 수 있다.
⑪ 튜브의 마개를 덮는다.
⑫ 건식 산화를 위해서는 산소가 노에 직접 투입되고, 습식 산화를 위해서는 거품기 안의 물(95~98℃)을 통과시켜 투입한다.
⑬ 습식 산화가 끝나면 거품기의 전원을 끈다.
⑭ 5 mm/s의 속도로 천천히 보트를 꺼낸다.
⑮ 출구에서 5분 동안 보트를 유지시켜 좀더 냉각시킨다.
⑯ 5분 후에 보트 홀더와 밀대를 사용하여 보트를 꺼내고, 핀셋을 사용하여 웨이퍼를 쟁반에 옮긴다.
⑰ 노의 컨트롤 패널에서 HOLD 버튼을 다시 눌러 7℃/min 속도로 노가 냉각되도록 한다.
⑱ 산소가스를 잠그고 질소가스(900 mL/min)를 연다.
⑲ 노 내에 불순물의 유입이 없도록 튜브의 마개를 덮는다.
⑳ 노를 프로그램대로 상온까지 냉각시킨다(전원을 끄면 안 됨.).
㉑ 질소가스를 잠근다.

실험 결과

시각적인 색상을 통하여 산화막의 균일도와 두께를 비교적 정확하게 알 수 있다. 이 때, 백색 광원과 웨이퍼를 수직으로 위치시켜야 한다. 표 Ⅴ-6의 색상표(color charts)를 사용하여 산화막의 두께를 측정한다. 산화막의 두께는 산소의 유속과 노 내의 장입 위치, 물의 온도, 노의 온도 등에 의해 변화된다.

16. 스퍼터링 실습

실습 목적

스퍼터링법을 통하여 박막을 증착하고 이와 관련된 진공 기술의 기초를 습득한다.

실습 재료

시험편, 타깃, 아세톤, 알코올, 샌드페이퍼, 연마제

실습 기기

스퍼터링 장비, 초음파 세척기, 연마 장치

관계 지식

1) 건식 박막 증착이란?

진공(vacuum) 중에서 고체 재료의 일부를 기화시켜 원하는 소재 표면(기판)에 달라 붙게 하여 얇은 막(두께 수㎛), 즉 박막을 성장시키는 기술이다.

표 V-7 건식 박막 증착과 습식 도금의 비교

	건식 박막 증착	습식 도금
사용 물질	타깃-고체, 가스	수용액
반응 환경	진 공	전해액
반응 기구	플라스마, 기체 반응	전기 화학 반응
사용 전압	고전압(수백~수천 V)	저전압(수십 V)
개발 역사	최근 개발	오랜 역사
대표적인 방법	스퍼터링, 이온 플레이팅	전기 도금, 무전해 도금

표 V-8 건식 박막 증착의 특성

구분	특 성
장 점	- 극한 기술인 진공, 플라스마 기술로서 신소재 개발에 매우 유리 - 합성이 어렵거나 가공이 곤란한 재료를 비교적 용이하게 제조 예 : TiN, ZrCN, Al_2O_3 등 각종 질화물 및 산화물 - 표면 성질을 변화시킴으로써 효율적인 재료의 성능 향상 - 기존 습식 도금에 비해 월등한 경도, 내마멸성, 내식성 부여 - 제품의 고급화, 장수명화 가능 - 습식 도금과 달리 폐수 발생이 전무하며, 무공해, 청정 공정
단 점	- 초기 설비 투자비가 고가(고부가가치 제품에 적합) 소형 제품의 경우 가공 단가는 습식 도금 단가를 약간 상회하는 수준이며, 현재 관련 장비 및 설비가 대부분 국산화됨.

응용 예	- 전자기적 응용 : 반도체 산업, 자성 재료 산업 - 광학적 응용 : 각종 광소자, 유리 산업 - 기계적 응용 : 내마멸성, 내식성, 초경 보호 피막 - 장식성 응용 : 내구성이 있고 색상이 미려한 박막 코팅

2) 진공계의 종류

진공의 상태는 남아 있는 가스의 압력으로 표시한다. 진공의 측정은 진공계로 하지만, 측정되는 진공의 정도에 따라 다른 형태의 진공계가 필요하다. 보통 진공 장치에는 2, 3개의 진공계가 부착되어 있다. 진공계의 종류로는 표 Ⅴ-9와 같으며 사용 압력 범위도 함께 나타내었다.

여기서는 가장 많이 사용되는 가이슬러관, 피라니, 페닝 등의 진공 입력계에 관해서 간단히 알아보도록 하겠다.

표 Ⅴ-9 진공 압력계의 종류와 사용 범위

표 Ⅴ-10 진공 단위 환산

구 분	bar	mbar	Pa	atm	Torr
1 bar	1	10^{3}	10^{5}	0.987	750
1 mbar	10^{-3}	1	10^{2}	0.987×10^{-3}	0.75
1 Pa	10^{-5}	10^{-2}	1	0.987×10^{-5}	0.75×10^{-2}
1 atm	1.01	1.01×10^{3}	1.01×10^{5}	1	760
1 Torr	1.33×10^{-3}	1.33	1.33×10^{2}	1.32×10^{-3}	1

1 atm=760 Torr
=76 cmHg
=760 mmHg
=101330 Pa
=1013.3 mbar

① 가이슬러 관

가이슬러 관은 진공 상태를 바로 볼 수 있는 매우 편리한 진공계로 종종 진공 장치의 저진공계로서 부착되어 있다. 그 구조는 그림 V-13에 나타낸 것과 같이 가스관 가운데에 2개의 전극(대부분 Al)을 마주 보게 설치한 것으로, 이 전극 간에 수~수십 kV의 직류 또는 교류 전압을 걸어 주게 되어 있다. 고전압으로 인하여 가속된 전자에 의해 공기 중의 분자가 전이하고 압력에 상응하는 방전 현상을 나타내는 것으로 그 방전 상태를 관찰하여 기체 압력의 개략값을 알 수 있다.

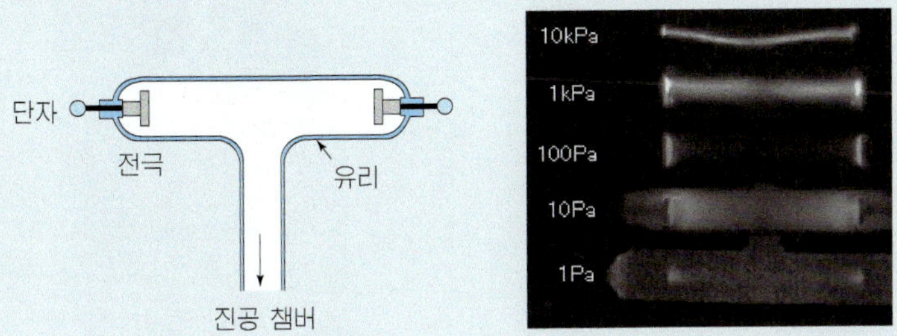

그림 V-13 가이슬러 관

② 피라니 진공계

피라니 진공계는 가열된 금속선으로부터 기체의 열전도에 따른 열손실이 기체의 압력에 의존하는 것을 압력 측정에 이용한 진공계로 10^4에서 10^{-1} Pa(파스칼 : 11bar) 정도까지 정량적으로 측정할 수 있으므로 저진공의 측정이 필요한 스퍼터링 장치 등에 이용된다. 이것에는 여러 가지의 형식이 있지만, 일반적으로 많이 볼 수 있는 정온도형 피라니 진공계를 간단히 설명해 보겠다. 이 진공계의 측정자는 진공계 중에 길게 연결한 지름 25 ㎛의 가는 백금(Pt) 선 또는 백금-로듐(Pt-Rh) 선 등의 금속선으로 구조는 매우 간단하다. 이 금속선에는 기체의 압력에 관계 없이 항상 일정한 온도를 유지할 수 있도록 전류를 흘려 주게 되어 있다. 온도가 일정하다는 것은 저항이 일정하다는 것이며, 그렇게 하기 위해 제어 회로가 여러 가지 고안되어 있다. 온도가 일정하므로 이 금속선의 열손실 중, 열방사 및 리드(lead) 선의 열전도에 따른 손실은 기체의 압력이 변하여도 변화하지 않는다. 따라서, 고려할 필요가 있는 열손실은 기체의 열전도뿐이다.

그림 V-14 피라니 진공계

③ 페닝 진공계

페닝 진공계(필립스 진공계)는 진공을 이용한 진공계로 측정의 정밀도는 낮지만 수리가 간단하며 10^{-1} Pa에서 10^{-3} Pa까지, 그리고 측정 장치에 따라서는 10^{-4} Pa까지 측정할 수 있으므로 압력 측정에 있어서 정밀도를 그다지 필요로 하지 않는 고진공 장치에 사용된다. 가이슬러 관에 따른 방전에는 기체의 압력이 10^0 Pa 또는 그 이하가 되면 음극으로부터 방출한 전자의 평균 자유 행로가 길어지며, 전자는 기체 분자와의 충돌과 전이를 일으키지 않고 양극으로 가 버려 압력 측정을 할 수 없게 된다. 그러나 페닝 진공계는 전자를 자기장 속으로 운동시켜 회전 운동을 일으켜 전자의 실제 주행 거리를 길게 하여 기체와 전자의 충돌 효율을 증가시킨다. 이것이 페닝 진공계의 기본 원리이다. 그림 V-15는 실제 장치의 한 예를 나타낸 것이다.

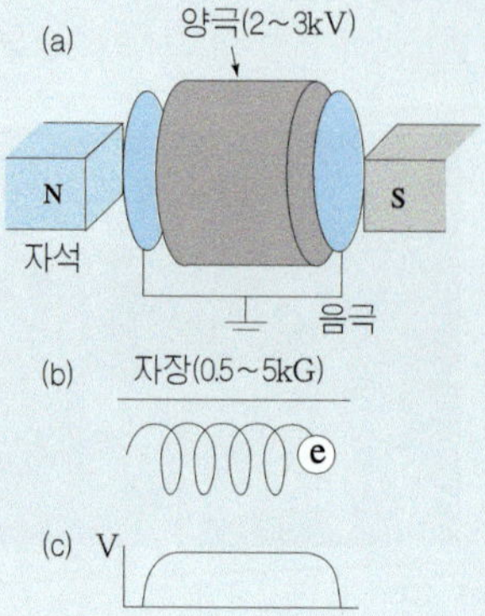

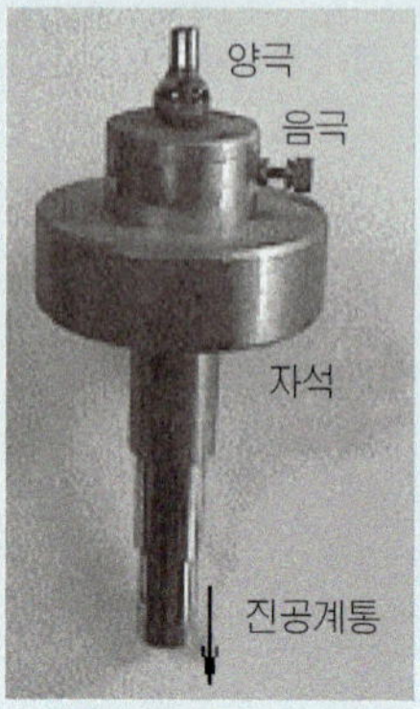

그림 V-15 페닝 진공계

3) 진공 펌프

진공 장치에서 가장 중요한 부분은 진공 펌프이다. 여기에서 진공 펌프에 대해 꼭 알아야 할 기초적인 진공 펌프를 중심으로 그 원리를 설명하고자 한다.

① 회전 펌프(rotary pump)

10^{-1}Pa 또는 그 이하의 진공으로 배기하기 위한 저진공 펌프로서 현재 가장 많이 보급되고 있는 것은 회전 펌프(로터리 펌프)이다. 이것에는 고정 날개형, 회전 날개형, 회전 피스톤형의 세 종류가 있는데, 그림 V-16은 회전 날개형을 나타내고 있다.

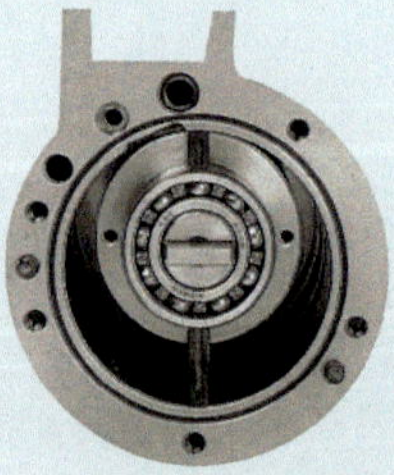

그림 V-16 회전 펌프(회전 날개형)

② 확산 펌프(diffusion pump)

고진공 펌프의 대표적인 펌프로 그 구조는 그림 V-17과 같다. 원통형의 통내부에 3단의 노즐이 장치되어 있다. 원통 하부의 기름이 아래 부분에 장치된 전기 히터에서 가열되고 증발하여 10^2 Pa 정도의 압력으로 되고 3개의 노즐에서 배출구를 향해 가속된다. 기름 증기 흐름의 대부분은 배출구를 향하지만 일부가 흡입구로 향하는 것에 주의가 필요하다. 이 때문에 확산 펌프의 흡입구 부분에는 수냉 배플(baffle) 또는 액체 질소 트랩을 붙여 기름 증기를 응축시켜 그 진공 용기

용어해설

배플(baffle)

펌프의 기름이 진공 용기 쪽으로 들어가는 것을 방지하는 가로막

내로의 확산을 감소시키는 것이 보통이다. 분사에 이용되는 기름은 고온에서 다량의 공기와 접촉되면 공기 중의 수분 등을 흡수해서 배기 성능을 저하시키므로 특별히 필요하지 않는 한 확산 펌프는 정지 상태에서 흡입구와 배기구에 붙어 있는 코크를 꼭 막아서 내부를 될 수 있는 한 진공 상태로 유지한다.

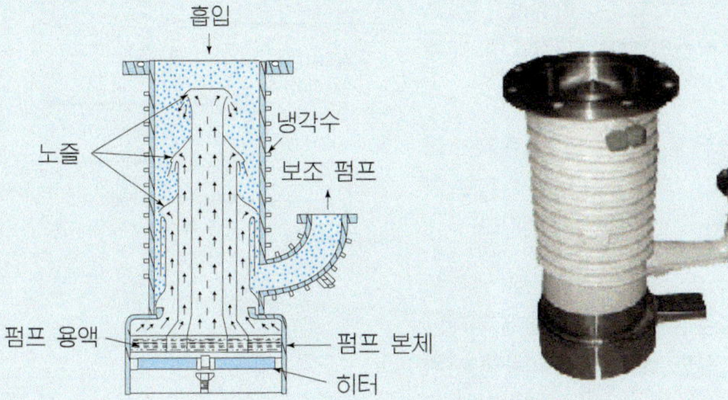

그림 V-17 확산 펌프

③ 터보 분자 펌프(turbo molecular pump)

초고진공 펌프로서 최근 터보 분자 펌프가 빠르게 보급되어 왔다. 이것이 기체 분자에 역학적으로 힘을 가하여 그것을 특정의 방향으로 날려 배기하는 장치이며, 원리적으로는 송풍기와 유사하다. 원리를 간단히 이해하기 위해 기체 분자를 정지시키고 거기서 막이 움직여 충돌하는 경우를 생각한다. 충돌이 완전 탄성 충돌이라 할 때, 그림 V-18에 나타난 바와 같이 깊이 파인 회전 원판이 고속으로 회전하도록 하면 확산으로 깊이 파인 부분 안에 들어간 기체 분자는 평균적으로 아래쪽으로 운동하는 것이 되고 결국 위쪽에서 아래쪽으로 배기하는 것이 된다. 배기 성능을 높이기 위해 회전 날개와 고정 날개를 교대로 조합하여 직렬로 늘어놓은 것이 실제로 이용된다.

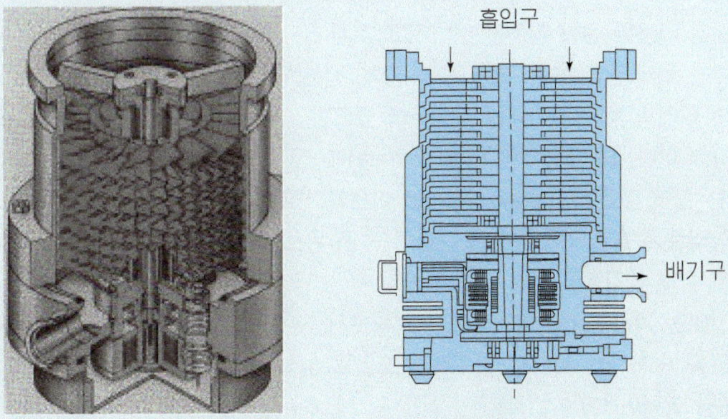

그림 V-18 터보 분자 펌프

표 V-11 주요 진공 펌프와 배기 압력 범위(○표는 도달 입력)

구 분	펌프의 종류	원 리	동작 압력 범위(Pa) 10^4 10^2 1 10^{-2} 10^{-4} 10^{-6} 10^{-8} 10^{-10} 10^{-12}
기체 펌프	회전 펌프 미케니컬 부스터 펌프 터보 분자 펌프	기계력으로 기체를 압축 배제한다.	
증기 분사 펌프	오일 확산 펌프 오일 이젝터 스팀 이젝터	분사 증기의 힘으로 기체를 가지고 간다.	
드라이 펌프	스퍼터 이온 펌프 크라이오 펌프	극도로 냉각시킨 면에 기체를 흡착(응축)시켜서 제거한다.	

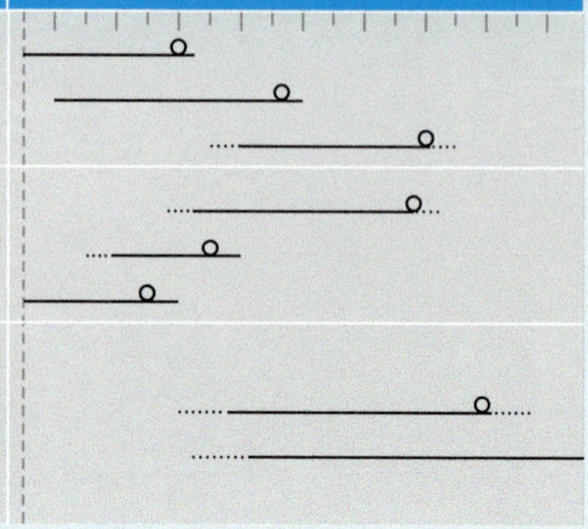

안전 및 유의 사항

① 전기적 안전 사항을 준수한다.

② 전원의 조작은 올바른 순서로 해야 한다.

③ 작업대 위의 물, 기타 도전성이 높은 액체 등에 의한 감전에 주의해야 한다.

④ 배선 및 이동 전선 등의 절연 피복 손상과 노화에 유의해야 한다.

⑤ 가스 취급시 안전판, 호스 등으로부터의 가스 누출에 유의해야 한다.

⑥ 가스 용기를 직사 광선에 노출시키거나, 화기를 접근시키지 않도록 한다.

⑦ 밸브의 개폐는 조용히 확실하게 하고 누설 검사는 비눗물 같은 것을 사용하여야 한다. 사용 후에는 반드시 용기에 보호 캡을 씌워 두고, 유지류를 사용하지 않도록 한다.

⑧ 가스 용기의 운반이나 사용할 때에는 충격을 주지 말아야 한다.

실험 방법

① 코팅 장치

본 실험에서 사용할 실험 장치는 DC 마그네트론 스퍼터링 장치로 그림 V-19에 나타내었다. 스퍼터링 장치는 크게 진공 용기, 가스 도입 장치, 전원 공급 장치, 진공 펌프 등으로 나눌 수 있다. 진공 용기는 타깃과 시편 지지대로 구성되어 있으며, 타깃은 99.9% 순도인 Ti 타깃으로 지름이 75 mm, 두께 1/4″이다. 타깃의 뒤판(backing plate)에 타깃을 부착시키는 방법은 여러 가지가 있으나, 여기서는 실버 페이스트(silver paste)를 이용하여 부착한다. 아르곤(Ar)의 이온이 타깃에 높은 에너지의 상태로 충돌함으로 타깃은 대단히 높은 온도로 상승하며, 이로 인한 타깃의 용해를 방지하기 위해 물로 냉각을 시킨다.

시편 지지대는 피증착물을 올려놓는 부분으로서 타깃으로부터 5 cm 정도 떨어져 있으며, 진공 용기의 오염을 방지하기 위해서 알루미늄 포일로 덮었다. 진공 펌프는 배기 속도가 $15.2\,m^3/h$이며, 최대 도달 압력이 6.5×10^{-3} mbar인 회전 펌프(rotary pump)와 배기 속도가 450 L/s(질소가스에 대한 측정값)이며, 최대 도달 압력이 10^{-10} mbar인 터보 펌프가 설치되어 있다.

진공도는 고진공용으로 페닝 게이지와 저진공용으로 열전대 게이지를 사용하여 측정하였다. 가스 도입 장치는 가스 유량 조절 장치(MFC)와 구리 파이프 라인, 니들 밸브(needle valve) 등으로 구성되어 있으며, 99.999%의 순도를 가진 Ar과 N_2를 진공 용기 내부로 분압을 조절하며 도입하는 장치이다. 증착되는 동안 타깃에 공급되는 전력은 직류이며, 시편 지지대는 바이어스(bias)가 걸리지 않을 때에는 접지된 상태이다. 시험편의 전처리를 위해 13.56 MHz의 RF를 기판에 가하여 이온 식각(ion-etching)을 한다.

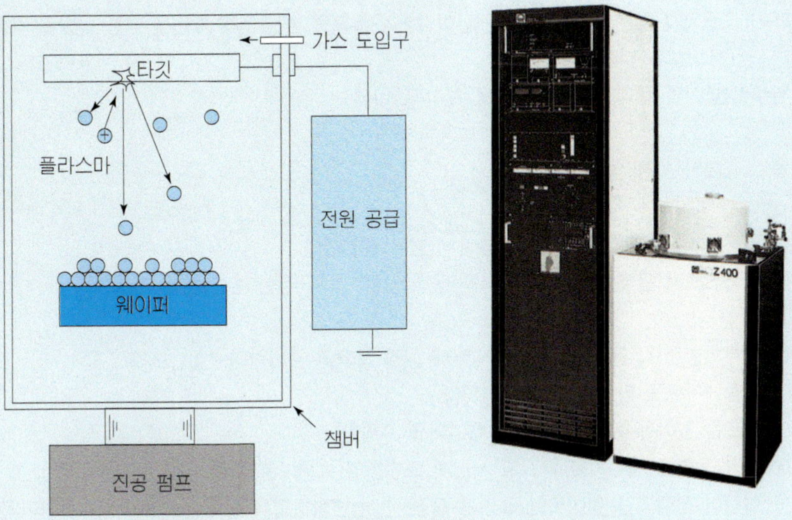

(a) 내부 구조 (b) 외 형

그림 V-19 스퍼터링 장치

② 시편 준비

시편은 반도체 제조용의 실리콘 웨이퍼로 하며, 챔버(chamber)에 장입하기 전에 시편 표면의 유기 및 무기물을 제거하기 위해, 아세톤(acetone)과 메틸 알코올(methyl alcohol)의 용액 중에서 각각 10분간 초음파 세척을 실시한 후에 건조한다.

③ 코팅 방법 및 조건

준비된 시편을 챔버(chamber)에 장입하고, 작업 챔버(working chamber)의 초기 압력(base pressure)이 2×10^{-5} mbar에 도달된 후, 유량계(MFC)를 통하여 Ar과 N_2 기체를 주입시켜 2×10^{-3} mbar의 작업 압력(working pressure)을 얻는다. 전원(Power)은 직류 전력의 공급 장치로부터 타깃과 진공 챔버를, RF 전력 공급 장치로부터 시편과 진공 챔버를 각각 연결하여 조절함으로써 TiN 박막을 증착시킨다. 밀착력의 향상을 위하여 증착 전에 13.56 MHz의 RF를 기판에 가하여 이온 식각(ion-etching)을 행한다. 직류 전원(DC power)의 공급 장치로부터 타깃을 양극, 시편을 음극으로 연결한 후, 밀착력의 향상을 위하여 코팅 전에 이온 식각을 1kV에서 5~60분간 실시한다. 이온 식각(ion etching)된 시편에, 공급되는 전원의 극성을 전환하여 430 W에서 5분 동안 TiN 박막을 증착한다.

17. 알루미늄 식각 실습

실습 목적 PR가 도포되지 않은 알루미늄 부분을 식각하여 필요로 하는 금속 패턴을 얻는 방법을 익힌다.

실습 재료 알루미늄 식각 용액, 알루미늄 코팅 웨이퍼, 비커

실습 기기 웨트 스테이션, 핫 플레이트

안전 및 유의 사항

① 하드 베이크 후 30분 내에 작업이 진행되어야 한다.
② 전용으로 시판되는 알루미늄 식각 용액(인산, 초산, 질산 혼합물)을 사용한다.

실습 방법

① 알루미늄 식각 전용 파이렉스 비커에 식각 용액을 준비한다.
② 핫플레이트로 약 40℃까지 가열한다.
③ 흐르는 탈이온수에 30초 동안 웨이퍼를 수세한다.
④ 식각 용액에 웨이퍼를 담그고 서서히 교반한다(보통 2분 내로 급격히 진행된다.).
⑤ 식각이 진행되면 웨이퍼의 표면은 점점 검게 변화하면서 포토마스크 패턴이 나타나기 시작한다. 식각 정도를 확인하기 위해 웨이퍼 표면을 잘 관찰한다. 패턴이 웨이퍼 위에 선명하면서도 균일하게 나타나야 하고, 식각된 패턴 내에 알루미늄 반점이 남아 있어서는 안 된다. 이 상태에서 20초 동안 추가로 식각을 한다.
⑥ 웨이퍼를 꺼내서 5분 동안 흐르는 탈이온수에 수세한다.
⑦ 질소가스로 웨이퍼를 건조시킨다.
⑧ 고출력 광학 현미경에서 웨이퍼를 검사한다.
⑨ 만약 웨이퍼의 표면에 알루미늄이 남아 있다면 3~8단계의 공정을 반복하지만 식각 시간이 30초를 초과해서는 안 된다.

18. 진공 증착 실습

실습 목적

웨이퍼 위에 주어진 재료(Al)를 증착시키는 방법을 익힌다.

실습 재료

알루미늄 박편, 알루미늄 포일, 웨이퍼

실습 기기

증착기(evaporator)

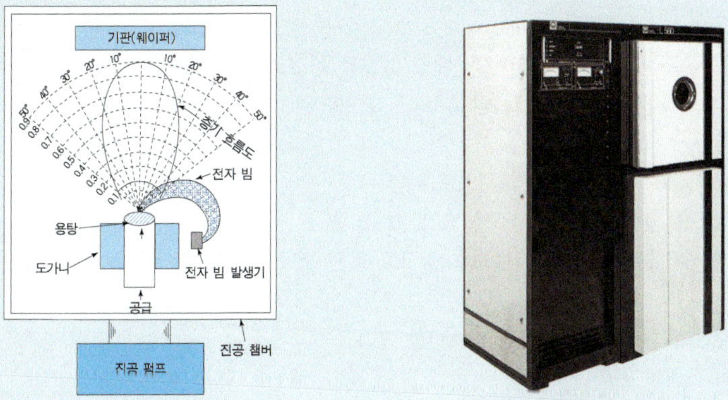

(a) 내부 구조　　　(b) 외 형

그림 V-20 진공 증착기

안전 및 유의 사항

① 1×10^{-1} Torr 이상에서는 고진공 펌프를 작동시켜서는 안 된다.
② 작업 전에 장비에 관한 사용 설명서를 충분하게 탐독한다.
③ 고용융점의 금속은 설정된 증착 전류보다 더 높은 전류를 적용한다.

실습 방법

① 장비의 전원을 넣는다.
② 회전 펌프를 작동시킨다.
③ 확산 펌프의 냉각 장치(chiller)를 23℃로 설정한다.
④ 회전 펌프와 확산 펌프 사이의 배킹 밸브(backing valve)를 연다.
⑤ 확산 펌프 부분에 압력 게이지를 설정한다.
⑥ 5×10^{-2} Torr 이하로 되었을 때에 확산 펌프를 작동시킨다.
⑦ 20분 정도 기다려서 확산 펌프가 가열되도록 한다.
⑧ 챔버를 배기시킨 다음 열어서 시편과 증착 물질을 장입한다.
⑨ 챔버를 닫고 배기 밸브를 잠근다.
⑩ 배킹 밸브를 닫고 동시에 러핑 밸브를 연다.
⑪ 고진공 게이지를 작동시키고 1분 동안 예열시키고 영점을 맞춘 다음, 챔버 내의 압력이

1~1.5×10^{-1} Torr가 될 때에 러핑 밸브를 잠그고 배킹 밸브를 연 다음, 메인 밸브를 연다. 확산 펌프로 2×10^{-5} Torr까지 진공 처리하여 증착 조건으로 한다.

⑫ 필라멘트의 전원을 넣는다.
20 A가 될 때까지 전류를 증가시켜 검붉은 색상이 되도록 예열한다.
증착 물질이 많으면 전류는 좀더 높게 해 주어야 한다.

⑬ 필라멘트의 예열이 끝나면 전류를 서서히 높여서 증착 전류가 될 때까지 올린다. 필라멘트가 밝게 발광하고 나서 2~3분이면 웨이퍼에 증착되게 된다.

⑭ 다시 전류를 0 A로 내린다. 고진공 상태에서 챔버를 냉각시킨 후 배기시켜야 텅스텐 필라멘트의 산화에 의한 파손을 방지할 수 있다.

⑮ 5분 후 메인 밸브를 잠그고 즉시 고진공 게이지를 끈다(배킹 밸브는 열림.). 배기 밸브를 열고 배기시킨 후 챔버를 열고 장갑을 끼고 웨이퍼 시편을 꺼낸다.

⑯ 연마제나 아세톤, 메탄올 순서로 챔버를 세정한다.

장비 정비 (shutdown)

① 챔버를 닫고 배기 밸브를 닫는다. 배킹 밸브를 잠그고 러핑 밸브를 열어서 100~150 mtorr로 진공화하고, 다시 러핑 밸브를 닫고 배킹 밸브를 열고 메인 밸브를 열어서 챔버를 고진공으로 만든다.

② 장비를 7×10^{-5} Torr 이상의 고진공으로 만든다.

③ 메인 밸브를 잠그고 확산 펌프를 끄고 10~20분 동안 냉각시킨다.

④ 확산 펌프가 냉각되면 배킹 밸브를 잠그고 회전 펌프를 끄고 나서 회전 펌프의 배기 밸브를 연다.

⑤ 5분 후에 확산 펌프의 냉각수(chiller)를 끈다.

⑥ 장비의 전원을 끈다.

용어해설

트랩(trap)

기체에 섞여 있는 기름 증기나 수증기 등을 제거할 수 있는 장치

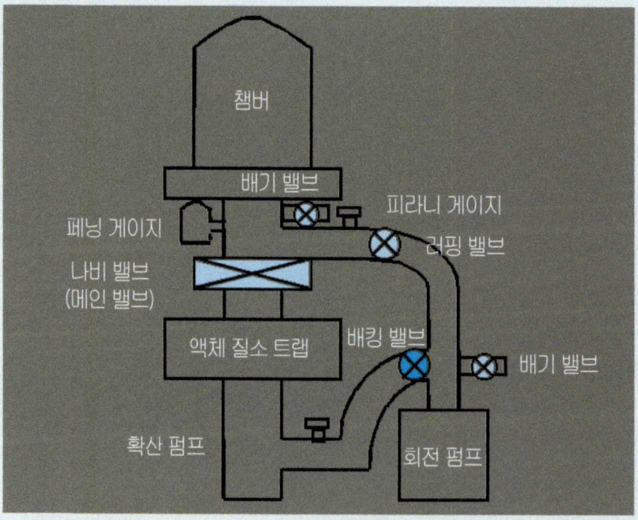

그림 V-21 진공 계통과 밸브

19. 알루미늄 어닐링 실습

실습 목적

알루미늄-실리콘 합금의 공정 온도(577℃)까지 가열하여 알루미늄과 실리콘 기판 간의 밀착력을 향상시키는 방법을 익힌다.

실습 재료

알루미늄 증착 웨이퍼, 세라믹 보트, 밀대, 질소가스

실습 기기

머플러 로

안전 및 유의 사항

① 맨손으로 석영으로 된 실습 도구를 취급하지 말고 항상 장갑을 낀다.
② 질소가스를 열고 유속을 8분당 노 내의 튜브 부피만큼 투입한다(유속 = 노 속의 튜브 부피 /8 min).
③ 7℃/min 속도로 가열하여 실습 시작 전에 475℃까지 승온시킨다.

실습 방법

① 알루미늄이 증착된 기판을 준비한다.
② 3분 동안 탈이온수로 기판을 수세한다.
③ 아세톤, 메탄올, 탈이온수 순서로 수세한다.
④ 질소 건(gun)으로 건조시킨다.
⑤ 석영 보트 위에 기판을 설치하고 로의 중앙 부분에 장입한다.
⑥ 15분 동안 로에서 유지시킨다.
⑦ 7.5 cm/min의 속도로 보트를 꺼낸다.
⑧ 10분 동안 튜브 끝에서 기판을 냉각시킨 다음, 웨이퍼를 핀셋을 사용하여 전용 용기에 담고 덮개를 덮는다.
⑨ 질소가스를 잠근다.
⑩ 노를 7℃/min의 속도로 상온까지 냉각시키고 전원을 내린다.

20. 전기 전도율과 저항 측정 실습

실습 목적

① 4-포인트 프로브와 함수 발생기, 디지털 멀티미터를 사용하여 전기 전도율을 측정하는 방법을 익힌다.

② 4-포인트 프로브, 디지털 멀티미터, 전류 공급기를 사용하여 기판이나 박막의 저항을 측정할 수 있다.

실습 재료

4-포인트 프로브, 디지털 멀티미터, 전류 공급기, 주파수 발생기

안전 및 유의 사항

① 전류 공급기와 디지털 멀티미터를 켜고 1~2시간 워밍업 한다.

② 프로브의 팁은 정밀한 부품이므로 장비를 사용할 때 주의해서 취급해야 한다.

③ 탄화텅스텐(WC)과 오스뮴(Osmium) 팁이 사용되는데 취약하여 깨지기 쉬우므로 주의해야 한다.

관계 지식

전기 전도율 측정

4-포인트 프로브는 반도체의 전도 형태를 확인하는 데에 사용할 수 있다. 전기 전도율의 부호(+, -)는 반도체에 점접촉된 곳에서의 정류된 AC 신호의 극성으로 알 수 있다. 전류는 금속 봉이 (+)일 때, N형 재료와 정류 접촉을 통해 흐른다. P형은 금속 봉이 (-)일 때 흐른다. AC 전압은 그림 V-22 (a)의 1과 2에서 공급되고 4와 2에서 측정된다. 프로브 2의 금속봉만이 반도체와 정류성 접촉을 하고 나머지는 저항성 접촉을 한다. 프로브 2의 AC 전압이 (+)일 때, 금속과 반도체의 접합이 순방향 바이어스이므로 V_{42}의 전압 강하는 매우 작다. 프로브 2가 (-)이면 접합이 역방향 바이어스 되어 V_{42}는 큰 (+)값이 된다. 큰 (+)와 작은 (-)의 AC 전압 V_{42}는 프로브 2에서의 접합을 역방향 바이어스시키기 위해 필요한 금속-반도체 접합 전압의 극성을 가지는 DC 전압을 생기게 한다. N-형에서는 V_{42}는 0보다 크고, P-형에서는 V_{42}는 0보다 작다.

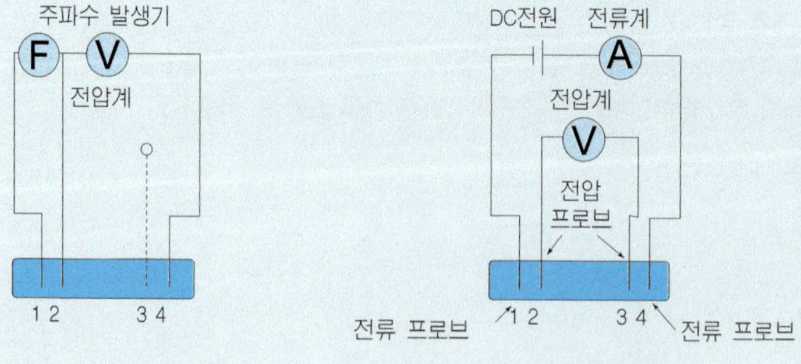

(a) 전기 전도율 측정용 (b) 저항 측정용

그림 V-22 4-포인트 프로브 개략도

실습 방법

1. 전기 전도율 측정 방법
   ① 전류 공급기를 떼어 낸다.
   ② 주파수 발생기를 붙인다.
   ③ 주파수 발생기와 디지털 멀티미터를 켠다.
   ④ 1 kHz 사인 곡선(sinusoid)의 주파수로 맞춘다.
   ⑤ 디지털 멀티미터는 DC 전압을 측정하도록 설정한다.
   ⑥ 시편을 프로브 해드 밑의 중앙에 위치시킨다.
   ⑦ 프로브 헤드를 시편에 밀착시킨다(시계 방향).
   ⑧ 프로브 헤드를 올린다(반시계 방향).
   ⑨ 만일 디지털 멀티미터가 (+)이면 시편은 N형이고, (-)이면 P형을 나타낸다.

그림 V-23 포인트 프로브 사진

2. 전기 저항 측정 방법
   ① 프로브를 시편에 접촉시킨다.
   ② 디지털 멀티미터를 DCV 모드로 한다.
   ③ 디지털 멀티미터를 AUTO 모드로 한다.
   ④ 전류 공급기를 켜고 전류 범위를 20 μA ~ 101 mA로 설정한다(4.53 mA).
   ⑤ OUTPUT/OPERATE 를 눌러 시편에 전류를 공급한다.
   ⑥ 디지털 멀티미터의 전압을 읽는다.
   ⑦ OUTPUT/OPERATE 버튼을 눌러서 전류 공급을 차단한다.
   ⑧ 헤드를 올리고 시편을 꺼낸다.
   ⑨ 면저항 $(R_s) = \rho / t = (V/I)\, C.F._{1} \times C.F._{2}$

   여기서 ρ : 고유 저항

   t : 두께

   $C.F._{1}$: 면저항 보정 계수(웨이퍼 지름(d)과 프로브 팁 간격(s)에 따라 변함.)

   (표 V-12 참조)

$s = 1.6\,\text{mm}$

$d/s \geq 40$이면 저항 보정 계수 = 4.5324

$d/s \leq 40$이면 표 V-10을 참조한다.

표 Ⅴ-12 면저항 보정 계수

C.F.$_1$ (d/s)	원형	정사각형	직사각형 $L/W=2$	직사각형 $L/W=3$	직사각형 $L/W=4$
1.0				0.9988	0.994
1.25				1.2467	1.2248
1.5			1.4788	1.4893	1.4893
1.75			1.7196	1.7238	1.7238
2.0			1.9475	1.9475	1.9475
2.5			2.3532	2.3541	2.3541
3.0	2.2662	2.4575	2.7000	2.7005	2.7005
4.0	2.9289	3.1127	3.2246	3.2248	3.2248
5.0	3.3625	3.5098	3.5749	3.5750	3.5750
7.5	3.9273	4.0095	4.0361	4.0362	4.0362
10.0	4.1716	4.2209	4.2357	4.2357	4.2357
15.0	4.3646	4.3882	4.3947	4.3947	4.3947
20.0	4.4364	4.4516	4.4553	4.4553	4.4553
32.0	4.4791	4.4878	4.4899	4.4899	4.4899
40.0	4.5076	4.5120	4.5129	4.5129	4.5129
무한대	4.5324	4.5324	4.5325	4.5325	4.5324

C.F.$_1$ (t/s)	<0.4	0.400	0.500	0.555	0.625	0.714	0.833	1.000	1.111	1.250	1.429	1.667	2.000
F(t/s)	1.000	0.9995	0.9974	0.9948	0.9896	0.9798	0.9600	0.9214	0.8907	0.8490	0.7938	0.7225	0.6336

21. 두께 측정 실습

실습 목적

조도계를 이용하여 기판 위에 형성된 산화막의 두께 측정 방법을 익힌다.

실습 재료

산화 웨이퍼

실습 기기

표면 조도계(profilemeter)

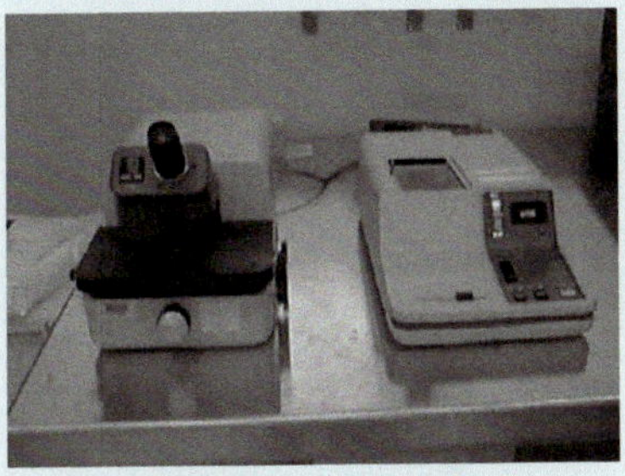

그림 V-24 표면 조도계

안전 및 유의 사항

① 웨이퍼에 핀이 접촉된 상태로 이동하면 안 된다.
② 사용 설명서를 실습 전에 충분히 탐독한다.
③ 1000A 이상의 두께에서만 측정이 가능하다.

실습 방법

① 충분히 큰 범위를 설정하여 점차 작은 범위로 진행한다.
② Z 노브를 반시계 방향으로 돌려 받침대를 낮추고 웨이퍼를 중앙에 위치시킨다.
③ 웨이퍼 위에 핀이 오도록 x, y 위치 조절기를 사용하여 받침대를 조정한다.
④ 오른쪽으로 캠 레버를 올려 조도계를 고정하고, 미세 조정 노브를 사용하여 위치를 맞춘다. 핀으로부터 웨이퍼를 낮추기 위해서는 Z 노브를 사용한다.
⑤ 눈으로 보면서 웨이퍼가 첨자와 접촉하도록 받침대를 올린다.
⑥ 리코더의 눈금을 받침대와 Z 노브를 사용하여 맞춘다.
⑦ 자동과 수동을 선택한다.
⑧ 리코더의 방향을 설정한다.
⑨ 펜 스피드를 맞춘다.
50x일 때 : 100 ㎛,　　500x일 때 : 10 ㎛,　　2500x일 때 : 2 ㎛,
⑩ 펜을 종이 중앙에 위치시킨다(slide positioner 사용).
⑪ 시작 버튼을 누른다.
⑫ 웨이퍼를 꺼낸다(먼저 캠 레버를 앞으로 당겨서 낮추어 첨자가 올라오도록 한다.). 그 다음에 Z 노브를 반시계 방향으로 돌려 받침대를 낮추고 웨이퍼를 꺼낸다.
⑬ 조도계를 끈다.

22. 웨이퍼 전도 형태 측정

실습 목적

열 프로브(hot probe)를 이용한 웨이퍼의 전도 특성(n형, p형 구분)을 측정하는 방법을 익힌다.

실습 재료

열 프로브(hot probe), 웨이퍼, 전압계

실습 기기

열 프로브(hot probe), 전압계, 변압기, 적외선 온도계

안전 및 유의 사항

① 웨이퍼는 매우 취약하므로 무리한 힘을 가하지 않도록 한다.

② 열 프로브로 납땜 인두를 사용할 경우는 변압기와 적외선 온도계를 사용하여 온도를 알맞게(125℃) 조절한다.

③ 열 프로브의 취급시 화상에 주의하고 실험 후에는 가열부가 노출되지 않도록 덮개를 씌운다.

관계 지식

반도체 내에서 캐리어의 이동은 드리프트(drift) 운동이나 확산(diffusion) 운동 중 어느 하나에 기인한다. 드리프트 운동이란 전장(電場)에 의한 움직임을 말한다. 전장이 인가되지 않은 반도체 내의 캐리어들은 그림 V-25 (a)와 같이 임의의 방향으로 운동한다. 그러나 일단 전장의 영향을 받게 되면 캐리어는 그림 V-25 (b)와 같이 일정 방향의 운동 성분을 가지게 되며, 이런 드리프트 성분이 모여 전류를 형성한다. 캐리어는 드리프트 운동 외에 확산 운동에 의해서도 이동하는데, 확산이란 입자들이 농도가 높은 곳에서 낮은 곳으로 랜덤(random)하게 이동하는 것을 말한다. 따라서, 물질 내의 전 전류는 캐리어의 드리프트 운동과 확산운동의 합으로 구성된다.

한편, 이동 캐리어의 확산을 이용하면 실리콘 시편의 형태 파악도 가능한데, 고온 영역으로부터 저온 영역으로 확산해 가는 이동 캐리어가 전자이면 시편은 n형, 정공일 때는 p형이라고 판정한다. 예를 들어, 그림 V-26과 같이 실리콘 웨이퍼(wafer)의 한쪽 영역만을 가열하면 열을 받은 영역으로부터 다수 캐리어가 확산됨에 따라 전압이 유지되므로 시편의 전도율을 측정할 수 있다. 이 때, 실리콘 시편이 n형이라면 열 프로브(hot probe)의 전압은 상온 프로브에 대해 (+)일 것이나 p형이면 (-)일 것이다. 이런 측정 기법은 시편 전체를 동일한 불순물로 도핑시킨 모든 경우에 적용 가능하다. 그러나 웨이퍼 표면에 도핑 형태가 다른 물질로 박막을 입힌 경우에는 적용할 수 없다.

실습 방법

① 웨이퍼를 웨이퍼 절단용 다이아몬드 팁을 이용하여 3mm×20mm의 크기로 절단한다.

② 열 프로브를 가열하여 125℃ 정도까지 가열한다.

③ 상온 프로브를 전압계의 ⊖측에, 열 프로브를 전압계의 ⊕측에 각각 연결한다.

④ 프로브를 준비된 웨이퍼의 앞면에 가볍게 접촉시킨다.

⑤ 전압계를 관측하여 전압이 ⊕인지 ⊖인지 확인한다.(⊕이면 n형, ⊖이면 p형 웨이퍼).

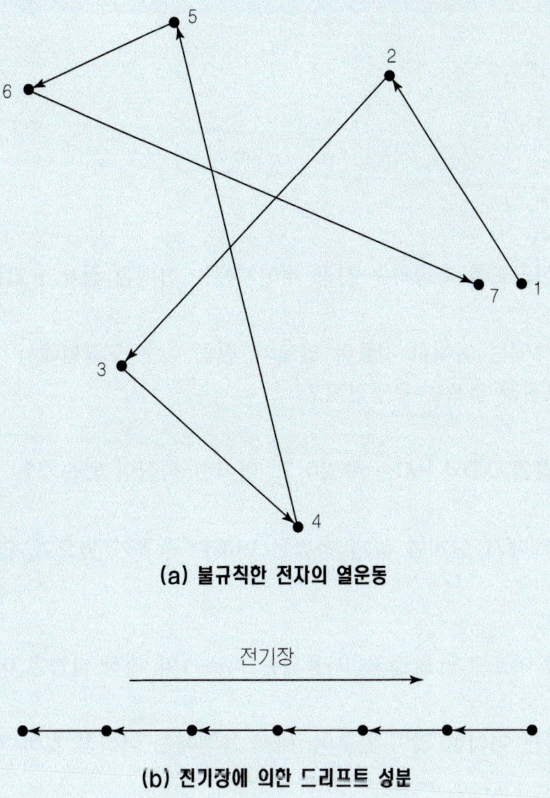

그림 V-25 전기장에 의한 드리프트 운동

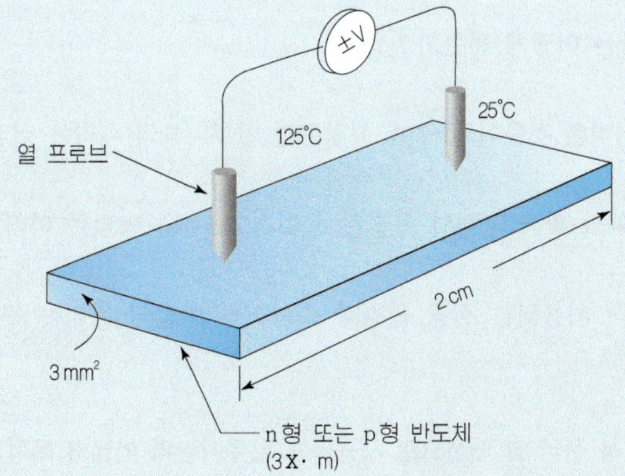

그림 V-26 열 프로브를 이용한 전도 형태 결정

단원 종합 문제

1. 진공 장치에서 진공도를 측정하는 진공 게이지에는 어떠한 종류가 있는가?

2. 진공 펌프의 종류에는 어떠한 것들이 있으며, 진공 이온 도금법에서 가장 많이 사용되는 저진공과 고진공 펌프는 무엇인가?

3. 진공 이온 도금법인 CVD와 PVD는 무엇이고, 어떠한 특징이 있는가?

4. 반도체 회로 설계에서 단계별 설계 방법은 어떠한 종류가 있으며, 인버터는 어떻게 설계하는가?

5. 설계된 배치도를 마스크에 옮길 때 사용되는 마스크의 제작 방법은 어떠한가?

6. 웨이퍼의 세정에는 어떠한 것이 있으며, 세정 용액에는 어떠한 것이 있는가?

7. 베이크의 종류에는 어떠한 것들이 있으며, 종류에 따른 작업 목적은 무엇인가?

8. 포토레지스트의 도포와 노광 및 현상은 어떠한 방법으로 실시하는가?

9. 마스크 정렬과 노광은 어떻게 하는가?

10. 식각의 종류에는 어떠한 것들이 있으며, 실리콘과 알루미늄의 식각은 어떻게 하는가?

11. 반도체 제조시 산화와 확산 공정의 목적은 무엇이고, 실습 방법은 어떠한가?

12. 금속 공정에서 많이 사용되는 진공 증착과 스퍼터링 방법의 원리는 무엇이고, 어떠한 차이점이 있는가?

13. 반도체 집적 회로에서 전극 및 배선으로 사용되는 알루미늄의 어닐링 목적은 무엇인가?

14. 반도체 소자의 특성 시험에는 어떠한 것이 있으며, 각각의 시험 목적은 무엇인가?

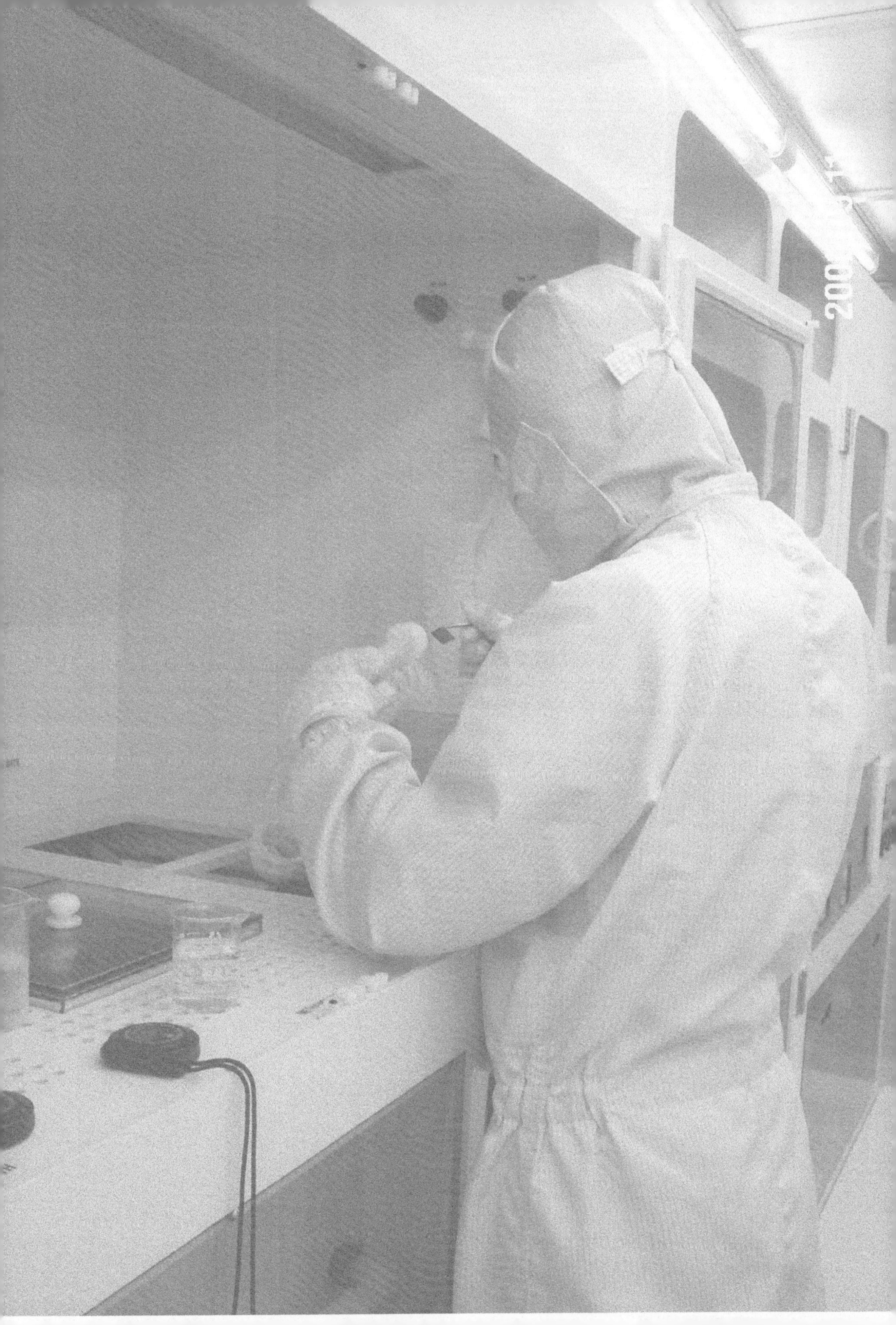

Ⅵ

반도체 응용

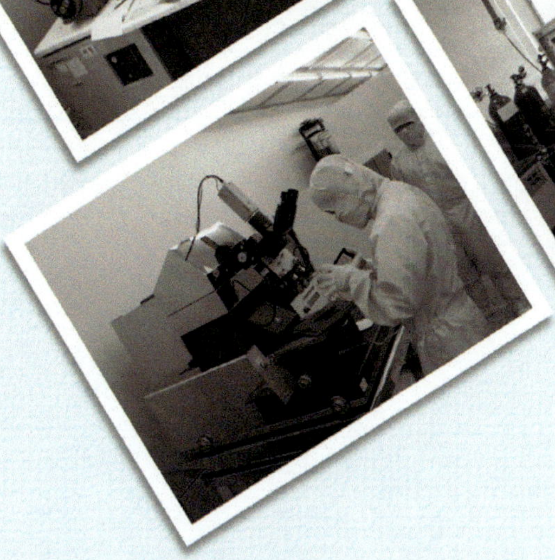

21 세기 디지털 정보화 시대를 맞이하여 컴퓨터, 디지털 정보, 가전 및 산업용 등 각종 분야에 걸쳐 DRAM (dynamic random access memory)이 널리 사용되고 있다. 이러한 DRAM은 한 개의 트랜지스터와 한 개의 커패시터로 셀을 구성하는 단순한 구조이기 때문에 대용량화와 저렴화가 뛰어나다는 장점을 가지고 있다. 이로 인해 총메모리(memory) 수요의 60~70%를 차지하고 있는 PC나 워크스테이션(workstation)의 주기억 장치를 비롯하여 각종 디지털 정보 가전 기기에 널리 이용되고 있으며, 그 응용 범위도 계속 확대되고 있다. 따라서, 이 단원에서는 반도체의 메모리와 비메모리 제품의 종류와 특성, 반도체 소자 관련 유의 사항을 학습한다.

1. 메모리 반도체

학|습|목|표

- 메모리 반도체를 응용한 제품을 열거할 수 있다.

그림 Ⅵ-1 반도체 제품 tree

CPU가 필요로 하는 명령이나 데이터를 보관하는 장소를 **메모리**라고 한다. 그 중 데이터를 마음대로 쓰고, 지우고, 읽을 수 있을 것을 RAM(램)이라 하고, 마음대로 쓰고 지울 수 없고 읽을 수만 있는 것을 ROM(롬)이라 한다.

01. RAM(random access memory)

램은 컴퓨터의 메인 메모리(주기억 장치)로 사용되는데, ROM과는 달리 RAM은 데이터의 읽기, 쓰기, 삭제를 할 수 있고, 자기 테이프가 데이터를 찾기 위해 처음부터 주소를 차례차례 읽어나가야 하는 반면, 고속으로 어떤 위치에라도 동일한 시간에 바로 접근(access)할 수 있다. RAM은 기억 방식에 따라 크게 SRAM(static RAM)과 DRAM(dynamic RAM)으로 나뉜다.

SRAM은 구성 회로가 복잡하여 가격이 고가이지만, 속도가 빨라 주로 중앙 처리 장치와 주변 장치와의 속도 향상을 위한 캐시 메모리로 사용된다. SRAM에서 2진 정보의 저장은 두 개의 인버터로 만들어진 래치 회로와 두 개의 접근(access) 트랜지스터로 구성된 플립플롭 회로로 되어 있다. 인버터 내부에는 전원 전압과 연결되어 있어서 전하의 누설을 보충해 줄 수 있는 구조이므로 전원을 끄지 않는 한 그 내용이 보존된다.

> 용어해설
>
> **래치 회로**
>
> 어떤 입력에 대한 출력 상태를 다른 입력이 있을 때까지 유지하는 논리 회로

DRAM은 회로가 간단하여 단위 면적당 저장 능력, 소비 전력, 가격 등의 면에서 매우 우수하나, 회로의 특성상 재충전(refresh)을 계속 해주어야 하는 단점이 있다. 이 재충전하는 순간을 대기 상태라고 부르며, 대기 상태에서는 프로세서가 메모리를 읽을 수 없다. 따라서, 속도에 치명적인 단점이 있다. D램이 상품화한 것은 70년 미국 인텔사가 1 K D램을 내놓으면서부터이다.

초기 제품은 대형 컴퓨터에 사용되면서 진화 방향이 주로 용량을 늘리는 데 초점이 맞춰졌으나, 90년대부터 PC에 본격적으로 채택되면서 용량뿐만 아니라 데이터 처리 속도에서도 발전을 거듭하였다. 90년대 초 나온 EDO(extended data out) D램은 파이프 라인이라는 개념을 통해 데이터가 연속적으로 출력되도록 하는 방식을 응용하면서 동작 속도를 기존의 FPM DRAM 제품보다 두 배 수준인 66MHz로 끌어올렸다.

90년대 중반부터 PC는 소비자의 '멀티미디어' 욕구에 적응해야 하는 과제를 안게 된다. 이에 따라 등장한 제품이 CPU의 클록 주파수와 DRAM의 신호를 동기화시킨 싱크로너스(sychronous) D램(SD램)으로 처리속도가 100~130MHz에 달한다. 90년대 말에는 동작 속도가 기존보다 2~10배 빠른 고속 제품인 DDR SD램과 램버스 D램(RD램)이 등장했다. DDR SD램은 동기 신호(D램을 동작시키는 신호) 한 번에 반응하는 데이터를 기존 D램에 비해 2배로 늘리는 방식을 택해 속도를 2배 이상 향상시켰다. 램버스 D램은 데이터 입출력을 16비트로 구성된 버스라는 독특한 구조를 사용해 동작 속도를 10배 가량 빠른 1GHz로 향상시킨 제품이다.

기존 D램에서 데이터가 1차선 도로를 달린다면 램버스 D램은 8차선 도로를 질주하는 방식이다. D램 진화는 최근에는 속도와 용량 경쟁 외에 D램 자체가 가지는 단점을 극복하는 방향을 추가해 진행 중이다. P램, M램, F램 등이 차세대 제품으로 개발되고 있는데 전력 소모가 적으며 전원이 끊겨도 데이터를

표 Ⅵ-1 DRAM과 SRAM의 차이점

구 분	DRAM	SRAM
충전(reflash)	필요	불필요
접근 속도	저속	고속
회로 구조	단순	복잡
칩 크기	소	대
가 격	저가	고가
용 도	일반 메모리	캐시 메모리

잃어버리지 않는 특징이 있다.

(1) FPM DRAM(fast page mode DRAM)

전통적으로 사용되던 page mode DRAM의 개량된 형태이다. page mode DRAM의 경우 DRAM의 한 셀에 접근할 때마다 행과 열의 주소, 즉 RAS(row address strobe)와 CAS(column address strobe)를 지정하게 되는데, FPM DRAM의 경우 동일 행의 셀에 대해서는 CAS만을 지정하고 차례로 접근하는 방식으로 메모리 접근 속도를 높이는 방식을 취한다. 486급의 PC에서 주로 사용되었다.

> **용어해설**
>
> **RAS(row address strobe)와 CAS(column adress strobe)**
>
> DRAM에서 접근(access)할 때 번지 지정을 위해서 사용하는 신호이다. 대부분의 DRAM은 전체 주소 버스를 두 부분으로 나누어 행(row)과 열(column) 주소를 받아들이는데, RAS는 행주소를 받아들일 때 사용되는 단자이고, CAS(column address strobe)는 열주소를 받아들일 때 사용되는 단지이다. 그러나 경우에 따라서는 행 주소만으로 번지를 지정하는 경우도 있다.

(2) EDO DRAM(extended data output DRAM)

DRAM의 느린 속도와 SDRAM의 비싼 가격을 극복하기 위해 개발되었다. fast page mode보다 발전된 버전으로 CAS 신호를 보관, 유지하는 회로를 추가한 것이다. 이로써, CAS 신호가 주소를 지정하고 나서 계속 활성화되지 않더라도 EDO DRAM측에서는 데이터의 출력이 가능하다. 이로써 한 번 CAS를 지정한 후 바로 대기 상태에 들어갈 수 있기 때문에 FPM과 거의 같은 형태의 메모리이지만, 절반 가까운 타이밍으로 메모리 접근이 가능한 것이다.

(3) SDRAM(syncronus DRAM)

이전의 램들은 CPU의 높은 클록을 따라가지 못해 DRAM의 신호에 따라 타이밍을 맞추는 비동기식이었다. 이로 인해 빠른 속도의 CPU가 기다려야 하는 타이밍 손실(timing loss) 문제는 시스템 성능을 저하시키는 가장 큰 원인이었다. 이러한 비효율적인 동작을 막기 위해 CPU의 클록과 DRAM의 신호가 동기화되어(synchronous) 동작하는 메모리로 개발된 것이 SDRAM이다. SDRAM이란 명칭은 이어 등장한 DDR SDRAM과 구별하기 위해 SDR

SDRAM으로 불리게 되었다.

(4) RDRAM(Rambus DRAM)

램버스사에서 개발한 메모리로 램버스 채널을 이용하여 데이터를 입출력 하도록 함으로써 매우 빠른 속도를 낼 수 있다. 이 메모리는 그래픽 전송에서 탁월한 성능을 나타내어 최근 출시되는 고속의 그래픽 카드에 탑재되어 있다. 하지만 RDRAM은 SDRAM에 비해 상당히 낮은 버스 폭을 가지고 있는 약점이 있다. RDRAM의 버스 폭은 16 bit로 대용량 처리의 복잡한 작업을 할 경우 64 bit의 SDRAM에 비해 처리 속도가 낮아진다.

(5) DRDRAM(direct Rambus DRAM)

램버스사에서 SDRAM을 대체하기 위해 개발한 새로운 방식의 D램이다. 메모리 인터페이스에 직렬 버스인 direct Rambus를 채용하여 버스 폭은 16 bit/32 bit로 좁지만, 높은 전송 속도를 보여 준다. SDRAM의 경우 클록이 높아질수록 메모리 버스상에 병렬로 연결된 DIMM(double inline memory module) 사이의 노이즈 문제가 커지게 되는데, RDRAM에서는 컨트롤러로부터 각 RIMM(Rambus in-line memory module)을 하나로 연결하는 메모리 버스 구조로 이러한 문제를 해결하였다. 그러나 DDR SDRAM에 밀려 주류 메모리로 자리잡는 데에는 실패했다.

(6) DDR SDRAM(double data rast synchronous RAM)

SDRAM의 경우 클록의 첫 신호에 동기해서 데이터를 전송한다. 이의 속도를 개량하기 위해 개발된 DDR SDRAM은 상승 신호(rising edge)와 하강 신호(falling edge)에 각각 동기해서 데이터를 전송하게 된다. 이로써, 기존의

표 Ⅵ-2 DRAM의 종류와 특성

구분	FPMDRAM	EDORAM	SDRAM	RDRAM	DRDRAM	DDRSDRAM
접근 시간	60~70ns	50~70ns	12~6ns	5ns	2~1ns	2ns
동작 속도	33MHz	66MHz	66~133MHz	600MHz	800MHz	133~200MHz
전송 속도	50MB/s	80MB/s	133~200MB/s	1GB/s	1.6GB/s 6.4GB/s	400MB/s
MPU	386, 486	Pentium	Pentium II Pentium III	Pentium III Pentium 4	Pentium 4	Pentium III Pentium 4
패키지	30pin SIMM	72pin SIMM	168pin DIMM	RIMM	RIMM	DIMM
데이터 버스	8bit	32bit	64bit	8bit	16/32bit	64bit

용어 해설

SIMM(single inline memory module)

막대형 기판에 램을 장착하고, 메인보드 슬롯에 기판을 꽂는 형태이다. 보통 기판의 한쪽 면만 사용한다. 설치시에 기판을 약간 기울어진 상태로 슬롯에 끼운 다음, 똑바로 세우면 딸칵 소리가 난다. 30핀, 72핀, 168핀 등이 있다.

DIMM(double inline memory module)

막대형 기판에 램을 장착하고, 메인보드 슬롯에 기판을 꽂는 형태이다. 기판의 양쪽 면을 모두 사용한다. 설치시에 기판을 위에서 아래로 똑바로 딸칵 소리가 날 때까지 끼운다. 그리고 슬롯 양쪽의 고정대를 위로 젖힌다. 144핀, 168핀 등이 있다. 144핀은 주로 노트북에서 사용되고, 168핀은 데스크톱에서 사용된다.

RIMM(Rambus in-line memory module)

RDRAM나 direct RDRAM로 사용되는 메모리 모듈의 규격으로 기본적인 디자인은 DIMM을 답습하고 있지만 호환성은 없다. PC의 메인보드에는 최대 3매까지의 RIMM 모듈을 탑재할 수가 있어 3매 미만을 장착하는 경우는, continuity RIMM라고 불리는 메모리팁을 탑재하지 않는 비어 있는 모듈을 꽂게 된다.

SDRAM에 비해 데이터 전송률을 2 배로 높일 수 있게 되었다. 소비자와 제조업체 모두 선호하여 PC플랫폼의 주류 메모리의 자리를 차지하고 있다. 2004년부터는 데이터 처리 속도가 2배 정도 빠른 DDR2SDRAM이 생산되어 차세대 메모리 반도체로 각광을 받고 있다.

(7) F 램(ferroelectric RAM)

F 램은 이 강유전체 물질의 특성, 즉 전원을 넣지 않은 상태에서도 축적된 전기를 보존하며, 낮은 전기적 충격에도 민감하게 반응하는 성질을 이용한 램이다. 이로 인해 F 램은 D 램의 대용량 데이터 저장 기능과 S램의 고속 동작 기능에 전원이 꺼져도 기록된 데이터가 지워지지 않는 장점을 모두 갖추고 있다. FRAM의 재료로는 크게 Y_1과 PZT가 있으며, 미국 Symetrix사는 Y_1이 재료의 피로 문제를 극복할 수 있는 구조로 미세화나 대용량화에 맞춘 공정(process)의 진전에 유리하다고 밝히고 있다.

용어해설

PZT

강유전체 물질로 Pb(Zr, Ti)O_3라는 식으로 나타내는 티탄산지르콘산납

Y_1합금

Strontium Barium Niobium Tantalate(SBNT)

(8) P 램(phase change RAM)

P 램이란 물질의 상(phase) 변화를 이용해 데이터를 저장하는 메모리 반도체로, 상이 비정질(非晶質) 상태에서 결정질 상태로 변화될 때 1 비트의 데이터를 저장할 수 있다. 이는 기존 반도체의 데이터 저장 방식이나 하나의 셀 내부의 저장 공간에 '0 또는 '1의 의 데이터를 저장하는 것과 달리, 셀에 전류를 흘릴 때 저항이 높은 비정질이 저항이 낮은 결정질로 변하는 데서 착안된 것이

다. 이 때 비정질은 '1, 결정질은 '0으로 기억된다. P램은 기존 메모리들이 실리콘(Si)을 소재로 하는 것과 달리 화합물 반도체(게르마늄 안티몬 텔루라이드, $Ge_2Sb_2Te_5$)를 사용해 이 같은 특성을 가질 수 있다. 플래시 메모리의 속도 및 내구성을 1,000 배 향상시킨 것으로, 2004년 8월에 국내 S사에 의해 처음으로 64Mb의 시제품이 개발되어 2006년 상용화될 경우 휴대폰 등에서 폭넓게 사용되고 있는 플래시 메모리를 대체할 것으로 예상된다.

(9) M 램(magnetic RAM)

M 램은 정보를 전자적인 형태로 저장하는 기존 반도체 메모리들과 달리 자기적인 형태로 저장하는 메모리로서, 전원을 꺼도 데이터가 유지되는 플래시 메모리의 특성을 지니면서도 대용량 데이터의 고속 입출력을 지원할 수 있다. 비휘발성 메모리이면서 S 램과 동등한 속도로 읽고 쓰기가 가능하고 D 램과 동등한 고집적도를 실현할 수 있는 잠재력을 가지고 있다. 따라서, 모든 반도체 메모리를 대체하여 시장을 석권할 수 있는 품목으로 최근 급속히 주목을 받고 있다. 이런 가운데 M 램에 대한 연구가 미국 업체를 중심으로 활발히 이루어지고 있다.

02. ROM(read only memory)

ROM에는 그 쓰임새에 따라 제조시 데이터가 프로그램 되지 않은 상태로 판매되어 사용자가 직접 필요한 정보를 현장에서 프로그램하여 쓰는 필드 프로그래머블 ROM과 제조시 사용자의 주문에 의한 데이터를 미리 프로그램하여

표 Ⅵ-3 롬의 종류

종 류	특 징
마스크 롬(mask ROM)	–제조시 내용(프로그램)을 미리 입력하여 한 번 입력된 내용은 변경 불가함. –대량 생산이 가능함.
피롬(PROM)	–사용자가 내용(프로그램)을 한 번 입력할 수 있음.
이피롬(EPROM)	–기억된 내용(프로그램)을 자외선을 이용하여 지우고 몇 번이라도 다른 내용을 입력할 수 있음.
이이피롬(EEPROM)	–기억된 내용(프로그램)을 전기적인 방법을 이용하여 지우고 쉽게 다른 내용을 입력할 수 있음.

판매하는 마스크 ROM의 2종류가 있다. 필드 프로그래머블 ROM은 내부의 메모리 셀에 퓨즈 형태의 구조가 있어 프로그램시에는 전기적으로 퓨즈를 차단하는데, 차단된 퓨즈에는 전류가 흐르지 않으므로 전류의 흐름 여부에 따라 2진 정보를 구분하여 낸다. 지금은 필드 프로그래머블 ROM(PROM)보다 여러 번 고쳐 쓰기가 가능한 EPROM이 대부분 쓰이거나 고쳐 쓸 필요가 없이 고정된 데이터가 필요한 곳에는 대부분 마스크 ROM을 사용하고 있다.

(1) mask ROM

마스크 롬은 롬(ROM)의 종류로 제조 과정에서 이미 내용을 미리 기억시켜 놓은 메모리로 사용자가 그 내용을 변경할 수 없는 롬이다. 일반적으로 대부분의 롬은 공장에서 0과 1로 각인되거나 또는 다이 안에 내장된다. 이 다이는 실제로 실리콘 칩을 말한다. 이것을 마스크 롬이라고 한다. 롬 다이는 사진 석판 기술로 제작한다. 일반적으로 화면에 표시할 수 있는 여러 가지의 문자를 저장해 놓은 컴퓨터의 비디오 카드의 폰트 롬에 많이 사용된다.

(2) PROM(programmable ROM)

PROM은 아무 내용이 들어 있지 않은 빈 상태로 판매되고 사용자가 PROM 라이터를 이용하여 내용을 써넣을 수 있다. PROM은 PROM 프로그래머라고 불리는 특별한 장치를 사용하여 사용자가 마이크로코드 프로그램을 맞추어 만들 수 있게 허용하는 방법이다. 이 장치는 실제로 퓨즈가 녹도록 전류를 롬 내의 특정 셀에 공급한다. 이 과정을 흔히 PROM을 '굽는다' 라고 말한다. PROM은 한 번 이상의 수정이 불가능하기 때문에 사용자에 의해 수정될 수 있도록 설계된 대부분의 롬 칩들은 EPROM이나 EEPROM을 사용한다.

(3) EPROM(erasable programmable ROM)

EPROM은 메모리 속에 저장된 내용을 지우고 재사용할 수 있는 PROM으로서, 메모리 칩의 표면에 부착된 유리창을 통해 강렬한 자외선을 비추면 ROM 내의 내용이 삭제된다.

(4) EEPROM(electrically erasable programmable ROM)

EEPROM은 사용자가 메모리 내의 내용을 수정할 수 있는 롬으로서, 정상보다 더 높은 전압을 이용하여 반복적으로 지우거나, 다시 기록할 수 있다. EEPROM은 기록된 내용을 수정하기 위해 컴퓨터에서 빼낼 필요가 없다. EEPROM의 특별한 형태가 플래시 메모리인데, 이것은 메모리의 내용을 지우

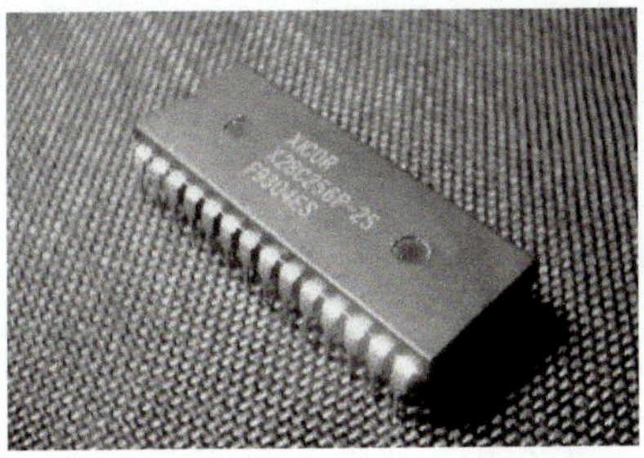

그림 Ⅵ-2 EEPROM 반도체 제품

고, 다시 프로그래밍 할 때 정상적인 PC 전압을 사용한다.

(5) flash Memory

플래시 메모리(플래시 램)는 비휘발성 메모리로서 블록 단위로 내용을 지울 수도 있고, 다시 프로그램할 수도 있다. EEPROM에서 선택 트랜지스터를 제거하여 집적도가 높게 제조할 수 있도록 한 것인데, 선택 트랜지스터가 없으므로 지우기 동작시에 여러 개의 메모리 셀을 블록 또는 섹터 단위로 한꺼번에 지울 수 있어 속도가 빠르다. 플래시 메모리가 일반 램처럼 유용하지는 못한 이유는, 램은 블록이 아닌 바이트 단위의 주소 지정이 가능해야 하기 때문이다.

플래시 메모리는 메모리 셀들의 한 부분이 섬광(flash)처럼 단 한 번의 동작으로 지워질 수 있도록 마이크로칩이 조직화되었기 때문에 이런 이름을 얻었다. 지우기는 Fowler-Nordheim 터널 효과에 의해 일어나는데, 전자들이 얇은 유전체(誘電體) 물질을 관통하여 각 메모리 셀과 결합하여 있는 부유 게이트로부터 전하를 제거한다. 비휘발성 메모리 가운데서 가장 쓰기가 편리하고 집적도 측면에서도 유리하므로 플래시 메모리가 처음 등장했을 때는 하드 디스크를 대체할 수 있을 것으로 생각했으나 터널 산화막의 신뢰성 문제로 개발 속도가 늦어져 하드 디스크의 대체보다는 디지털 휴대 전화, 디지털 카메라, 랜 스위치, 노트북 컴퓨터의 PC 카드, 디지털 셋톱 박스, 내장 컨트롤러 등과 같은 다양한 장치들에 사용된다.

그림 Ⅵ-3 플래시 메모리 응용 제품

2. 램 (RAM)의 동작 원리

학|습|목|표

- 램의 작동 원리를 설명할 수 있다.

RAM은 어떻게 작동하나?

메모리와 프로세서 사이에는 2종류의 선이 있는데, 하나는 데이터를 전송하기 위한 선으로 데이터 버스(data BUS)이며, 이 선을 통해서 프로세서에서 메모리로, 메모리에서 프로세서로 데이터가 전송된다. 또 하나는 어떤 메모리를 대상으로 하는가를 나타내는 선으로, 어드레스 버스(address BUS)라 부르며, 어드레스 버스는 데이터 버스와는 달리 프로세서에서 메모리로 일방통행을 한다. 어드레스는 PC 내부에서 전화 번호처럼 사용된다. 먼저 프로세서는 대상으로 할 메모리를 나타내는 번호를 2진수로 바꾼 후에 어드레스에 보낸다. 이것을 받는 것은 어드레스에 접속되어 있는 어드레스 디코더(address decoder)라는 제어 회로(교환기와 같은 역할을 하는 회로)가 보내오는 어드레스를 해독해서 어떤 메모리 칩에 대상 메모리가 있는가를 결정하며, 그 칩만을 사용 가능한 상태로 만든다. 그 이후는 메모리용 칩의 구성에 따라 다르지만 8비트 단위에서 데이터를 꺼낼 수 있는 칩이라면 그 출력을 데이터 버스에 보내서 프로세서가 꺼낼 수 있도록 하는 것이다.

그러면, 램(RAM)에 데이터를 저장(write)하는 방법과 읽는(read) 방법을 그림을 이용하여 알아보자.

01. 데이터 저장하기 – write

〈참고〉 컴퓨터가 이진수로만 작업하기 때문에 대문자 A는 2진수 01000001로 RAM과 디스크에 저장된다. 대문자 B는 01000010이다. 그림 Ⅳ-5 (a)는 RAM칩에 바이트로 저장된 대문자 A를 보여 준다. 어드레스 라인에 있는 8개의 축전지 중 첫째는 충전되어 있지 않고, 둘째는 충전되어 있으며, 다음 5개는 충전되어 있지 않고 여덟째는 충전되어 있다.

2 데이터가 저장될 수 있는 RAM칩의 각 메모리 위치에 전기 신호가 데이터 라인에 연결된 트랜지스터를 켜거나 닫는다. 트랜지스터는 미세한 전기 스위치라고 볼 수 있다.

3 트랜지스터가 켜지는 동안 소프트웨어는 선택된 데이터 라인을 따라 전기 신호를 보낸다. 각각의 신호는 비트-프로세서의 본래 언어이고 컴퓨터가 조작하는 정보의 최종적인 단위인 1이나 0을 나타낸다.

1 OS와 조화를 이룬 소프트웨어는 RAM칩에 식각(etching)되어 있는 미세한 섬유 물질인 전도성 어드레스 라인을 따라 전류를 보낸다. 이 전기 신호는 RAM칩의 많은 어드레스 라인 중에서 기록된 데이터가 있는 곳을 알려 준다.

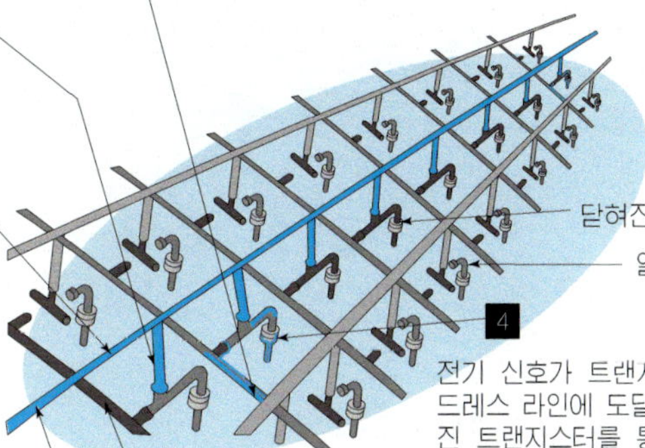

4 전기 신호가 트랜시스터가 켜졌던 어드레스 라인에 도달할 때 펄스는 닫혀진 트랜지스터를 통해 흐르고 전기를 저장하는 전기 장치인 축전기에 충전시켜 준다. 이러한 과정은 축전기의 충전을 다시 개시할 때까지 계속적으로 반복되는데, 그렇지 않으면 천천히 전기가 새어 나간다. 컴퓨터의 전원이 꺼지면 모든 축전기가 그 전하를 잃는다. 어드레스 라인 안에 있는 각 충전된 축전기는 2진수의 1을 나타낸다. 충전되지 않은 축전기는 2진수의 0을 나타낸다. PC는 모든 정보를 저장하고 조작하는 데에 2진수인 1과 0을 사용한다.

(a) 가상도

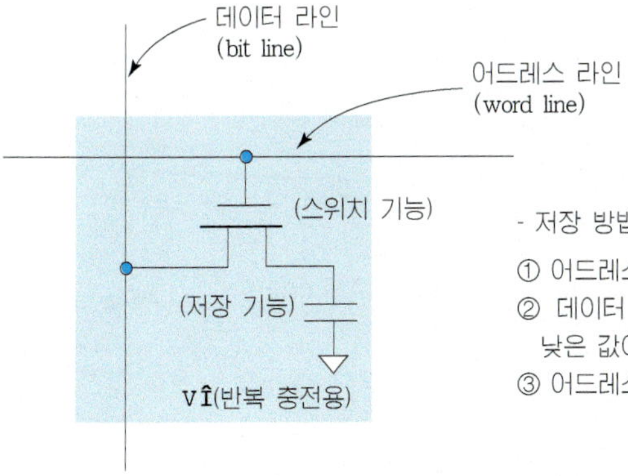

- 저장 방법

① 어드레스 라인을 높은 값으로 가지게 한다.

② 데이터 라인을 0이나 1을 저장하기 위해 낮은 값이나 높은 값을 선정한다.

③ 어드레스 라인을 낮은 값으로 한다.

(b) 회로도(1 bit DRAM cell)

그림 Ⅵ-4 램(RAM)에 데이터가 기록되는 원리

02. 데이터 읽어오기-read

1 소프트웨어가 RAM에 저장된 데이터를 읽고자 할 때, 또다른 전기 신호가 어드레스 라인을 따라 전송되어 그것과 연결된 트랜지스터를 다시 닫는다.

2 충전을 하는 축전기가 있는 어드레스 라인이 있는 곳에서 축전기는 닫혀진 트랜지스터에 의해 만들어진 회로를 통해 방전되고, 데이터 라인을 따라 전기 신호를 보낸다.

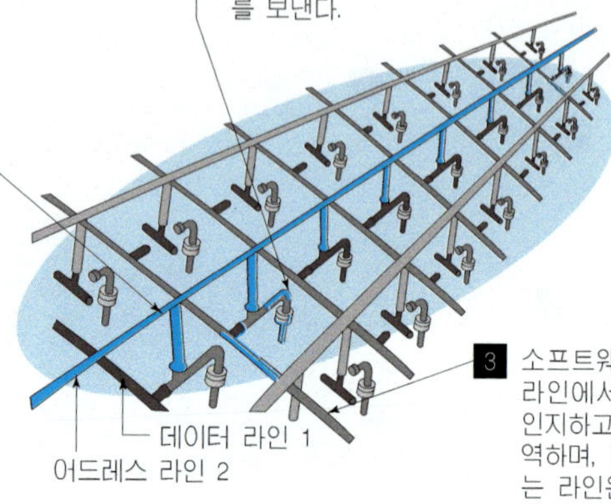

3 소프트웨어는 어떤 데이터 라인에서 펄스가 오는지를 인지하고, 각 펄스는 1로 번역하며, 펄스가 전송되지 않는 라인은 0으로 번역한다. 8개의 데이터 라인의 1과 0의 조합은 한 바이트의 데이터를 형성한다.

(a) 가상도

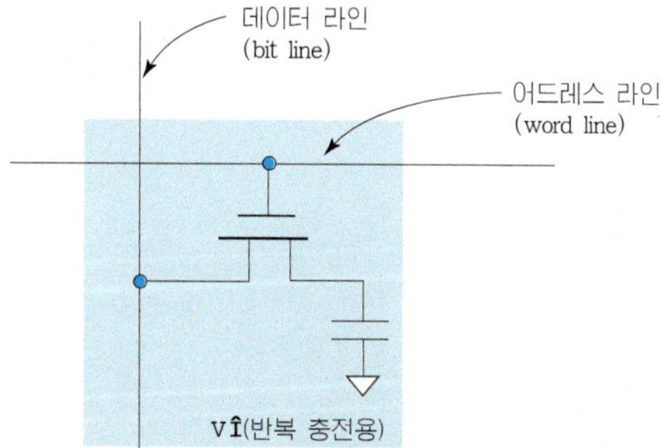

(b) 회로도(1 bit DRAM cell)

- 읽는 방법

① $\frac{v\hat{\imath}}{2}$ 로 데이터 라인을 미리 충전한다.

② 어드레스 라인을 높은 값으로 한다.

③ 데이터 라인을 통해 셀의 내· 외로 전류가 흐르는지 확인한다.

그림 Ⅵ-5 램(RAM)에서 데이터가 읽히는 원리

3. 비메모리 반도체

학|습|목|표

- 비메모리 반도체 제품의 특징을 설명할 수 있다.
- 특수 반도체에 해당하는 소자들의 특성과 활용 분야를 열거할 수 있다.
- 비메모리 반도체 제품의 시장 동향과 앞으로의 전망을 예측하여 발표할 수 있다.

비메모리 반도체는 크게 특정 업체의 요구(need)에 맞게 설계된 전통적인 ASIC 제품과 특정 용도이긴 하나 응용 시장에서 검증되어 다수의 업체에게 공급되는 범용 IC인 ASSP(application specific standard product) 제품과 특수 반도체 제품으로 구분된다.

메모리를 제외한 반도체 제품을 통칭하여 비메모리 또는 마이크로(micro) 제품이라고 한다. 범용 IC(standard integrated circuit)는 우리가 필요에 따라 쉽게 구할 수 있는 IC들을 지칭한다. 반면, 주문형 IC(custom integrated circuit)는 특별한 사용자를 위해 개발된 IC로서, 개발을 의뢰한 사용자에게만 공급되기 때문에, 특정한 용도의 목적에만 사용할 수 있는 IC라 하여 ASIC라고 하기도 한다.

01. ASIC

ASIC는 어플리케이션 스페시픽(application specific) IC의 약자로 고객의 주문에 의하여 설계된 특정 회로를 반도체 IC로 응용 설계하여 주문자에게 독점 공급하는 고객(user) 전용 규격의 IC를 말한다. 신속하고 다양한 설계 능력을 필요로 하는 제품으로서, 다품종 소량 생산 체제에 맞는 유망한 사업 분야이다.

주문형 IC는 표 Ⅳ-3과 같이 완전 주문형 집적 회로(full-custom IC)와 반주문형 집적 회로(semi-custom IC)로 구분되고, 반주문형 집적 회로는 PLD

와 게이트 어레이(gate array), 스탠더드 셀(standard cell)로 대표되며, 스탠더드 셀의 개념을 확장하여 셀 라이브러리(cell library)를 포함하는 설계 방법이 응용되고 있다.

이러한 비메모리 반도체는 알고리듬(algorithm) 개발이 선행되어야 하는 고부가가치 산업으로 알고리듬 개발은 오랜 연구 기간이 필수적이며, 한번 시장이 열리면 상당 기간 시장의 주도권을 행사할 수 있다.

용어해설

알고리듬(Algorithm) 또는 알고리즘(algorism)

계산법[算法]· 해법· 작도· 정보 처리의 순서· 과정의 뜻으로 사용되는 수학· 정보 과학· 컴퓨터 용어.

(1) ASIC 디자인 방법의 변천사

표 Ⅵ-4 ASIC 디자인 방법의 변천사

제 1 세대 (1980년대)	캐드(CAD)를 사용하여 회로(schematic entry) 설계, 시뮬레이션(simulation) 및 배치 설계(layout) 수행
제 2 세대 (1990년대)	회로 설계를 HDL이라는 언어를 이용하여 표현하고, 합성(synthesis)을 수행함으로써 원하는 회로를 구현하는 시대
제 3 세대 (1990년대 말)	회로 설계를 유한 상태 기계(finite state machine), 진리표(truth table), 흐름도(flow chart) 등의 도식적인 설계(graphical entry)로 구현하고, 이를 컴파일(compile)하여 HDL 코드(code)를 생성, 이를 합성(synthesis)하여 회로를 구현하는 시대

(2) 개발 순서

→

아이템 선정 → 알고리즘 개발 → 논리 회로(logic) 설계 → 제조업체 선정

제조 공정에 맞는 배치도 제작 → 양산 → 시장 공급

(3) 장점 및 단점

표 Ⅵ-5 주문형 반도체의 장점 및 단점

장 점	단 점
– 경박 단소화(고집적화, 소형 경량화, 성능 향상) – 저전력화, 시스템 기술 보호 – 부품 수급난 해소, 경쟁력 강화 – 설계 시간 단축 : HDL 및 FPGA로 시스템 설계 – 원가 절감 : 비용, SOC, 생산성 향상 – 신뢰성 향상 : 부품의 최적화, 공정의 단순화, 자동화, 기능의 복합화에 대처	– 초기 개발 비용이 고가 – 설계 실패 부담감 과중 – 목표 변경에 따른 수정이 어렵다. – 수량이 적을 때 가격이 고가

(4) 분 류

표 VI-6 주문형(ASIC) 반도체의 종류

반주문형	PLD	최종적으로 제조한 후에 프로그램되는 IC
	게이트 어레이	기본적인 게이트들을 여러 개 배열해 놓고 이들 사이의 배선만 이어 주는 것
	스탠더드 셀	카운터, 타이머, 플립플롭 등 기본적인 부품을 칩에 미리 구성해 놓은 설계 라이브러리(library)를 이용하여 원하는 회로를 구성하고 제품화 하는것
완전 주문형		사용자 주문 그대로 처음부터 회로를 설계하여 만드는 것

(5) 비 교

표 VI-7 주문형 반도체의 종류에 따른 특징

구 분		면 적	성 능	NRE 비용	칩당 제작비	개발 기간
반주문형	PLD	매우 큼	저속	없음	초고가	단기
	게이트 어레이	큼	중속	보통	고	중기
	스탠더드 셀	보통	중고속	고가	중	중장기
완전 주문형		작음	고속	초고가	저	장기

NRE(non-recurring engineering : ASIC 시작품 제작을 위해 드는 순수 개발 비용으로 마스크 비용, 웨이퍼 비용, 설계 용역 비용 등)

용어해설

PLD (programmable logic device)
프로그램이 가능한 논리 회로 소자

02. 범용 IC (ASSP)

(1) Microcomponent

마이크로컴퓨터를 구성하기 위한 핵심적인 부품으로 MPU(micro processor unit), MCU(micro controller unit), DSP(digital signal processor), chip set, graphic IC를 총칭한다.

(2) 선형(liner) IC

제반 신호의 표현, 처리를 연속적인 신호 변환에 의해 인식하는 아날로그(analog) IC를 말하며, 민생용의 audio/video IC, 통신용 IC, 신호 변환기용

용어해설

PWM (pulse width modulation)
펄스폭 변조

SMPS (switching mode power supply)
스위칭 방식 전원 공급 장치

UPS (uninterruptible power supply)
무정전 전원 공급 장치

ballast
전자식 안정기

TN(시계용)
twisted nematic

STN(초기 노트북용)
super twisted nematic

TFT(현재 대부분 사용)
thin film transistor

IC, LCD driver IC 등이 이에 속한다.

(3) 전력(power) IC

전원 전력 시스템에 적용되는 스위칭용 소자 및 컨트롤(control) 핵심 부품으로 power TR, power MOSFET, PWM IC 등을 총칭한다. 응용 분야로는 SMPS, ballast, UPS, 인버터(inverter), AC-DC 컨버터(converter) 등 모든 전원 분야에 사용된다.

03. 특수 반도체

(1) LCD

리퀴드 크리스털 디스플레이(liquid crystal display)의 약자이다. 액정 표시 소자를 이용하여 문자, 숫자, 그래픽, 그리고 영상 등을 표시하는 장치이다. 2개의 유리판 사이에 액정을 넣고 전압을 가해 줌으로써 원하는 화면을 나타내도록 한 디스플레이 장치이다. 1968년 미국 RCA사에 의해 처음 디스플레이에 응용되었으며, 제조 방식에 따라 시계용의 TN과 초기 노트북용의 STN, 현재 가장 많이 사용되는 TFT로 구분된다.

그림 Ⅵ-6 LCD 완성품

(2) 이미지 센서

최근 디지털 카메라가 큰 인기다. 필름도 없는 디지털 카메라가 어떻게 사진을 찍을 수 있을까? 이는 디지털 카메라 안에 있는 이미지 센서가 필름의 역할을 하기 때문이다. 이미지 센서는 수많은 광센서를 결합시킨 것이다. 디지털 카메라에서 '몇 백만 화소'라는 말을 하는데 화소 수가 많을수록 사진의 화질이 좋다. 2004년 현재 일반 제품 중 가장 좋은 것은 800만 화소 정도이며, 값은

100만 원 정도이다. 이런 디지털 카메라는 사진을 찍은 뒤 A4 크기로 사진을 출력해도 아날로그 카메라와 큰 차이가 없다. 이미지 센서는 네모난 판처럼 되어 있고, 그 위에 수많은 광 센서들이 화소 수만큼 붙어 있다. 따라서, 400만 화소라면 400만 개의 광센서가 이미지 센서에 붙어 있다.

이미지 센서는 각 화소로부터 반사광의 강, 약을 전기적인 신호로 변환한다. 광자를 전자로 전환하여 디스플레이로 표시하거나 저장 장치에 저장할 수 있게 하는 반도체로서 고체 촬상 소자(CCD : charge coupled devices)와 상보성 금속 산화물 반도체(CMOS : complementary metal oxide semiconductor) 센서인 밀착형 이미지 센서(CIS : contact image sensor)가 있다. 또, 이미지 센서는 기능의 특성에 따라 영역(area) 이미지 센서와 선형(linear) 이미지 센서로 나눌 수 있다.

그림 Ⅵ-7 이미지 센서

(3) 화합물 반도체

주기율표상의 Ⅲ족과 Ⅴ족 원소들의 화합물을 이용한 반도체 제품으로 갈륨비소(GaAs), 질화갈륨(GaN) 반도체가 대표적이다. 실리콘 반도체와는 달리 빛을 내고 동작 속도가 매우 빠르기 때문에, 전광판이나 전자 제품의 전원 램프에 사용되는 발광 소자와 정보 전달 속도가 매우 빠른 고속 소자로 사용되고 있다. 현재 개발되고 있는 대부분의 차세대 메모리 소자는 화합물 반도체를 사용하고 있는데, P램은 게르마늄-안티몬-텔루라이드, F램은 납-지르코늄-티타늄 등을 사용한다.

04. 시장 동향

세계 반도체 시장에서의 시장 규모는 메모리 반도체가 20 %, 비메모리 반도체가 70 %, 개별 소자가 10 % 정도로 비메모리 반도체가 3 배 이상 많다. 2000년에 전세계 ASIC가 기본이 되는 비메모리 반도체 시장 규모는 1,380억 달러에 대해 전체 반도체 시장 1,820억 달러의 76 %를 차지하였으며, 오는 2006년까지 연평균 10 % 내외의 안정적인 성장을 지속할 것으로 예상하고 있다. 시장 성장을 주도하는 품목은 인터넷, 휴대폰, 디지털 가입자 회선(XDSL) 모뎀, 케이블 모뎀 등 통신 네트워크와 디지털 TV, 디지털 다기능 디스크(DVD) 플레이어 등 멀티미디어 분야이다.

CCD와 CMOS(CIS) 등 이미지 센서 전체 매출 규모는 2002년 13억 8,635만 달러에서 2006년에는 15억 6,669만 달러로 성장할 것으로 예상된다.

국내의 ASIC 시장은 2000년에 약 53억 달러에 달했으며, 이 중에서 70 % 가까운 37억 달러 상당의 제품을 수입에 의존하였다.

4. 반도체 소자 관련 주의 사항

학|습|목|표

- 반도체 소자의 사용시 주의 사항을 설명할 수 있다.

01. IC 제작 환경상의 주의 사항

(1) 정전기

IC는 정전기에 약하며, 특히 건조한 겨울철에는 정전기가 발생하기 쉽기 때문에 각별한 주의가 필요하다. IC를 취급할 때에는 먼저 지면에 손을 접촉시켜 인체의 정전기를 완전히 방전해야 한다. IC의 소형화와 집적화에 의해 감당할 수 있는 전력이 작아 정전기에 의한 손상이 크다. 주된 손상으로는 반도체 소자의 성능 저하, 고감도의 미세한 회로의 파괴, 디지털 시스템의 교란으로 인한 저장 프로그램의 파괴 등이 있다.

(2) 납 땜

가장 주의해야 할 점은 온도이며, 특히 땜납에 담글 때에는 더욱 주의가 필요하다. 납땜을 할 때에는 누전에 주의하고, AC 전원이 누전되어 IC를 파괴할 수도 있다.

(3) 방열판

반도체 소자와 방열판 간의 열전도를 잘 되게 하기 위해 실리콘 수지를 사용하며, 실리콘 수지는 틈새가 없도록 가능한 한 얇게 바르는 것이 좋다. 방열기를 나사로 고정할 때에는 너무 힘주어 조이지 않도록 조심할 필요가 있다. 너무 세게 조이면 내부의 칩이 깨져 버리는 경우도 있다. 또, 소자와 방열기 사이에 이물질이 들어가지 않도록 주의해야 한다.

02. 사용 환경상의 주의 사항

(1) 온도 환경

일반적인 IC는 사용 온도를 섭씨 85℃까지만 보증하고 있다. 기온이 85℃ 가까이 오르는 일은 없지만, 밀폐된 케이스에 설치되어 있거나 방열이 나쁘면, 주위 온도가 85℃를 넘는 경우가 있다. 특히, 소비 전력이 큰 소자는 더욱 주의가 필요하다.

(2) 강한 전류계·강자기장

IC를 강한 자기장에 노출시킬 경우, 몰드 수지와 IC 칩 내부의 분극 현상으로 누설 전류가 증가하는 일이 있다. 텔레비전의 편향 요크의 근방에 LSI를 설치한 경우, 오동작을 일으켰다고 하는 사례도 있다. 이러한 경우에는, 설치 장소의 변경이나 전기장·자기장의 차폐가 필요하다.

(3) 외부 광(적외선)

반도체 소자는 빛에 노출되면 광전 효과에 의해 유도 전압이 발생해 오작동을 일으키는 경우가 있다. 몰드 수지에 따라서 적외선을 통하는 것이 있으므로 주의가 필요하다.

03. 시스템 설계상의 주의 사항

(1) 최대 정격

최대 정격이란, 한 순간이라도 초과되면 안 되는 규격이다. 최대 정격의 항목에는 단자 전압, 전류, 허용 전력, 온도 등이 있다. 최대 정격을 초과하면 소자가 열화되거나 파손될 수 있다. 외부로부터의 서지 전압이 걸리는 우려가 있는 경우에는 최대 정격을 초과하지 않도록 보호 회로를 사용할 필요가 있다.

> **용어해설**
>
> **서지 전압 (surge voltage)**
> 스위치의 개폐시에 생기는 과도 전압으로 수 ㎲ 정도의 짧은 시간으로도 반도체 소자가 파괴될 수 있다.

(2) 래치 업(latch up)

CMOS 구조의 소자에 래치 업(latch up)으로 불리는 특이한 상태가 있다. 이것은 CMOS IC에 있는 PNPN 접합(사이리스터 구조)부가 외부의 전압 변동이나 전기적 잡음 등으로 작동(turn on)해, IC에 수백 mA 이상의 대전류가 흘러 소자의 동작을 방해 또는 파괴에 이르게 하는 현상이다. 래치 업은 입

· 출력 전압이 정격을 초과하여 내부 소자에 큰 전류가 흘렀을 경우, 또는 전원 단자의 전압이 정격을 넘어 내부 소자가 항복 상태가 되었을 때에 일어난다. 이 경우, 정격 외의 전압 인가가 순간이라도, 한번 IC가 래치 업 상태에 도달하면 대전류는 사이리스터 구조에 의하여 전원을 끌 때까지 계속 유지되면서 흐른다. 래치 업을 방지하려면 다음 사항에 유의하여야 한다.

- 입출력 단자의 전압 레벨을 VÇÇ(공급 전압)보다 높게 하거나 VÍ(접지 전압)보다 낮게 하지 말 것.
- 비정상인 노이즈나 서지가 들어가지 않게 한다.
- 미사용 입력 단자의 전위를 VÇÇ 또는 VÍ에 고정한다.
- 출력 단자를 합선시키지 않는다.
- SOI 기판을 사용할 것.
- 에피층을 사용할 것.

(3) 열 설계

반도체 소자의 고장률은 사용 온도에 의해 크게 영향을 받으며, 내부의 온도는 주위 온도와 소자의 소비 전력에 의해 온도가 상승된다. 신뢰성 확보를 위해서는 다음 사항에 유의해야 한다.

- 소자 주변의 온도는 발열의 영향을 피해 가능한 한 낮게 유지한다.
- 소자의 소비 전력이 커지는 경우에는 방열기와 강제 공랭을 사용한다.
- 소비 전력을 낮추기 위해 디레이팅(derating)하여 사용한다.

용어해설

디레이팅 (derating)
신뢰성을 개선하기 위하여 계획적으로 부하(負荷)를 정격치로부터 경감하는 것.

04. 반도체 소자의 수명

(1) 열 응력

온도는 수명을 짧게 하는 주요인이다. 특히, 소비 전력이 큰 소자는 디레이팅(derating)시켜 온도를 낮추는 것이 신뢰성을 높이는 가장 좋은 방법이다. 온/오프의 반복에 의한 온도 변화도 수명에 영향이 있다. 온도 변화가 있으면 열팽창 계수의 차에 의해 반복 응력이 발생하여 접합 부분이 파손(단락)된다.

(2) 전류 유동(electro migration)

배선에 전류가 흐를 때, 배선을 구성하는 원자가 줄 열에 의한 온도 상승으로 전자의 흐름에 밀려 이동하는 현상을 의미한다. IC의 칩에서는 수 마이크로

미터 굵기의 알루미늄으로 배선을 하고 있다. 따라서, 알루미늄은 전류 밀도가 높아지면 원자들이 입계를 따라 유동(migration)을 일으켜 단선되게 된다. 일반적으로는 이러한 것들이 발생되지 않게 충분한 굵기로 설계하고 있다.

(3) 응력 유동(stress migration)

알루미늄 배선은 실리콘 기판과 보호막(SiO_2) 사이에 위치해 있다. 보호막은 수백 ℃의 고온에서 형성되므로 상온으로 냉각될 때, 열팽창 계수의 차로 알루미늄과의 계면에서 응력이 발생한다. 이러한 응력이 커지면 알루미늄 원자가 유동(migration)을 일으켜 단선되게 된다.

(4) 알루미늄 부식

몰드 수지는 어느 정도 수분을 흡수한다. 또, 수지와 리드(leed)의 계면은 박리하기 쉬워서 그 사이로부터 수분이 침입할 수 있다. 수분과 함께 염소 이온이 유입되면, 알루미늄 배선을 부식시켜 단선이 되게 한다. 납땜의 플럭스에는 염소 이온이 들어 있어 납땜 후에 세정이 충분하지 않으면 알루미늄을 부식시킨다.

(5) 표면 오염

수분과 함께 나트륨 이온이 칩에 유입되면 오염에 의한 장해가 생긴다. 나트륨 이온은 실리콘 산화막 중에서 자유롭게 이동해 전위가 낮은 곳에 모이게 되며, 모인 이온이 칩 표면에 누설 전류를 발생시켜 고장의 원인이 된다. 보호막은 나트륨 이온을 차단하지만, 이 막에 결함이 있으면 침투하게 된다.

(6) 납땜 취화(embrittlement)·리드 금속 피로

전원의 온/오프 등에 의한 온도 구배가 있으면, 열팽창 계수의 차에 의해 응력이 발생한다. 기판과 소자 간의 열팽창 계수의 차에 의한 응력은 리드와 납땜에 대부분 흡수되어 응력이 반복되면 리드 금속은 피로가 쌓이게 되고, 납땜의 취화가 진행되어 리드가 변형되든지 납땜 부분이 떨어져 나간다.

IC의 가격은 왜 이렇게 내리는 것인가?

IC의 가격을 정하는 요소는 직접도와 양품률이라고 할 수 있다. 집적도라고 하는 것은 단위 면적에 어느 정도의 많은 소자가 들어가 있는가를 나타내는 것으로서 미세화가 진행될수록 더 높아지게 된다. 미세화에 관해서는 스켈링 이론이라는 것이 있다. 이것은 어떤 조건을 기준으로 하여 IC의 크기를 그대로 비례 축소한다는 것이다. 스켈링 이론대로 하면 크기가 70% 축소하면, 면적은 약 반 정도로 작게 되므로 단순히 가격도 반으로 떨어지는 것이 된다. 이 결과 날마다 '더 빨리, 더 싸게, 더 작게' 디지털 데이터를 처리할 수 있다.

※ **무어의 법칙**=디지털 기술의 원천인 반도체의 집적도(集積度)는 3년마다 4배로 증가한다.

단원 종합 문제

1. 반도체의 종류에는 어떠한 것들이 있는가?

2. 메모리 반도체의 종류에는 어떠한 것들이 속해 있는가?

3. 주문형 반도체(ASIC)는 왜 필요하며, 어떠한 것들이 있는가?

4. 비메모리 반도체에는 어떠한 것들이 속해 있는가?

5. 반도체 소자 관련 주의 사항은 어떠한 것들이 있는가?

6. 반도체 소자의 수명에 미치는 요인은 무엇이며, 어떠한 것들이 있는가?

7. 램에서 데이터를 저장하고 읽는 원리를 설명하여 보시오.

인용 및 참고 문헌

- 경북 대학교 반도체 공정 교육 및 지원 센터. 「반도체 공정 교육」. 2002.
- 경북 대학교 전자전기공학부. 「반도체 전공 필수 실험」. 도서 출판 화성, 1999.
- 권대혁, 서화일. 「센서 기술」. 에드텍, 2000.
- 金原粲. 「박막 프로세스의 기초」. 반도 출판사, 1976.
- 김의곤. 「전자 회로 실기」. 한국 산업 인력 관리 공단, 2001.
- 김정남 외 9인. 「결정 성장학」. 대웅 출판사, 1999.
- 김종성, 이영택 편역. 「실리콘 공정 기술 입문」. 동영 출판사, 1999, pp.67~156
- 김홍배, 손상희. 「진공의 기초」, (주) 전자 자료사, 2002.
- 마이크로 가공 기술 편집 위원회. 「마이크로 가공 기술」. 기전 연구사, 1993. pp. 85~86, 123~126
- 신운봉. 「식각에 의한 마이크로 3 차원 가공」. 부산대 논문, 1996.
- 연규호 편저. 「기초 반도체 공학」. 상조사, 2001.
- N 세대를 생각하는 교수 모임 역. 「N 세대를 위한 전기 전자 기초」. (주) 북스힐, 2002.
- 이종덕. 「실리콘 집적 회로 공정 기술의 기초(제 3 판)」. 대영사, 1991.
- 이준웅, 김용주. 「전기 전자 재료」. 동일 출판사, 2001.
- 이형직 외 2 명. 「박막 프로세스의 기초」. 반도 출판사, 1992. pp.60. 67
- 임동규. 「광 리소그래피에서 상전이 및 적용에 관한 연구」. 서울 대학교 석사 학위 논문, 1994.
- 전자 자료사 편집부. 「반도체(공정 및 측정)」. (주) 전자 자료사, 1995.
- 전자 통신 기술 정보 : http://www.ktechno.co.kr/ls_parts/parts05.html
- ㈜ SEMIPARK. http://www.semipark.co.kr/images/반도체 장비/반도체 입문/반도체 기초 이론/결정 구조 이해.htm
- 최세곤, 김종성, 어수해 공역. 「반도체 공정 기술 입문」. 한국 이공 학사, 1999.
- 최태규. 「한국 산업 인력 관리 공단」. 반도체 표면 처리. 2001
- 한국 기술 교육 대학교 반도체 장비 기술 교육 센터. 「반도체 기초」. 대학사, 1999.
- 한국 기술 교육 대학교 반도체 장비 기술 교육 센터. 「반도체 웨이퍼 공정」. 대학

사, 1999.
- 한국 기술 교육 대학교 반도체 장비 기술 교육 센터. 「반도체 조립 공정」. 대학사, 1999.
- 한국 기술 교육 대학교 반도체 장비 기술 교육 센터. 「평판 디스플레이 기술」. 대학사, 1999.
- 한국 반도체 산업 협회(KSIA) : http://www.ksia.or.kr 반도체 이해, 전문.
- BEN G. STREETMAN. *Solid state electronic devices*(second edition). 탑 출판사, 1983.
- Charles A. Wert, Robb M. Thomson. *Physics of Solids*(second edition). Mcgraw-hill, Inc. 1970.
- Dena Leggett. *Fundamentals of Micro-contamination control*. PTI Seminars, Inc. 2001.
- Dena Leggett. *Fundamentals of Wet and Dry Etch*. PTI Seminars, Inc. 2001.
- Gilsinn Lane. *Defect Isolation Techniques*. PTI Seminars, Inc. 2001.
- Mel Effron & Bob Carlson. *Yield Optimization Solutions*. PTI Seminars, Inc. 2001.
- Srini Raghavan. *Fundamentals of Chemical Mechanical Planarization*. PTI Seminars, Inc. 2001.
- Hong Xiao, Introduction to Semiconductor Manufacturing Technology. Prentice Hall, 2001.
- Integrated circuit engineering corporation. *integrated circuit fabrication*(second edition). Arrowhead Press, 1979.
- John Karonika. *Fundamentals of Chemical Vapor Deposition*. PTI Seminars, Inc. 2001.
- John Karonika. *Fundamentals of Thermal Processes*. PTI Seminars, Inc. 2001.
- John Karonika. *Fundamentals of Metallization*. PTI Seminars, Inc. 2001.

- John Karonika. *Fundamentals of Ion Implantation*. PTI Seminars, Inc. 2001.
- Lita Shon-Roy. *Product Marketing for the Semiconductor Industry*. PTI Seminars, Inc. 2001.
- Neil Weste, Kamran Eshraghian. *Principles of CMOS VLSI Design*(A System Perspective). Addison-Wesley Publishing Company, 1985.
- Rex Collier. *ABC's of Basic Electronics & Devices*. PTI Seminars, Inc. 2001.
- Rex Collier. *Fundamentals of Photolithography*. PTI Seminars, Inc. 2001.
- Robyn Frenzel. *Introduction to CMOS Layout*, PTI Seminars, Inc. 2001.
- Robyn Frenzel. *Introduction to Microelectronics Design & Fabrication*. PTI Seminars, Inc. 2001.
- http://engineer.netian.com/semicon/semiprocess.htm
- http://www.bekkoame.ne.jp/~kniwa/ようこそ´ここは半導?のペ?ジです
- http://www.hyes.co.kr/jungbo/atom/jugi.htm
- http://jestea.eelee.net/
- http://164.125.104.48/method_right.html
- http://myhome.dreamx.net/kalwook/korea.htm

찾아보기

ㄱ

ㄴ

ㄷ

ㄹ

ㅁ

ㅂ

ㅅ

ㅇ

ㅈ

ㅊ

ㅋ

ㅌ

ㅍ

ㅎ

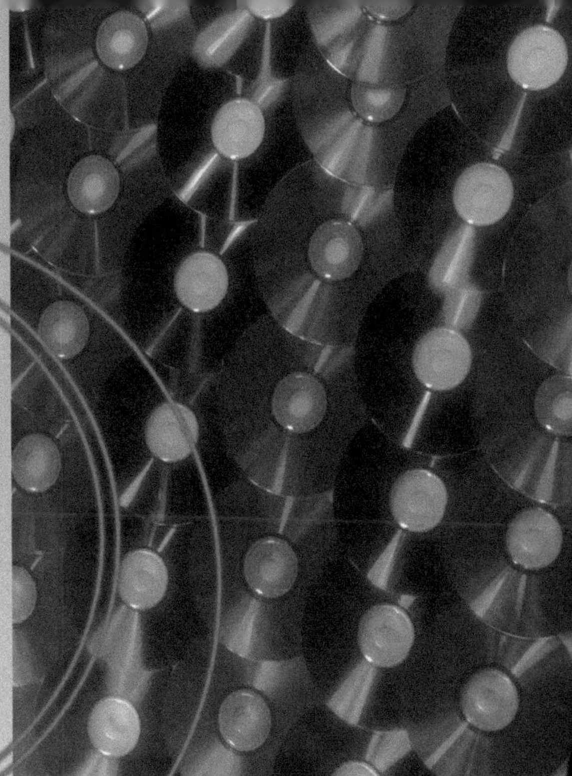

부 록

1 한눈에 보는 반도체 제조 공정

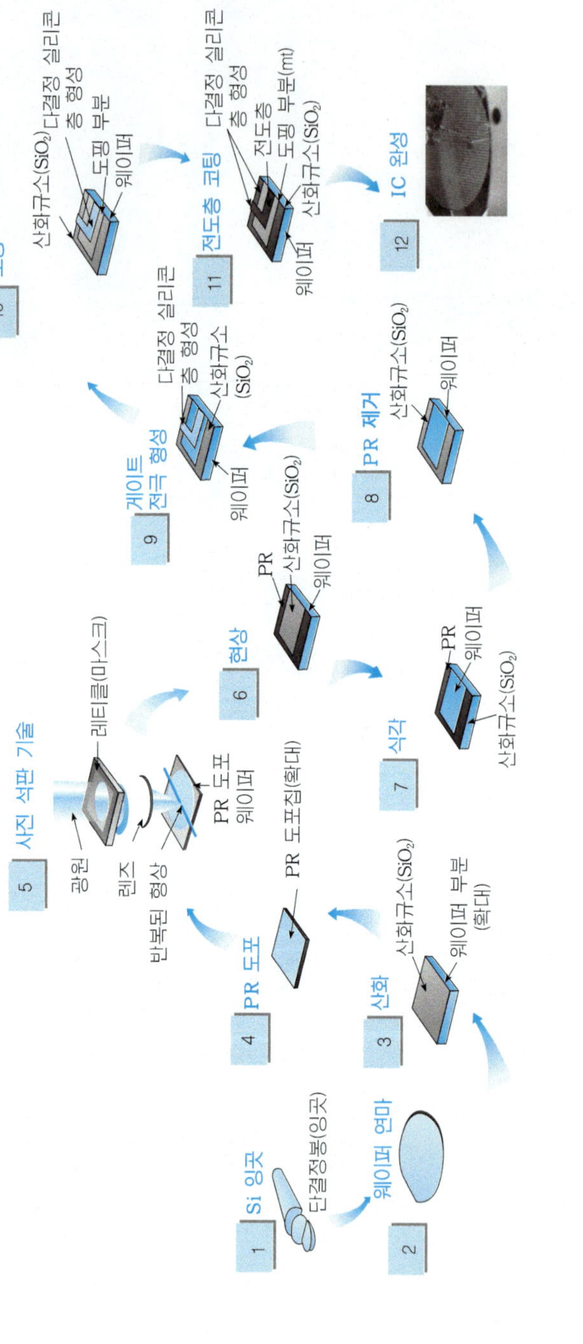

반도체 제조 공정 개관(실리콘 게이트)

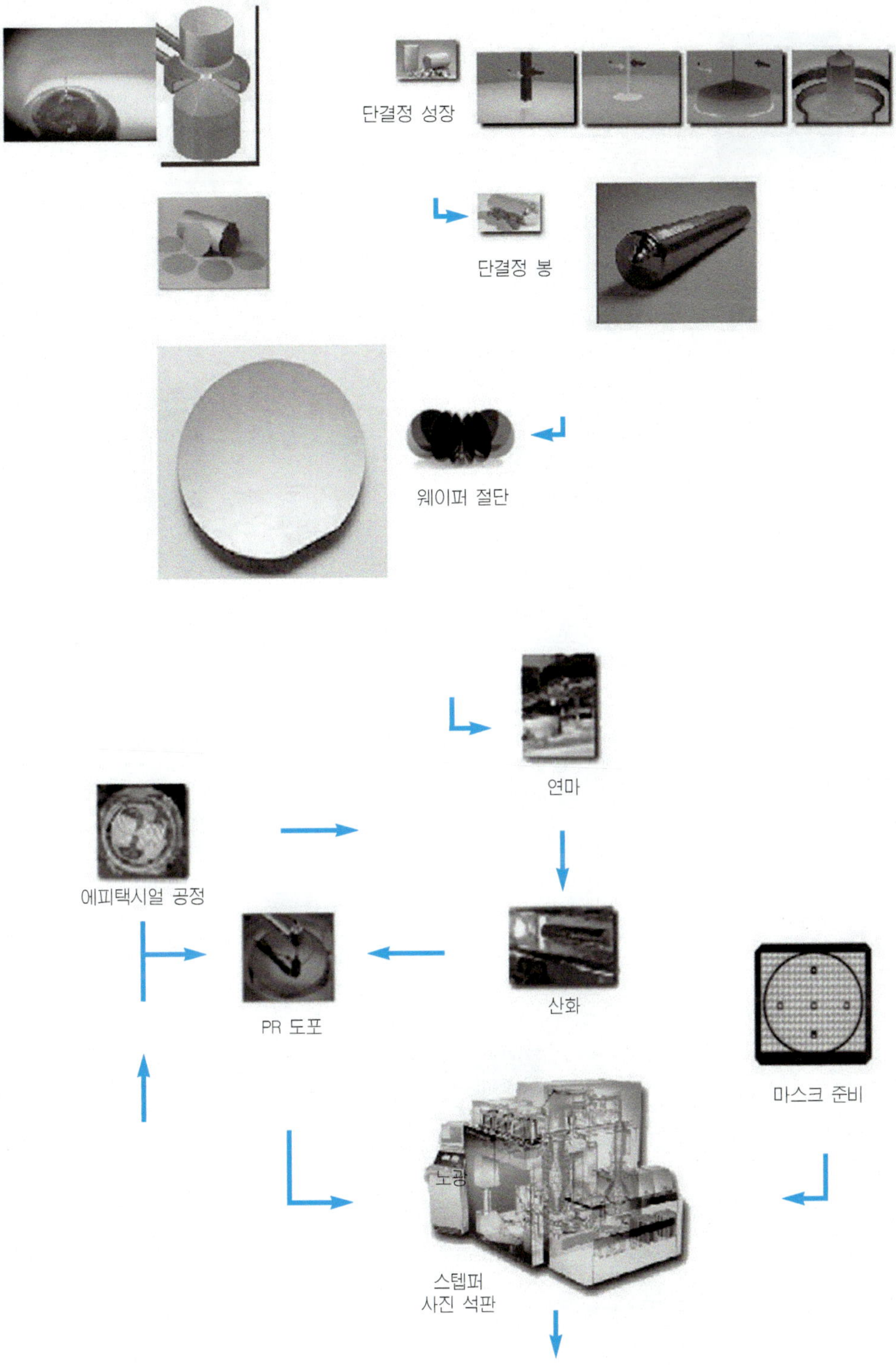

반도체 제조 공정도(BJT) (1)

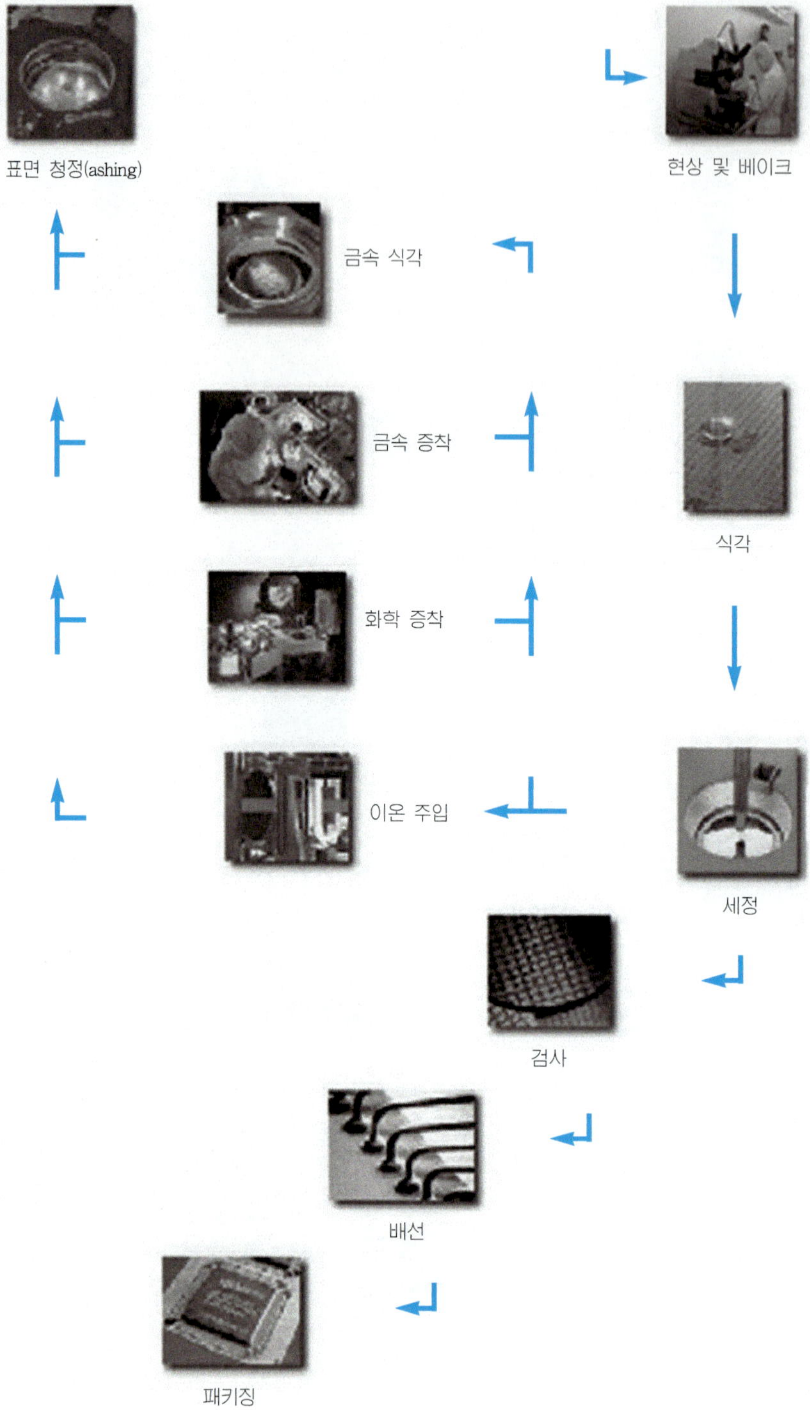

반도체 제조 공정도(BJT)(2)

2 SI 단위계에 대한 접두사

아랫자리	접두사	기호	아랫자리	접두사	기호
10^{-1}	데 시	d	10	데 카	da
10^{-2}	센 티	c	10^{2}	헥 토	h
10^{-3}	밀 리	m	10^{3}	킬 로	k
10^{-6}	마이크로	μ	10^{6}	메 가	M
10^{-9}	나 노	n	10^{9}	기 가	G
10^{-12}	피 코	p	10^{12}	테 라	T
10^{-15}	펨 토	f	10^{15}	페 라	P
10^{-18}	아 토	a	10^{18}	엑 사	E

3 그리스 문자

Alpha ········· A(a)
Beta ········· B(b)
Gamma ········· C(c)
Delta ········· D(d or ∂)
Epsilon ········· E(e)
Zeta ········· F(f)
Eta ········· G(g)
Theta ········· H(h)
Iota ········· I(i)
Kappa ········· J(j)
Lambda ········· K(k)
Mu ········· M (l)

Nu ········· L(m)
Xi ········· N(n)
Omicron ········· O(o)
Pi ········· P(p)
Rho ········· Q(q)
Sigma ········· R(r or ‰)
Tau ········· S(s)
Upsilon ········· ˇ(t)
Phi ········· U(" or u)
Chi ········· V(v)
Psi ········· W (w)
Omega ········· X(x)

4 국제 단위 제도(SI 단위)

1) 기본 SI 단위의 명칭과 기호

물리적 양	단위의 명칭	SI 단위의 기호
길 이	미 터	m
질 량	킬로그램	kg
시 간	초	s
전 류	암페어	A
열역학적 온도	켈 빈	K
광 도	칸델라	cd
물질량	몰	mol

2) 보충 SI 단위의 명칭과 기호

물리적 양	단위의 명칭	SI 단위의 기호
평면각	라디안	rad
입체각	스테라디안	sr

3) 유도 SI 단위에 대한 특별 SI 명칭과 기호

양	단위의 명칭	단위의 기호	단위의 정의
힘	뉴 턴	N	$kg \cdot m \cdot s^{-2}$
에너지, 일, 열량	줄	J	$kg \cdot m^{2} \cdot s^{-2}$
일률, 전력	와 트	W	$kg \cdot m^{2} \cdot s^{-3}(=J \cdot s^{-1})$
전하, 전하량	쿨 롬	C	$A \cdot s$
전위차	볼 트	V	$kg \cdot m^{2} \cdot s^{-3} \cdot A^{-1}(=J \cdot A^{-1} \cdot s^{-1})$
직류 전기 저항	옴	X	$kg \cdot m^{2} \cdot s^{-3} \cdot A^{-2}(=V \cdot A^{-1})$
전기 커패시턴스	패 럿	F	$A^{2} \cdot s^{4} \cdot kg^{-1} \cdot m^{-2}(=A \cdot s \cdot V^{-1})$
자기력선속	웨 버	Wb	$kg \cdot m^{2} \cdot s^{-2} \cdot A^{-1}(=V \cdot s)$
인덕턴스	헨 리	H	$kg \cdot m^{2} \cdot s^{-2} \cdot A^{-2}(=V \cdot A^{-1} \cdot s)$
자기력선속 밀도	테슬라	T	$kg \cdot s^{-2} \cdot A^{-1}(=V \cdot s \cdot m^{-2})$
광 속	루 멘	lm	$cd \cdot sr$
조명도	럭 스	lx	$cd \cdot sr \cdot m^{-2}$
주파수, 진동수	헤르츠	Hz	s^{-1}

5 기초 상수표

상수명	표시 기호	수치		SI	CGS 단위
원자 질량 단위(u=/ˆ¿¤ˆ¿C / 12)	u	1.66056	± 0.00006	$\times 10^{-27}$ kg	$\times 10^{-24}$ g
진공 중의 광속도	c	2.997925	± 0.000003	$\times 10^{8}$ m / s	$\times 10^{10}$ cm / s
기본 전하량	e	1.60219	± 0.00007	$\times 10^{-19}$ C	
전기 소량 e를 가진 입자 1mol의 전하(Faraday 상수)	F	9.64867	± 0.00016	$\times 10^{4}$ C / mol	
Avogadro 수	N	6.02217	± 0.00028	$\times 10^{23}$mol^{-1}	
이상 기체의 표준 부피(1atm. 0℃)	V°	2.24136	± 0.00030	$\times 10^{-2}$m^{3} / mol	$\times 10^{4}$cm^{3} / mol
중성자의 질량	m «	1.00867		u	
		1.67482	± 0.00008	$\times 10^{-27}$ kg	$\times 10^{-24}$ g
양성자의 질량	m π	1.00728		u	
		1.67261	± 0.00008	$\times 10^{-27}$ kg	$\times 10^{-24}$ g
전자의 질량	m "	9.10956	± 0.004	$\times 10^{-31}$ kg	$\times 10^{-28}$ g
전자의 비전하	eˋ/ ˋm"	1.758803	± 0.000019	$\times 10^{11}$C / kg	$\times 10^{8}$ C / g
Bohr 磁子	ħ	9.2741	± 0.0006	$\times 10^{-24}$J / T	
기체 상수	R	8.3143	± 0.0012	× J / mol · K	$\times 10^{7}$ erg / mol · K
Boltzman 상수(k=R/N)	k	1.38054	± 0.00018	$\times 10^{-23}$ J / K	$\times 10^{-16}$ erg / K
Planck 상수	h	6.6262	± 0.0005	$\times 10^{-34}$ J · s	$\times 10^{-27}$ erg / s
각운동량의 기본량(h=h/2p)	h	1.0549	± 0.0001	$\times 10^{-34}$ J · s	$\times 10^{-2}$ erg / s
Bohr 반경	a°	5.29167	± 0.00007	$\times 10^{-11}$m	$\times 10^{-9}$cm
전자의 고전 반경(r"=e¤ˋ¿/¿m"ˋc¤ˋˋ)	r"	2.81777	± 0.00011	$\times 10^{-15}$m	$\times 10^{-13}$cm
Rydberg 상수	Ry"	1.09737312	± 0.0000003	$\times 10^{7}$ m^{-1}	$\times 10^{5}$ cm^{-1}
미세 구조 상수(a=2pe¤ˋ¿/hcˋ)	a	7.29735	± 0.00010	$\times 10^{-3}$	
전자의 Compton 파장(kˋc"=h / m"cˋ)	kˋc"	2.42621	± 0.00006	$\times 10^{-12}$ m	$\times 10^{-10}$ cm
양성자의 Compton 파장(kˋcπ=h / mπc)	kˋcπ	1.32140	± 0.00004	$\times 10^{-15}$ m	$\times 10^{-13}$ cm
중성자의 Compton 파장(kˋc«=h / m«cˋ)	kˋc«	1.31958	± 0.00004	$\times 10^{-15}$ m	$\times 10^{-13}$ cm
1eV의 에너지		1.60210		$\times 10^{-19}$ J	$\times 10^{-12}$ erg
1eV에 대응하는 진동수		2.418		$\times 10^{14}$ Hz	—

상 수 명	표시 기호	수 치		SI	CGS 단위
1eV에 대응하는 파장		1.240		$\times 10^{-6}$ M	$\times 10^{-4}$ cm
1eV에 대응하는 파수		0.8066		$\times 10^{6} M^{-1}$	$\times 10^{4}$ cm^{-1}
1eV에 대응하는 온도		1.1605		$\times 10^{4}$ K	—
1eV에 대응하는 질량		1.074		$\times 10^{-9}$ U	—
(1u=931.4 MeV)					
Planck의 복사 법칙에 포함되는 상수	C¡=2p¤`	3.741844		$\times 10^{-16}$ W · M^2	$\times 10^{-5}$ erg · cm^2/s
	ch	1.438833		$\times 10^{-2}$ M · K	cm · K
Wien의 변위칙 k`µT	C™=hc/k	2.8978	± 0.0004	$\times 10^{-3}$ M · K	$\times 10^{-1}$ cm · K
Stefan Boltzmann 상수		5.6696	± 0.0029	$\times 10^{-8}$ W/M^2 · K^4	$\times 10^{-5}$erg · cm^2/s · K^4
만유 인력 상수	r	6.673	± 0.015	$\times 10^{-11}$N · M^2/Kg^2	$\times 10^{-8}$dyn · cm^2 / g^2
중력 가속도	G	9.80665		M / S^2	$\times 10^{2}$ cm / s^2
물의 응고점의 열역학적 온도	g°	273.15		K	—
물의 삼중점의 열역학적 온도		273.16		K	—

6 국제 단위계 (SI)의 여러 단위표

명 칭	표시 기호	단위의 명칭	단위 기호	정 의
평면각	a, "	라디안	rad	
입체각	X, x	스테라디안	sr	
길 이	l, s	미터	m	기본 단위
넓 이	A	제곱미터	m^2	
부 피	V	세제곱미터	m^3	
시 간	t	초	s	기본 단위
진동수(주파수)	f, m	헤르츠	Hz	$1Hz=1s^{-1}$
각속도(각진동수)	x	라디안매초	rad / s	
속도(속력)	t	미터매초	m / s	
각가속도	a, a	라디안매초제곱	rad / s^2	
가속도	a	미터매초제곱	m / s^2	
중력 가속노	g	미터매초제곱	m / s^2	
질량	m	킬로그램	kg	기본 단위
밀도	q	킬로그램매세제곱미터	kg / m^3	
힘	F	뉴턴	N	$1N=1kg \cdot m / s^2$
중력	G	뉴턴	N	
표면 장력 상수	k	뉴턴매미터	N / m	
힘의 모멘트	M , s	뉴턴미터	N · m	
압력	p	파스칼*=뉴턴매제곱미터	$Pa=N / m^2$	
장력	r, s, T	파스칼=뉴턴매제곱미터	$Pa=N / m^2$	
운동량	p	킬로그램미터매초	$kg \cdot m^2$	
충격량	I	뉴턴초	N · s	
관성 모멘트	J, I	킬로그램제곱미터	$kg \cdot m^2$	
각운동량	L	줄초	J · s	$1J \cdot s=1kg \cdot m^2 / s$
탄성 계수	E, c	파스칼*=뉴턴매제곱미터	$Pa=N / m^2$	
강성 계수	G	파스칼=뉴턴매제곱미터	$Pa=N / m^2$	

* 파스칼(pascal)은 SI에서 압력, 장력의 정식 단위 명칭이다. 기호 : Pa

명 칭	표시 기호	단위의 명칭	단위 기호	정 의
부피 탄성 계수	K	파스칼=뉴턴매제곱미터	$Pa=N/m^2$	
압축률	k	뉴턴매제곱미터	m^2/N	
마찰 계수	l			
동점도	m	제곱미터매초	m^2/s	
점성도	g	파스칼초=뉴턴초매제곱미터	$Pa \cdot s=N \cdot s/m^2$	
표면 장력	c, T	뉴턴매미터	N / m	
에너지(일)	W	줄	J	$1J=1N \cdot m$
일률(동력)	P	와트	W	$1W=1N \cdot m/s$
열량	Q	줄	J	$1J=1N \cdot m$
열역학적 온도	T(H)	켈빈	K	기본 단위
섭씨 온도	h(t)	섭씨도	℃	
선팽창 계수	a	매켈빈	K^{-1}	
비열	c	줄매킬로그램켈빈	$J/kg \cdot K$	
열용량	C	줄매켈빈	J / K	
엔트로피	S	줄매켈빈	J / K	
열전도율	k, k	와트매미터켈빈	$W/m \cdot K$	기본 단위
전류	I, i	암페어	A	
전류 밀도	S, J	암페어매제곱미터	A/m^2	$1C=1A \cdot s$
전하	O, q	쿨롬	C	$1C=1A \cdot s$
전기력선속	"	쿨롬	C	
전기력선속 밀도 (전기 변위)	D	쿨롬매제곱미터	C/m^2	$1V=1J/A \cdot s$
전위	V, U	볼트	V	$1V=1J/A \cdot s$
전압(전위차)	U, V	볼트	V	$1V=1J/A \cdot s$
기전력(EMF)	E, e, n	볼트	V	
전기장의 세기	F(K)	볼트매미터	V / m	
유전율	e	쿨롬매볼트미터=패럿매미터	$C/V \cdot m=F/m$	
전기 용량	C	패럿	F	$1F=1C/V$
자기력선속	U	웨버	Wb	$1Wb=1V \cdot s$
자기력선속 밀도 (자기 유도)	B	테슬라(웨버매제곱미터)	T	$1T=1Wb/m^2=1V \cdot s/m^2$

명 칭	표시 기호	단위의 명칭	단위 기호	정 의
자기장의 세기	H	암페어매미터	A / m	
기자력	M , nμ	암페어	A	
자기 모멘트	m , M	암페어제곱미터	A · m^2	
투자율	l	볼트초매암페어미터	V · s / A · m=H / m	
퍼어미언스	K	볼트초매암페어	V · s / A	
자기 저항	R, S	암페어매볼트초	A / V · s	1X=1V / A
전기 저항	R	옴	X	1X=1V / A
리액턴스	X	옴	X	1X=1V · s / A
자체 인덕턴스	L	헨리	H	1X=1V / A
임피턴스	Z	옴	X	
콘덕턴스	G	지멘스=매옴	$S=X^{-1}$	
서셉턴스	B	지멘스=매옴	$S=X^{-1}$	
애드미턴스	Y	지멘스=매옴	$S=X^{-1}$	
전력	P	와트	W	
저항률(비저항)	q	옴미터	X · m	
전기 진도율	c, g, r	지멘스매미터=매옴매미터	S / $m=X^{-1}$ · m^{-1}	
복사 발산도	M "	와트매제곱미터	W / m^2	기본 단위
광도	I	칸델라	cd	
휘도	L	칸델라매제곱미터	cd / m^2	1lm=1cd · sr
광속	U	루멘	lm	
광량	Q	루멘초	lm · s	1lx=1lm / m^2
조명도	E	럭스	lx	
음의 세기의 수준	L^	데시벨(欠元없음)	dB	
음압 레벨	Lπ	데시벨	dB	
음의 세기 레벨	L~	폰	phon	

7 실험실 안전 수칙

실험실에서 사용되는 많은 화학 약품들은 위험한 물질로, 실험 과정에서 안전 수칙을 소홀히 할 경우 큰 사고가 날 수 있다. 다음의 주의 사항을 잘 지켜 사고를 예방하자.

1) 실험실에서 지켜야 할 주의 사항

① 지도 교사로부터 상세한 지시와 실험 허락을 받기 전에는 어떠한 실험도 하지 말아야 한다.

② 유리관을 자르거나 유리관에 마개를 끼울 때에는 수건으로 싸서 손을 보호하여야 한다. 이를 소홀히 할 경우 사고가 일어나기 쉽다. 마개에다 유리관을 끼울 때 글리세린이나 물로 유리관을 미끄럽게 하여 끼운다.

③ 어떤 약품은 독성이 매우 강하므로, 지시 없이 약품의 맛을 보아서는 안 된다.

④ 약품의 냄새를 맡을 때 주의한다. 일반적으로 약품의 증기를 직접 들이마시지 않는다. 승화성 물질이나 기체가 발생하는 실험을 할 때에는 통풍이 잘 되는 통풍실(hood) 내에서 실험한다.

⑤ 사고가 발생하면 즉시 지도 교사에게 보고하고 지시를 받는다.

⑥ 시험관을 가열할 때 시험관의 주둥이가 자신이나 동료들에게 향하게 하면 안 된다. 왜냐 하면, 액체가 갑자기 끓기 시작하여 액체 방울이 시험관 밖으로 튀어나올 수 있기 때문이다.

⑦ 진한 산에 물을 부어서는 안 된다. 잘 저으면서 물에다 진한 산을 천천히 붓는다. 황산의 경우 많은 양의 열이 방출하며, 이 때 용기로부터 산을 뿜으면서 증기가 발생하기 때문이다.

2) 실험할 때 지켜야 할 사항

① 실험 시간이 한정되어 있으므로 실험실에 들어가기 전에 반드시 충분히 예습하여 실험의 원리와 목적, 과정을 잘 이해한 다음 실험하도록 한다.

② 모든 데이터는 직접 실험 보고서에 기록한다.

③ 반응 시약으로 사용되는 물은 증류수를 써야 하고 낭비하지 않도록 한다.

④ 물에 안 녹는 화학 약품, 거름종이, 성냥개비, 유리 조각 등은 하수구 속에 버리지 말고 휴지통에 버려야 한다.

⑤ 실험이 끝나면 실험대 위를 깨끗이 청소하고 사용한 실험 기구는 깨끗이 닦는다. 약품과 기구는 제자리에 정돈하고 수도꼭지와 가스꼭지가 잠겨 있는지를 확인한다.

3) 실험실에서의 응급 치료법

① 산에 의한 화상 : 화상을 입은 곳을 즉시 다량의 물로 씻은 다음, 묽은 탄산수소나트륨 용액으로 씻는다. 화상이 심하더라도 의사가 검진하기 전에는 기름이나 그리스를 바르지 않는다.

② 알칼리에 의한 화상 : 즉시 다량의 물로 씻은 다음, 아주 묽은 초산 용액으로 씻는다.

③ 페놀에 의한 화상 : 화상 입은 곳을 알코올로 씻는다. 만약 화상이 심하지 않으면 붕대로 감아 둔다.

④ 눈에 약품이 들어갔을 때 : 알칼리가 눈에 들어갔을 때는 붕산 세안액으로 씻고, 산이 눈에 들어갔을 때는 묽은 탄산수소나트륨 용액으로 씻는다. 이런 처치를 한 다음에는 다량의 물로 씻고, 지체 없이 의사의 검진을 받아야 한다.

⑤ 염소, 브롬 또는 황화수소를 들이마셨을 때 : 즉시 앉거나 누워서 심호흡한다. 할로겐을 들이마셨을 때는 알코올에 적신 솜뭉치의 증기를 흡입하면 기분이 좋아진다. 상당한 양의 증기를 들어마셨을 때는 인공 호흡을 하면서 지체 없이 의사를 불러야 한다.

정가 17,000원

반도체 공정

2008년 1월 10일 초판 인쇄
2008년 1월 20일 초판 발행
저　자 : 도경구
발행자 : 우명찬 · 송　준
발행처 : 홍릉과학출판사
주　소 : 서울시 강북구 인수동 455-60
0 1 0 9 3
등　록 : 1976년 10월 21일 제5-66호
전　화 : (02) 999-2274~5, 903-7037
팩　스 : (02) 905-6729
e-mail: hongpub@hongpub.co.kr
http://www.hongpub.co.kr
ISBN: 978-89-7283-660-5